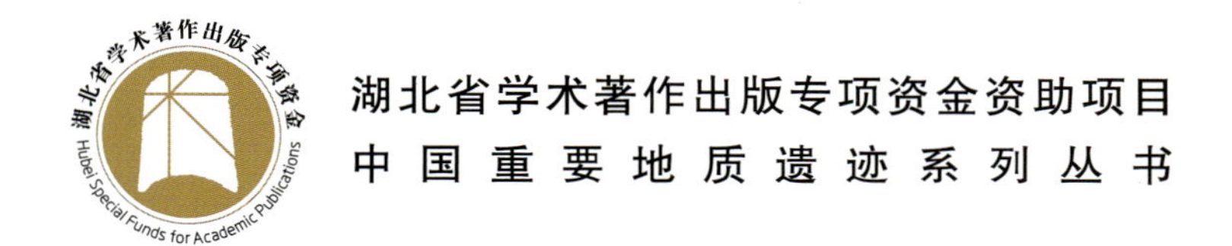

湖南省重要地质遗迹

HUNANSHENG ZHONGYAO DIZHI YIJI

彭世良　编著

图书在版编目(CIP)数据

湖南省重要地质遗迹/彭世良编著.—武汉:中国地质大学出版社,2019.1
(中国重要地质遗迹系列丛书)
ISBN 978-7-5625-4467-8

Ⅰ.①湖…
Ⅱ.①彭…
Ⅲ.①区域地质-研究-湖南
Ⅳ.①P562.64

中国版本图书馆 CIP 数据核字(2018)第 298880 号

湖南省重要地质遗迹 彭世良 **编著**

责任编辑:周 豪 选题策划:唐然坤 毕克成 张 旭 责任校对:张咏梅

出版发行:中国地质大学出版社(武汉市洪山区鲁磨路 388 号) 邮编:430074
电 话:(027)67883511 传 真:(027)67883580 E-mail:cbb @ cug.edu.cn
经 销:全国新华书店 http://cugp.cug.edu.cn

开本:880 毫米×1 230 毫米 1/16 字数:507 千字 印张:16
版次:2019 年 1 月第 1 版 印次:2019 年 1 月第 1 次印刷
印刷:武汉中远印务有限公司 印数:1—1 000 册

ISBN 978-7-5625-4467-8 定价:218.00 元

前　言

湖南省位于我国中南部，长江中游南部，地处云贵高原到江南丘陵和南岭山地到江汉平原的过渡地区，地形总体呈东、南、西三面环山而向北敞开的马蹄形盆地，湘、资、沅、澧四大水系经由东、南、西三面汇注洞庭湖，流入长江。区内地层发育齐全，沉积类型多样，岩浆活动频繁，地质构造复杂，成矿条件优越。如此地质环境条件，造就了湖南省丰富多彩的地质遗迹资源。它们是宝贵的自然遗产，是自然生态环境的重要组成部分，是地质旅游开发和地质公园建设的重要基础，是生态文明建设的重要支撑。

湖南省地质遗迹调查工作开始于20世纪80年代，2004年以前基本上为以收集资料为主的简单调查阶段；2004年以后，随着大量地质公园的申报、建设和保护，地质遗迹调查与研究工作逐步深入，成果逐步丰富。

本书是一部系统总结和研究湖南省重要地质遗迹类型、分布、特征、评价、区划、保护与开发利用等内容的地学研究专著；因全书图文并茂，内容通俗易懂，故也是一本地学旅游科普读物。在全国以习近平新时代中国特色社会主义思想为指引，贯彻落实党的十九大精神，建设富强民主文明和谐“美丽中国”的征程中，该书的出版对推进湖南省生态文明建设，发展地学旅游事业，保护开发地质遗迹资源，宣传普及地学知识等将起到积极作用。

本书主要内容如下。

第一、二章总结了湖南省地质遗迹类型、分布、形成的自然地理和地质背景。根据2011—2013年开展的地质遗迹调查，湖南省共有地质遗迹951处，划分为3大类、11类、34亚类。湖南省地质遗迹分布具有两大规律：一是地质遗迹分布广泛而又相对集中；二是不同类型地质遗迹分布各具特色。各类地质遗迹的形成与漫长的地质演化历史、复杂的构造运动、岩浆作用、古地理环境与古生物演化密不可分，可划分为4个阶段，不同阶段发育了不同类型的地质遗迹。

第三章对湖南省重要地质遗迹特征分门别类地进行了介绍，并分析总结了湖南省近年来地质遗迹调查获得的新发现、新认识和新数据。新发现了多处张家界地貌、红石林地貌、丹霞地貌、水体景观和地质灾害类地质遗迹；新认识到湖南省不同类型丹霞地貌及其物质成分、景观特征方面的差异；新认识到湖南省水体景观的分布特征，如武陵山中南段是湖南省瀑布分布最密集的地区。通过实地调查和精密仪器测量，获得了湖南省众多重要地质遗迹重要特征参数（如瀑布落差、峰柱高度、崖壁长度与高度等）的准确测量数据；通过遥感解译、航片判读，结合大比例尺地形图和部分实地验证，获得了张家界砂岩峰林个体数量、发育规模、分布位置、区域组合等各种统计数据，从微观和定量层面反映了张家界地貌发育的特点和规律。提出了“衡山式花岗岩景观”“台地峡谷型岩溶地貌”“密集丘峰型丹霞地貌”“球状风化剥蚀型丹霞地貌”等较多富有创新性的理论观点，并对张家界天门山岩溶地貌等奇特地质地貌景观进行了科学解读。

第四章对湖南省重要地质遗迹进行了评价和区划。在总结2011—2013年湖南省地质遗迹调查项目采用的评价方法的基础上，提出了四环节综合评价法。利用该评价方法，共评定湖南省省级以上重要地质遗迹518处，其中世界级10处，国家级169处，省级339处。在总结湖南省地质遗迹分布状况和规律的基础上，以区域地貌单元、构造单元和地质遗迹分布组合关系为依据，进行了湖南省地质遗迹区划和区划系统对比评价。

第五章在全面掌握湖南省重要地质遗迹保护开发现状和存在问题的基础上，提出湖南省重要地质遗迹保护开发的措施与建议。根据地质遗迹保护和旅游开发的协调关系，湖南省重要地质遗迹可划分为4种保护类型：保护开发双差型、重在保护型、重在开发型和保护开发协调型。为有效保护和合理开发湖南省重要地质遗迹资源，建议建立以地质公园为主、矿山公园与地质遗迹保护区（点）为辅、其他多种保护开发方式共同发展的地质遗迹保护开发体系与网络；建议根据地质遗迹保护类型进行保护模式的优选；建议对具有较大开发价值的重要地质遗迹，实行资产化管理模式和有偿开发制度，明确所有者和经营者的责、权、利关系；建议加强地质公园景观环境生态保护和修复；建议发展具备地质旅游特征的生态旅游模式，走可持续发展的旅游开发道路。

本书的编著需要做大量的资料收集和整理工作。感谢在湖南省开展过多年地质遗迹调查的领导和同志，如陈文光、胡能勇、李湘莲、罗伟奇等研究员级高工和蒋开生、陈金爱、毛蓬亭、化锐、江涛、熊建安、袁珍、罗治勇等同志，他们帮助笔者获得了大量有用的第一手资料，他们的许多观点对笔者很有启发。此外，对为本书编著提供图片资料的相关县（市、区）国土资源局、地质公园的相关人士、对为本书编著提供工作便利的湖南省地质环境监测总站领导和同志，以及对为本书出版付出辛勤劳动的中国地质大学出版社领导和同志，在此一并致以衷心的感谢！

限于笔者研究水平和实践经验，书中难免出现纰漏，敬请广大读者批评、指正。

作　者
2018年7月

目 录

第一章 绪论

XULUN

第一节　地质遗迹概论

一、地质遗迹概念

在国外，地质遗迹概念源于20世纪90年代联合国教科文组织（UNESCO）所提出的地质遗产。联合国教科文组织在其推动的世界地质公园网络中，将重要的地质地貌景观、矿产资源及产出地、地层剖面和古生物遗迹等统称为地质遗产。1995年，Sharples提出“地质种类”概念，用以概括地质、地貌及化石等各类地质现象集合形成的系统；Sturm正式提出“地质遗迹”概念，认为只有具备一定科学价值的地质种类才是地质遗迹。此后，学者们相继补充和完善了“地质遗迹”概念。Eder（1999）认为，地质遗迹是指在地球演化的漫长地质历史时期，由于各种内外动力地质作用，形成、发展并遗留下来的，可用以追索地球演化历史的重要地质现象。Gray（2004）认为，有相当多的地质遗迹由于受科技或者认知水平的限制，还没有被发现，这部分叫“假设的地质遗迹”。而在人们已经发现的地质遗迹中，不可能也没有必要全部进行保护，只有那些具有代表性、典型性或稀有性的地质遗迹才被人们通过设立自然保护区或地质公园的方式保护起来。

在国内，学者们常将地质遗迹归入地质自然遗产或旅游地质资源范畴，并从不同的角度对地质遗迹提出过不同的解释。如赵逊等（2003）认为，地质遗迹是地质历史时期保存遗留下来，可用以追溯地球演化历史的重要地质现象，是地质旅游开发和地质公园建设的基础性资源；邢乐澄（2004）认为，地质遗迹资源是指能够被人们利用其物理性质、化学性质、美学性质，而直接进入生产和消费过程或科研过程的有经济价值或潜在经济价值的地质体。笔者认为，关于地质遗迹最经典、最完整的表述应是《地质遗迹保护管理规定》（地质矿产部，1995）中的定义：地质遗迹是在地球演化的漫长地质历史时期，由各种内外动力地质作用形成、发展并遗留下来的珍贵的、不可再生的地质自然遗产。该定义指出了地质遗迹的多种属性：一是地质属性，即地质遗迹是由各种内外动力地质作用形成、发展并遗留下来的地质体或地质现象，它们以一定的物质和形态反映了地质历史时期地球物质运动、生命进化及内外动力作用特征，展示了地球和生命演化历程，这种属性决定了地质遗迹是不可再生的，一旦遭受破坏，就永远不复存在。二是遗产属性，即地质遗迹是地球母亲赐予人类的地质自然遗产，是人类赖以生存的地质环境和生态环境的重要组成部分。三是资源属性，即地质遗迹是珍贵的地质自然遗产，是自然资源的重要组成部分。该定义还强调地质遗迹是珍贵的，即现有条件下有重要价值或潜在价值的，否则不属于地质遗迹。地质遗迹的价值主要包括科学（科考、科研和科普教育）价值、美学观赏价值和旅游开发价值。受科技或认知水平的限制，有许多地质体或地质现象目前认为无重要价值或潜在价值，将来可能发现它们的重要价值，则属于假设的地质遗迹或未来的地质遗迹。

根据地质遗迹综合价值的高低，参照《地质遗迹调查规范》（DZ/T 0303—2017）划分的地质遗迹分级标准，地质遗迹可划分为4个等级，分别为世界级（Ⅰ级，地质遗迹价值极高，具有全球性意义）、国家级（Ⅱ级，地质遗迹价值高，具有全国性或大区域性意义）、省级（Ⅲ级，地质遗迹价值较高，具有区域性意义）、省以下级（Ⅳ级，地质遗迹价值一般，具有小区域性意义）。一般把省级以上（含省级）的地质遗迹确定为重要地质遗迹。

二、地质遗迹类型

地质遗迹类型多样，不同组织和学者根据不同分类标准得出不太一样的地质遗迹分类体系。国际上主要有联合国教科文组织、国际地质科学联合会和美国内政部国土局提出的分类体系。联合国教科文组织根据地质遗迹特征及价值，将地质遗迹划分为古生物类、地层和标准剖面类、古环境类、岩石类、地质构造类、地貌景观类和经济地质类。国际地质科学联合会地质遗产工作组根据地质遗迹的科研价值和保护意义，将地质遗迹划分为13个大类，包括古生物、地貌、古环境、岩石、地层、矿物、构造、经济地质、具有历史意义的地质景点、板块构造、陨石坑、大陆和海洋尺度的地质特征及海底地貌，每一个大类又分为若干亚类。美国内政部国土局根据各类地质现象的典型性及其发现研究历史，将地质遗迹划分为地质特征、岩石类型和标准化石等15类。

在国内，地质遗迹分类体系也较多，主要有部门法规分类体系、学者分类体系和技术规范分类体系。部门法规分类体系即《地质遗迹保护管理规定》分类体系，该分类体系将地质遗迹分为七大类：①对追溯地质历史具有重大科学研究价值的典型层型剖面(含副层型剖面)、生物化石组合带地层剖面、岩性岩相建造剖面及典型地质构造剖面和构造形迹；②对地球演化和生物进化具有重要科学研究价值的古人类与古脊椎动物、无脊椎动物、微体古生物、古植物等化石与产地以及重要古生物活动遗迹；③具有重大科研和观赏价值的岩溶、丹霞、黄土、雅丹、花岗岩奇峰、石英砂岩峰林、火山、冰山、陨石、鸣沙、海岸等地质景观；④具有特殊研究和观赏价值的岩石、矿物、宝玉石及其典型产地；⑤有独特医疗、保健作用或科研价值的温泉、矿泉、矿泥、地下水活动痕迹以及有特殊地质意义的瀑布、湖泊、奇泉；⑥具有科研意义的典型地震、地裂、塌陷、沉降、崩塌、滑坡、泥石流等地质灾害遗迹；⑦需要保护的其他地质遗迹。这可认为是我国最早的地质遗迹分类体系。

学者分类体系包括陈安泽、赵逊、陶奎元、齐岩辛等学者提出的地质遗迹分类体系，如陈安泽(2003)根据地质地貌景观资源的典型特征，将地质遗迹划分为地质构造、古生物、环境地质(地质灾害)、风景地貌4个大类、20种类型和54个亚类型；赵逊等(2003)将地质遗迹按学科分为地层、古生物、构造、地质地貌、冰川、火山、水文地质、工程地质、地质灾害9类。

技术标准分类体系主要指《地质遗迹调查规范》(DZ/T 0303—2017)分类体系和《国家地质公园规划编制技术要求》(国土资源部，2016)分类体系。前者将地质遗迹分为3个大类、13个类和45个亚类。其中，3个大类为基础地质类、地貌景观类和地质灾害类；13个类为地层剖面、岩石剖面、构造剖面、重要化石产地、重要岩矿石产地、岩土体地貌、水体地貌、火山地貌、冰川地貌、海岸地貌、构造地貌、地震遗迹和其他地质灾害遗迹。后者将地质遗迹分为7个大类、25个类和56个亚类。其中，7个大类为地质剖面、构造形迹、古生物、矿物与矿床、地貌景观、水体景观和环境地质遗迹景观。本书地质遗迹分类基本上采用《地质遗迹调查规范》(DZ/T 0303—2017)分类体系。

三、地质遗迹保护与开发利用

1. 地质遗迹保护

自联合国教科文组织通过《世界文化和自然遗产保护公约》以来，国际上对地质遗迹的保护工作十分重视，大多数国家的做法是建立地质遗迹保护区或地质公园。根据我国的地质遗迹保护工作历程，地质遗迹保护方式主要有3种。

(1)建立地质遗迹保护区，包括地质自然保护区(地质遗迹类自然保护区)和重点保护古生物化石集中产地。我国早在1985年就建立了第一个国家级地质自然保护区，即天津市蓟县中新元古界地层剖面自然保护区。1987年,地质矿产部发布《关于建立地质自然保护区规定的通知(试行)》,开始正式建立地质自然保护区。截至2003年,我国共建地质自然保护区52处,其中国家级4处,省级31处,县级17处。1994年,国务院颁布《中华人民共和国自然保护区条例》,提出自然保护区的保护对象包括:“具有重大科学文化价值的地质构造、著名溶洞、化石分布区、冰川、火山、温泉等自然遗迹”。因此,自然保护区从内容上包含地质自然保护区或地质遗迹类自然保护区。截至2013年底,我国共建立国家级自然保护区522处,其中以地质遗迹为主要保护对象的地质遗迹类自然保护区73处。1995年,地质矿产部颁布《地质遗迹保护管理规定》,在我国第一次正式以文件的形式提出地质公园的概念,并提出把地质公园作为地质遗迹保护区的一种形式。但为了区别地质公园与地质遗迹保护区,本书所提的地质遗迹保护区并不把地质公园包含在内。2003年,为贯彻落实《古生物化石保护条例》(国务院令第580号)和《古生物化石保护条例实施办法》(国土资源部令第57号),进一步保护好古生物化石这一重要的、不可再生的地质遗迹资源,国土资源部决定启动“国家级重点保护古生物化石集中产地”(简称“国家重点化石产地”)认定工作。2014年,国土资源部公布了我国第一批38个国家级重点保护古生物化石集中产地名单。至2017年,我国共建立53个国家级重点保护古生物化石集中产地。

(2)建立地质公园。保护地质遗迹是地质公园的重要任务之一。1999年,国土资源部通过《全国地质遗迹保护规划(2001—2010年)》,提出了建设地质公园系统的建议。2001年,我国第一批国家地质公园建立。至2018年6月,国土资源部已批准命名国家地质公园209处,其中37处已加入联合国教科文组织世界地质公园网络。此外,我国还有数百处省级地质公园。

(3)建立其他类型自然保护地,包括森林公园、湿地公园、郊野公园、风景名胜区和自然保护区(地质遗迹类自然保护区除外)等。这些类型园区中往往存在有大量的地质遗迹,重要的地质遗迹已成为这些园区重要的保护开发对象。

2. 地质遗迹开发利用

地质遗迹的开发利用受到国内外的高度重视,人类保护地质遗迹的主要目的就是为了开发利用地质遗迹,使之造福于人类。目前,我国已查明的大部分重要地质遗迹均已得到不同程度的开发利用,开发利用方式主要有旅游开发、工业开发和农业开发等。

旅游开发是地质遗迹最主要的开发利用方式。目前我国已建立的地质公园及其他各类自然保护地,均对其内的重要地质遗迹进行不同程度的旅游开发。拥有山水地貌景观的保护地,以发展观光游览为主;温泉分布区以洗浴娱乐、医疗保健、度假休闲为主;典型地层剖面、重要化石和岩矿石产地等,以开展科普旅游活动为主。我国建立的地质公园、矿山公园等类型的自然保护地,在保护地质遗迹的同时,均进行了旅游开发。

工业开发主要是对重要岩矿石和古生物化石的开采,并把开采出来的重要岩矿石和化石,如湖南浏阳和泸溪的菊花石、天子山的龟纹石、永顺列夕三叶虫等,加工成工艺品或其他产品。此外,还包括对矿泉、温泉等资源的工业开采。

农业开发主要是利用湖泊、温泉、奇泉等水体景观资源进行育种、养殖、灌溉等农业活动。

地质遗迹还有其他多种开发利用方式,如利用重要地质地貌区开展野外教学和实习,利用溶洞进行仓储、医疗或建设地下水库和其他地下工程,利用瀑布和温泉地热发电等。

第二节 湖南省地质遗迹调查研究历史及取得的主要成果

一、地质遗迹调查研究历史

湖南省地质遗迹调查开始于20世纪80年代，2004年以前基本上为以收集资料为主的简单调查阶段。2004年以后，我国出现地质公园和世界遗产申报热潮，地质遗迹调查工作逐步走向深入。根据地质遗迹调查范围、调查内容和调查研究深度的不同，可大体划分为3个阶段。

1. 简单调查研究阶段(2004年以前)

在20世纪80年代初，为启动地质遗迹保护区建设，湖南省地质矿产局于1984年前后组织湖南省水文地质环境地质监测站(湖南省地质环境监测总站前身)等有关单位开展全省地质遗迹资料收集整理和摸底调查；1986年前后再次部署湖南省地质研究所开展全省旅游地质资源调查。这两次调查均以收集资料为主，初步获得了全省地质遗迹方面的一些资料。

“七·五”期间，湖南拟建武陵源国家级地质自然保护区，并首次提出建立国家地质公园的设想。湖南省地质环境监测总站于1987—1988年完成了由地质矿产部和环保总局联合立项的“湖南省武陵源砂岩峰林地质自然保护区区划及科学考察报告”，这是湖南省第一次对一个区域(武陵源区)进行较为系统的地质遗迹调查和研究。该项调查成果获地质矿产部优秀成果二等奖。

1989年，湖南省遥感中心(与湖南省地质环境监测总站为两块牌子，一套人马)参与湖南省政府组织的“湖南省经济科技社会发展规划(1989—2000年)”和“湖南省国土规划”工作，承担了“湖南省旅游业发展规划(1989—2000年)”和“湖南省国土规划——旅游行业规划”两个子课题。这两个子课题均涉及湖南旅游地质资源的调查评价，但以收集资料为主。

1999年，湖南省遥感中心在湖南省计委主持的“湖南省国土资源遥感综合调查”项目中，完成了“湖南省旅游资源遥感综合调查”专题。该专题涉及湖南省旅游地质资源的调查评价，以遥感解译为主。

2002年，湖南省地质研究所完成了湖南省科技厅立项的“湖南省地质遗迹调查及旅游地质资源开发研究”课题。该课题对湖南省部分地质遗迹进行了简单的实地调查，调查内容侧重地质遗迹的地质背景和遗迹特征。

2003年，湖南省地质环境监测总站通过资料收集的方法编辑了《湖南省地质遗迹名录》。该名录收集地质遗迹655处，名录内容包括地质遗迹名称、位置、遗迹特征、功能类别4个方面。这是湖南省首部地质遗迹名录，尽管内容不够完善，但为湖南省地质遗迹的保护、开发管理以及科普、科研等，提供了有一定价值的基础资料。

2. 局部深入调查研究阶段(2004—2010年)

2004年以来，因申报地质公园、矿山公园、世界自然遗产等方面的需要，湖南省不少县(市)政府纷纷组织科技单位开展局部区域地质遗迹调查。湖南省地质环境监测总站、湖南省地质科学院和湖南省地质博物馆等技术单位先后完成了湘西凤凰、古丈红石林、攸县酒埠江、南岳衡山、龙山乌龙山、涟源湄江、新宁崀山、通道万佛山、平江石牛寨等数十处地质遗迹调查，查明和掌握了调查区域地质遗迹类型、分布、基本特征、形成演化、遗迹价值和保护现状等，调查成果直接服务于多种申报材料的编制，从而协助湖南省成功申报了1处世界自然遗产、1处世界地质公园、12处国家地质公园、11处省级地质公园、3处国家矿山公园、2处国家重点保护古生物化石集中产地以及30多个国家级地质遗迹保护项目。

3．全面系统调查研究阶段(2011年以后)

为全面掌握湖南省地质遗迹类型、分布、基本特征及保存现状等情况，湖南省国土资源厅于2011年7月下发《关于开展全省地质遗迹调查的通知》，启动全省全面系统的地质遗迹调查。湖南省地质环境监测总站为项目主要承担单位，湖南省地质博物馆和湖南省地质科学院为项目协作单位。通过资料收集、遥感解译、野外调查、资料整理、综合分析、评价分级、数据库建设以及成果报告编制等过程，各项目组圆满地完成了各项工作任务，按时提交了各项成果报告，成果得到了湖南省国土资源厅等有关部门、湖南卫视等新闻媒体以及相关专家的高度关注与肯定。2013年9月，湖南省地质遗迹调查项目成果在以中国科学院院士李廷栋为专家组长的评审会上被评为优秀。李廷栋院士认为，该项目将对湖南省社会经济发展产生重要影响，也将为“生态中国”和“美丽中国”提供重要支撑。2017年2月，以该项目成果为基础的“湖南省地质遗迹调查、评价及保护与开发利用研究”成果获湖南省科学技术进步奖三等奖。

二、取得的主要成果

1．形成了湖南省全面系统的地质遗迹调查成果，获得了较多新的发现和数据，对比研究提出了较多新的理论观点

多年来湖南省共调查地质遗迹951处，基本查明了全省地质遗迹的类型、分布状况、出露范围、地质背景、形态特征、成因演化、保存及开发利用现状等，全面系统地掌握了湖南省地质遗迹资源情况，形成了一套全面系统的地质遗迹调查成果。特别是2004年以来的地质遗迹调查，获得了一些新的发现和数据，提出了一些新的理论观点。

(1)新的发现或认识。2004年以前，湖南省已发现张家界武陵源和桑植峰峦溪地区发育独特的张家界地貌(石英砂岩峰林地貌)，古丈红石林地区发育独特的红石林地貌。2004年以来，特别是2011年系统全面的地质遗迹调查以来，新发现4处较大规模的张家界地貌(永定罗塔坪、慈利五雷山、四十八寨、剪刀寺)和3处较大规模的红石林地貌(永顺不二门、龙山比溪、石门罗坪)，纠正了以往认为国内仅张家界武陵源存在张家界地貌、仅古丈存在红石林地貌的狭隘观点。

(2)新的测量数据。2004年以前，湖南省已取得的地质遗迹调查资料，相当一部分内容不准确，特别是有些资料提供的地质遗迹特征参数，如瀑布落差、峰柱高度、崖壁长度和高度等，存在明显的错误。究其原因，一是绝大部分地质遗迹的特征参数，未经实地测量，仅是一些估计数字；二是某些地方在申报风景名胜区、森林公园等称号时，有意识地对地质遗迹的某些特征参数进行了夸张。例如有些资料，甚至出版读物，均认为吉首德夯流纱瀑布落差216m，是中国落差最大的瀑布。2004年以来，特别是2011年系统全面的地质遗迹调查以来，通过遥感技术和精密仪器测量，获得了湖南省众多重要地质遗迹重要特征参数(如瀑布落差、峰柱高度、崖壁长度与高度等)的准确测量数据。例如，采用激光测距仪、RTK等精密仪器测量湖南省落差名列前茅的瀑布有：炎陵东坑瀑布(214m)、花垣大龙洞瀑布(197m)、花垣燕子峡瀑布群(140～196m)、吉首流纱瀑布(180m)和凤凰尖多朵瀑布(178m)等，从而纠正了这些瀑布以往的落差数据误差和以往认为流纱瀑布是中国落差最大瀑布的错误观点。此外，利用遥感解译、航片判读，结合大比例尺地形图和部分实地验证，获得了张家界砂岩峰林个体数量、发育规模、分布位置、区域组合等各种统计数据，从微观和定量层面反映了张家界地貌发育的特点和规律。

(3)新的理论观点。通过对湘西凤凰、南岳衡山、新宁崀山、通道万佛山、平江石牛寨、涟源湄江等区域地质遗迹深入调查,并对这些区域地质遗迹基本特征、发育规律、形成机理、演化过程等进行深入分析、对比研究,创新性地提出了"衡山式花岗岩景观""台地峡谷型岩溶地貌""密集丘峰型丹霞地貌""球状风化剥蚀型丹霞地貌"等新的理论观点,并对新宁崀山丹霞地貌、平江石牛寨丹霞地貌、涟源湄江岩溶地貌等奇特地质地貌现象进行了科学解读。

2. 创新地质遗迹评价体系和方法,对湖南省地质遗迹进行分等定级评价

地质遗迹评价是地质遗迹有效保护和合理利用的重要依据。多年来,湖南省一直没有获得地质遗迹分等定级评价资料。2011—2013年开展的湖南省地质遗迹调查项目,通过创新地质遗迹评价体系和方法,终于完成对全省地质遗迹的分等定级评价。该项目采用的四环节综合评价法,包括定性评价、定量评价、综合评价和专家审定4个环节。其中,定性评价采用专家鉴评和对比分析相结合的方法;定量评价采用层次分析法(AHP)分类给出指标权重,运用模糊数学模型计算综合评分;综合评价则是定性、定量评价相结合;整个评价过程离不开专家的充分参与以及调查组与专家组的紧密配合。利用该评价方法,共评定湖南省省级以上重要地质遗迹518处,其中世界级10处、国家级169处、省级339处。

3. 建立湖南省重要地质遗迹保护名录

在全面系统的地质遗迹调查评价基础上,建立了内容较完整的湖南省重要地质遗迹保护名录。该名录分类收集湖南省重要地质遗迹518处,其中地层剖面类53处、岩石剖面类5处、构造形迹类27处、重要化石产地类31处、重要岩矿石产地类40处、岩石地貌类205处、构造地貌类8处、水体景观类117处、流水地貌类21处、其他地貌类4处、其他地质灾害类7处。名录内容包括编号、名称、地理位置、地理坐标、遗迹类型、遗迹特征、评价级别、保护现状、规划目标等。

4. 建设湖南省地质遗迹数据库

湖南省地质遗迹数据库是以中国地质环境监测院提供的"地质遗迹数据采集系统软件"为平台,以地质遗迹点为基本建库单元,以2011—2013年开展的地质遗迹调查项目获取的地质遗迹调查表、地质遗迹登记表为数据采集源而建设的。数据库的建设,为湖南省国土资源管理部门行使地质遗迹管理职能,以及为其他有关单位更加方便快捷地查询湖南省地质遗迹基本情况等提供信息化服务。

5. 全面查明湖南省地质遗迹分布状况和规律,进行湖南省地质遗迹区划

全面查明了湖南省地质遗迹分布状况,总结了湖南省地质遗迹分布规律:①地质遗迹分布广泛而又相对集中;②不同类型地质遗迹分布各具特色。在此基础上,以区域地貌单元、构造单元和地质遗迹分布组合关系为依据,进行了湖南省地质遗迹区划和区划系统对比评价。湖南省地质遗迹共划为6个大区、17个分区和40个小区,其中6个大区分别为:武陵山地质遗迹大区、雪峰山地质遗迹大区、南岭地质遗迹大区、罗霄山地质遗迹大区、湘中丘陵地质遗迹大区、洞庭湖平原地质遗迹大区。

6. 全面查明湖南省地质遗迹保护现状,提出湖南省地质遗迹保护开发的措施与建议

系统查明了湖南省地质遗迹保护现状,在此基础上,相关学者提出了较多湖南省地质遗迹保护开发的措施与建议。有的认为,湖南省应当建立以地质公园为主,矿山公园和地质遗迹保护区为辅,其他多种保护利用方式共同发展的地质遗迹保护利用体系与网络;有的认为,湖南省应建立地质公园生态旅游和科普旅游开发模式;还有的提出了地质遗迹资源的复合价值及资产化管理理念,初步设想了湖南省地质遗迹资源资产化管理的目标和基本框架。

7. 取得众多科普教育和展览展示成果

通过编制地质公园科普画册、科学导游手册和科普著作，举办科普活动和制作科普宣传专题片，进行地质博物馆科普布展，以及制作网络节目等，取得了众多的科普教育和展览展示成果；出版了众多的科普读物，如《湖南地质公园》《涠江科学导游指南》《神奇的矿物会说话》《带你游玩张家界》《湖南省地质博物馆馆藏矿物晶体鉴赏》等。其中，《湖南地质公园》首次从地质环境、地质景观、自然风光、人文景观等方面，对湖南地质公园逐个进行了全景式的文字介绍和图片展示，并运用地质学理论知识，对湖南地质公园主要地质景观的特征和形成做出了科学的诠释，值得旅游者和大众读者阅读。

第三节　湖南省地质遗迹概况

一、地质遗迹类型和数量

湖南省是一个地质遗迹资源十分丰富的省份，地质遗迹类型多、分布广、规模大、综合价值高。参照国土资源部《地质遗迹调查规范》(DZ/T 0303—2017)，湖南省地质遗迹共划分为3个大类、11个类、34个亚类。根据2011—2013年开展的全省地质遗迹调查，湖南省共有地质遗迹951处。采用定性、定量相结合的地质遗迹综合评价方法，评定湖南省重要地质遗迹518处，其中，世界级(Ⅰ级)10处、国家级(Ⅱ级)169处、省级(Ⅲ级)339处。按类型划分为：地貌景观大类355处，占68.53%；基础地质大类156处，占30.12%；地质灾害大类仅7处，占1.35%。在地貌景观大类中，岩石地貌类205处，水体景观类117处，分别占全省总数的39.58%、22.59%，分别居全省重要地质遗迹数量第一、第二位。在岩石地貌类型中，岩溶地貌亚类136处，占全省重要地质遗迹总数的26.25%，居全省首位。

湖南省重要地质遗迹分类统计见表1-1，重要地质遗迹名称、分布位置、评价等级等基本情况参见附表。

二、地质遗迹分布规律

分析研究湖南省地质遗迹分布状况及其地质地貌背景，得出分布规律如下。

1. 地质遗迹分布广泛而又相对集中

湖南省地质遗迹分布广泛而又相对集中，这一特征表现在多个方面。从行政区域来说，湖南省地质遗迹遍布全省14个市(州)122个县(市、区)，但又相对集中于郴州市、湘西自治州、张家界市、怀化市、永州市和邵阳市，这6个市(州)分布地质遗迹共613处，占全省地质遗迹总数的64.5%。从地形地貌来看，各类地形地貌区均分布有地质遗迹，但山地区地质遗迹数量明显多于丘岗平原区，80%以上的地质遗迹相对集中于占全省土地面积51%的山地区。湖南省各类园区，如自然保护区、风景名胜区、森林公园、地质公园、湿地公园等，均分布有地质遗迹，但地质遗迹更多地集中于地质公园。占全省土地面积约1.68%的地质公园内分布有重要地质遗迹123处(占全省重要地质遗迹总数的23.75%)，其他各类自然保护地(不含同时享有地质公园称号的自然保护地)分布有重要地质遗迹约51处。

表 1－1　湖南省重要地质遗迹分类统计表

<table>
<tr><th colspan="4">地质遗迹类型</th><th colspan="3">地质遗迹数量</th></tr>
<tr><th>大类</th><th>类</th><th colspan="2">亚类</th><th>按亚类统计（处）</th><th>按类统计（处）</th><th>占总数百分比(%)</th></tr>
<tr><td rowspan="17">基础地质</td><td rowspan="3">地层剖面</td><td colspan="2">全球界线层型剖面(金钉子)</td><td>2</td><td rowspan="3">53</td><td rowspan="3">10.23</td></tr>
<tr><td colspan="2">区域层型(典型)剖面</td><td>49</td></tr>
<tr><td colspan="2">地质事件剖面</td><td>2</td></tr>
<tr><td rowspan="2">岩石剖面</td><td colspan="2">侵入岩剖面</td><td>1</td><td rowspan="2">5</td><td rowspan="2">0.97</td></tr>
<tr><td colspan="2">火山岩剖面</td><td>4</td></tr>
<tr><td rowspan="3">构造形迹</td><td colspan="2">断裂</td><td>17</td><td rowspan="3">27</td><td rowspan="3">5.21</td></tr>
<tr><td colspan="2">褶皱(变形)</td><td>3</td></tr>
<tr><td colspan="2">不整合面</td><td>7</td></tr>
<tr><td rowspan="5">化石产地</td><td colspan="2">古人类化石产地</td><td>1</td><td rowspan="5">31</td><td rowspan="5">5.98</td></tr>
<tr><td colspan="2">古生物群化石产地</td><td>10</td></tr>
<tr><td colspan="2">古植物化石产地</td><td>2</td></tr>
<tr><td colspan="2">古动物化石产地</td><td>15</td></tr>
<tr><td colspan="2">古生物遗迹化石产地</td><td>3</td></tr>
<tr><td rowspan="4">岩矿石产地</td><td colspan="2">典型矿床类露头</td><td>13</td><td rowspan="4">40</td><td rowspan="4">7.72</td></tr>
<tr><td colspan="2">典型矿物岩石命名地</td><td>2</td></tr>
<tr><td colspan="2">采矿遗址</td><td>3</td></tr>
<tr><td colspan="2">观赏石产地</td><td>22</td></tr>
<tr><td rowspan="17">地貌景观</td><td rowspan="7">岩石地貌</td><td rowspan="2">岩溶地貌</td><td>综合岩溶地貌</td><td>48</td><td rowspan="7">205</td><td rowspan="7">39.58</td></tr>
<tr><td>洞穴地貌</td><td>88</td></tr>
<tr><td colspan="2">花岗岩地貌</td><td>18</td></tr>
<tr><td colspan="2">变质岩地貌</td><td>15</td></tr>
<tr><td rowspan="3">碎屑岩地貌</td><td>丹霞地貌</td><td>23</td></tr>
<tr><td>砂岩峰林地貌</td><td>6</td></tr>
<tr><td>其他碎屑岩</td><td>7</td></tr>
<tr><td rowspan="4">水体景观</td><td colspan="2">河流</td><td>9</td><td rowspan="4">117</td><td rowspan="4">22.59</td></tr>
<tr><td colspan="2">湖泊、潭</td><td>17</td></tr>
<tr><td colspan="2">瀑布</td><td>48</td></tr>
<tr><td colspan="2">奇泉名井</td><td>43</td></tr>
<tr><td rowspan="2">流水地貌</td><td colspan="2">流水侵蚀地貌</td><td>2</td><td rowspan="2">21</td><td rowspan="2">4.05</td></tr>
<tr><td colspan="2">流水堆积地貌</td><td>19</td></tr>
<tr><td rowspan="2">构造地貌</td><td colspan="2">飞来峰</td><td>1</td><td rowspan="2">8</td><td rowspan="2">1.55</td></tr>
<tr><td colspan="2">峡谷</td><td>7</td></tr>
<tr><td rowspan="2">其他地貌</td><td colspan="2">第四纪冰川地貌</td><td>1</td><td rowspan="2">4</td><td rowspan="2">0.77</td></tr>
<tr><td colspan="2">其他类型地貌</td><td>3</td></tr>
<tr><td rowspan="3">地质灾害</td><td rowspan="3">地质灾害</td><td colspan="2">崩塌、滑坡</td><td>4</td><td rowspan="3">7</td><td rowspan="3">1.35</td></tr>
<tr><td colspan="2">泥石流</td><td>1</td></tr>
<tr><td colspan="2">地面塌陷</td><td>2</td></tr>
<tr><td colspan="2">合计</td><td colspan="2"></td><td>518</td><td>518</td><td>100</td></tr>
</table>

2. 不同类型地质遗迹分布各具特色

湖南省不同类型地质遗迹往往分布于不同的地质构造部位、不同的地层岩性及地形地貌发育区，故不同类型地质遗迹分布各具特色。例如，湖南省有两类重要的碎屑岩类地质遗迹景观：张家界地貌（石英砂岩峰林地貌）和丹霞地貌，其分布规律各异。张家界地貌主要分布于湘西北扬子地台区中上泥盆统云台观组和黄家磴组地层发育区，因受构造格局的影响，又集中分布于两大区域，一是天子山向斜翼部的泥盆系地层区，二是索溪峪向斜的南东翼泥盆系地层区。丹霞地貌则主要分布于中生代构造盆地白垩系红层发育区，受红层盆地展布方向的影响，丹霞地貌集中分布区多呈北东—北北东向带状展布。此外，岩溶地貌主要分布于寒武系—三叠系碳酸盐岩发育区，红石林则主要分布于湘西北奥陶系牯牛潭组和大湾组地层发育区；花岗岩地貌主要分布于大型燕山期花岗岩基出露区；变质岩地貌多分布于湘东北、湘西南、湘中、湘东南变质岩发育区，且多伴生有大型构造峡谷。

三、地质遗迹空间分区

根据湖南省地质遗迹空间分布特征，湖南省地质遗迹可划分为6个特色明显的地质遗迹分布大区（图1-1）。

武陵山地质遗迹大区（Ⅰ）：位于湖南省西北部，包括澧水流域的全部和沅水支流酉水流域的上中游，面积2.84万km^2。该区是湖南省地质遗迹集中度最高、综合价值最高的大区，以岩溶地貌为主，以张家界地貌和瀑布景观为特色，分布重要地质遗迹124处（世界级6处、国家级45处、省级73处），分布密度43.7处/万km^2。6处世界级地质遗迹分别为：花垣排碧寒武系“金钉子”剖面、古丈寒武系“金钉子”剖面、桑植芙蓉桥三叠系芙蓉龙化石产地、张家界武陵源张家界地貌、张家界天门山岩溶地貌和古丈红石林岩溶地貌。

雪峰山地质遗迹大区（Ⅱ）：位于湖南省中西部，包括沅水流域和资水流域的大部分，面积6.86万km^2，是湖南省地质遗迹类型最多的大区，以岩溶地貌、地质剖面和水体景观为主，以丹霞地貌、变质岩地貌和构造地貌为特色，分布重要地质遗迹150处（世界级1处、国家级47处、省级102处），分布密度21.9处/万km^2。世界级地质遗迹为新宁崀山丹霞地貌。

南岭地质遗迹大区（Ⅲ）：位于湖南省南部，包括湘桂间的越城岭、都庞岭和湘粤间的萌渚岭、骑田岭等山脉，面积2.89万km^2，以岩溶地貌和水体景观为主，以花岗岩地貌为特色，分布重要地质遗迹76处（世界级2处、国家级18处、省级56处），分布密度26.3处/万km^2。两处世界级地质遗迹，即临武香花岭锡多金属矿与香花石产地和宜章莽山花岗岩地貌。

罗霄山地质遗迹大区（Ⅳ）：位于湖南省东部，大致是京广铁路以东、湘赣交界的地区，面积3.53万km^2，以水体景观和岩溶地貌为主，以重要岩矿石产地、丹霞地貌和花岗岩地貌为特色，分布重要地质遗迹90处（世界级1处、国家级32处、省级57处），分布密度25.5处/万km^2。世界级地质遗迹为郴州柿竹园钨多金属矿床。

湘中丘陵地质遗迹大区（Ⅴ）：位于湖南省中部，面积2.98万km^2，以地质剖面为主，以重要化石产地和流水地貌为特色，分布重要地质遗迹59处（国家级22处、省级37处），分布密度19.8处/万km^2。

洞庭湖平原地质遗迹大区（Ⅵ）：位于湖南省北部，面积2.08万km^2，分布重要地质遗迹19处（国家级5处、省级14处），分布密度9.1处/万km^2。

图 1-1 湖南省地质遗迹分布图

Ⅰ.武陵山地质遗迹大区;Ⅱ.雪峰山地质遗迹大区;Ⅲ.南岭地质遗迹大区;Ⅳ.罗霄山地质遗迹大区;Ⅴ.湘中丘陵地质遗迹大区;Ⅵ.洞庭湖平原地质遗迹大区

第二章 区域地理及地质概况

QUYU DILI JI DIZHI GAIKUANG

第一节　自然地理概况

湖南省位于我国中南部，长江中游南部，因大部分地属洞庭湖以南而得名“湖南”，地理坐标：北纬24°38′—30°08′，东经108°47′—114°15′，面积21.18万km^2。

湖南省交通便利，铁路有京广、焦柳、洛湛三大干线纵贯南北，沪昆、湘桂、石长、渝怀四大干线横贯东西，并有京广高铁、沪昆高铁和若干支线；高速公路形成“五纵七横”（京港澳、二广、包茂、杭瑞、沪昆、泉南、夏蓉等）为主的骨架；还有15条国道、150多条省道、1万多千米内河航道以及长沙、张家界2个国际机场和常德、永州、怀化、衡阳、邵阳5个国内机场，构成了水陆空互相衔接、纵横交错的综合性立体交通网络（图2-1）。

湖南省地处云贵高原到江南丘陵、南岭山地到江汉平原的过渡地区，在全国地势轮廓中，属第二级阶梯向第三级阶梯过渡的地带，雪峰山以西为第二级阶梯，雪峰山以东为第三级阶梯。地势起伏大，地貌形态复杂多样，宏观地貌格局表现为东、南、西三面环山，向中部、北部逐渐过渡为丘陵和平原，形似一个向东北开口的马蹄形盆地（图2-2）。

西部有武陵山、雪峰山等山脉，海拔多在800～1 500m，西南部的二宝顶，海拔2 021m，西北部的壶瓶山，海拔2 099m；南部有南岭，海拔多在1 000m以上，其中韭菜岭海拔2009m；东部有幕阜山、连云山、武功山、罗霄山脉等，海拔也多在1 000m以上，八面山海拔2 042m，炎陵神农峰（也叫酃峰）海拔2 122.35m，为全省诸峰之冠；中部为低缓的丘岗和盆地，海拔多在200～500m，高耸在丘岗之上的南岳衡山，主峰祝融峰海拔1 300.2m；北部为洞庭湖平原，海拔一般在45m以下，全省最低点位于临湘市的黄盖湖附近，海拔仅21m。

全省地貌以山地、丘陵为主，山地（山原）、丘陵、岗地、平原四大类面积比例分别为51.3%、15.1%、13.9%、13.2%，另有6.4%的水面。根据形态和成因，湖南省地貌分为6个类型区，分别为：湘西北侵蚀构造中-低山区，湘西侵蚀、剥蚀构造中-低山区，湘南侵蚀、溶蚀构造中低山-丘陵区，湘东构造侵蚀、剥蚀中低山-丘陵区，湘中构造溶蚀、剥蚀丘陵区，湘北堆积平原区。

湖南省地表水系发育，河网密布，有湘江、资江、沅江和澧水四大水系（以下简称“四水”），它们呈团扇状汇聚洞庭湖，并经城陵矶注入长江。此外，还有汨罗江、新墙河等直接流入洞庭湖或长江干流的其他河流，以及分属珠江和鄱阳湖水系的少数河流。全省河流总长43 000km左右，长度5km以上的河流5 341条，50km以上的185条；流域面积在5 000km^2以上的17条，500～5 000km^2的98条，500km^2以下的5 226条（图2-3）。

湖南省土壤类型多样，分为铁铝土纲、淋溶土纲、半淋溶土纲、初育土纲、水成土纲、半水成土纲和人为土纲，红壤、黄壤、黄棕壤、红色石灰土、紫色土、黑色石灰土、石质土、粗骨土、山地草甸土、水稻土等13个土类。以武陵—雪峰山东麓一线为界，以东红壤为主，以西黄壤为主；洞庭湖平原为潮土、紫湖泥地区；湘中丘陵为红壤、紫色土、水稻土地区；湘南中低山丘陵为黄壤地区；湘西中低山为石灰土、黄壤地区。

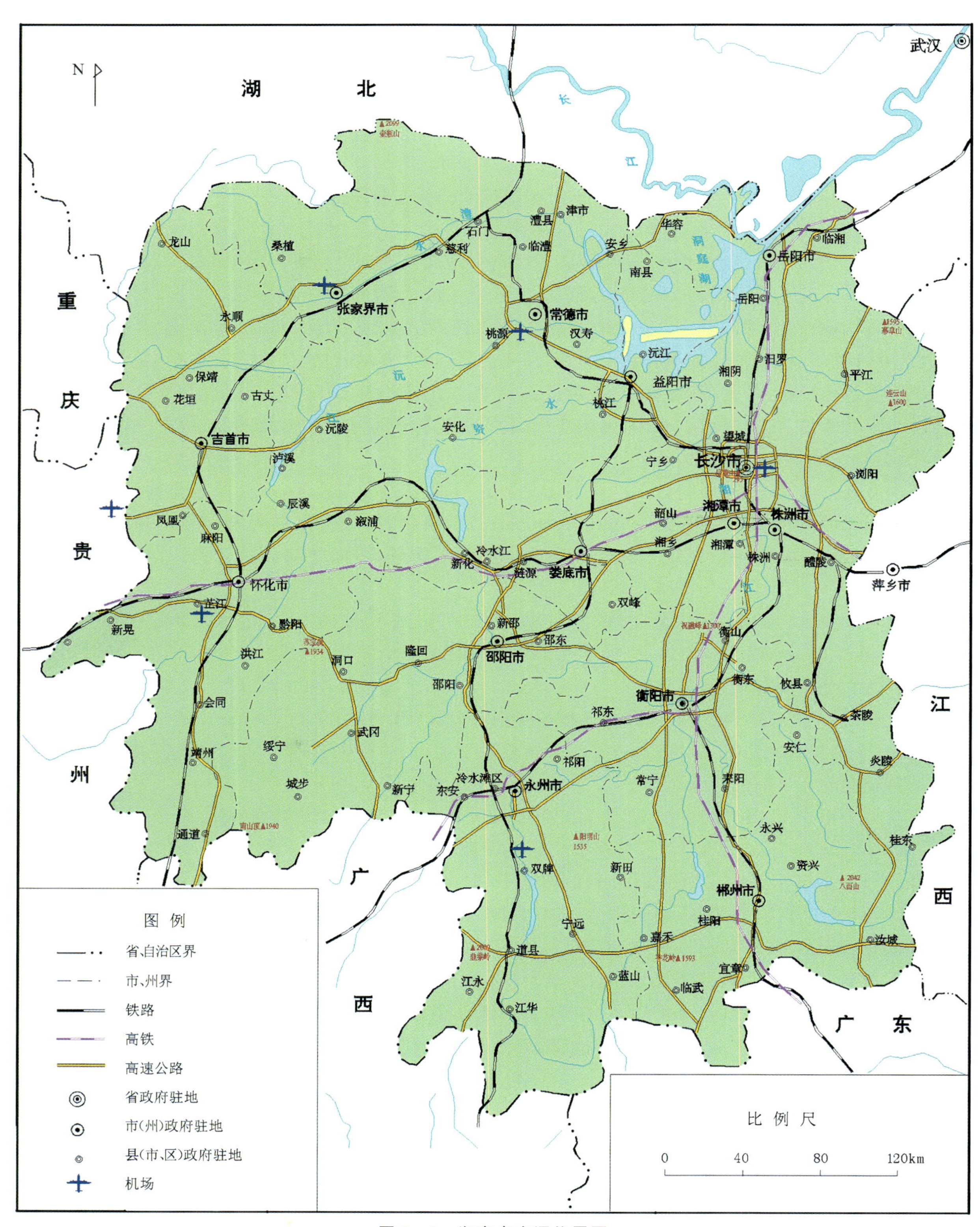

图 2-1 湖南省交通位置图

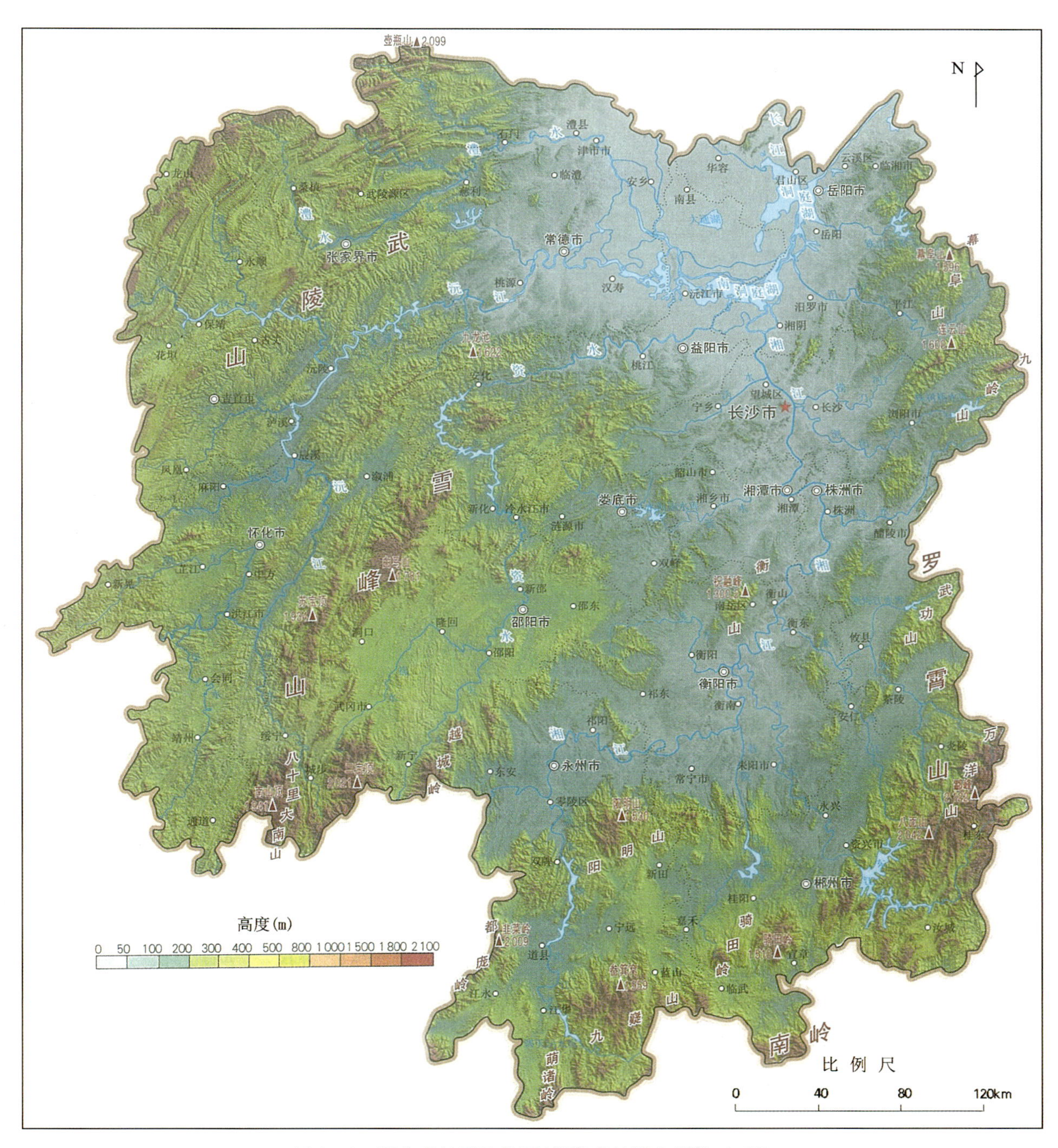

图 2-2　湖南省地形地势图(据湖南地图出版社,2012)

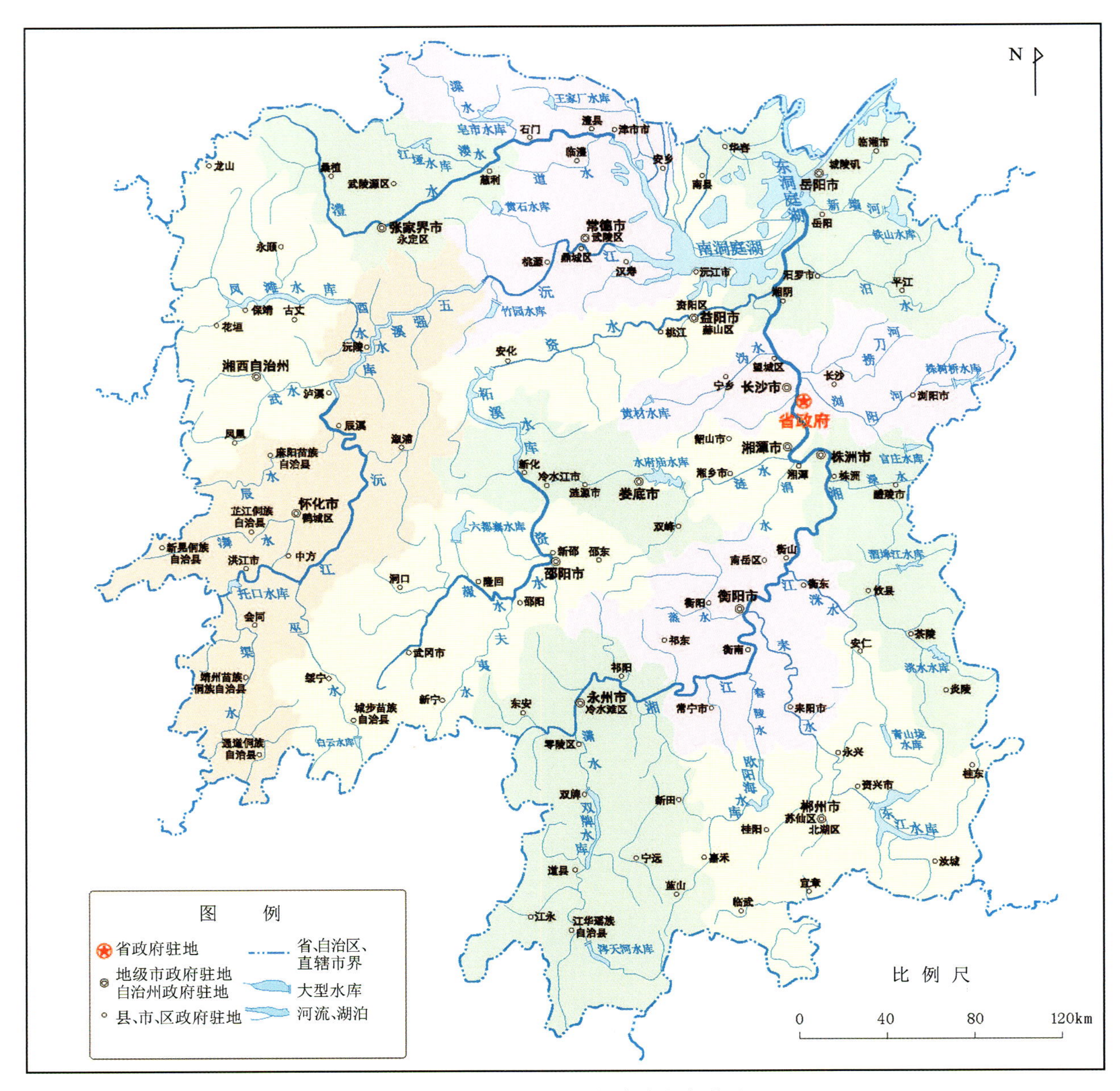

图 2-3　湖南省水系示意图(据湖南省水利厅,2017)

第二节　地质背景

一、地层

湖南省地层分布广泛,约占全省面积的 91.7%。层位较全,从新元古界青白口系至新生界第四系皆有出露(图 2-4)。各系大部分层序完整,出露良好,化石丰富。湖南省地跨扬子陆块和华夏陆块,地层横向变化明显，大致划分为湘西北、湘中-湘南和湘东南3个差异明显的地层区，共建立了171个岩石地层单位（表2-1）。

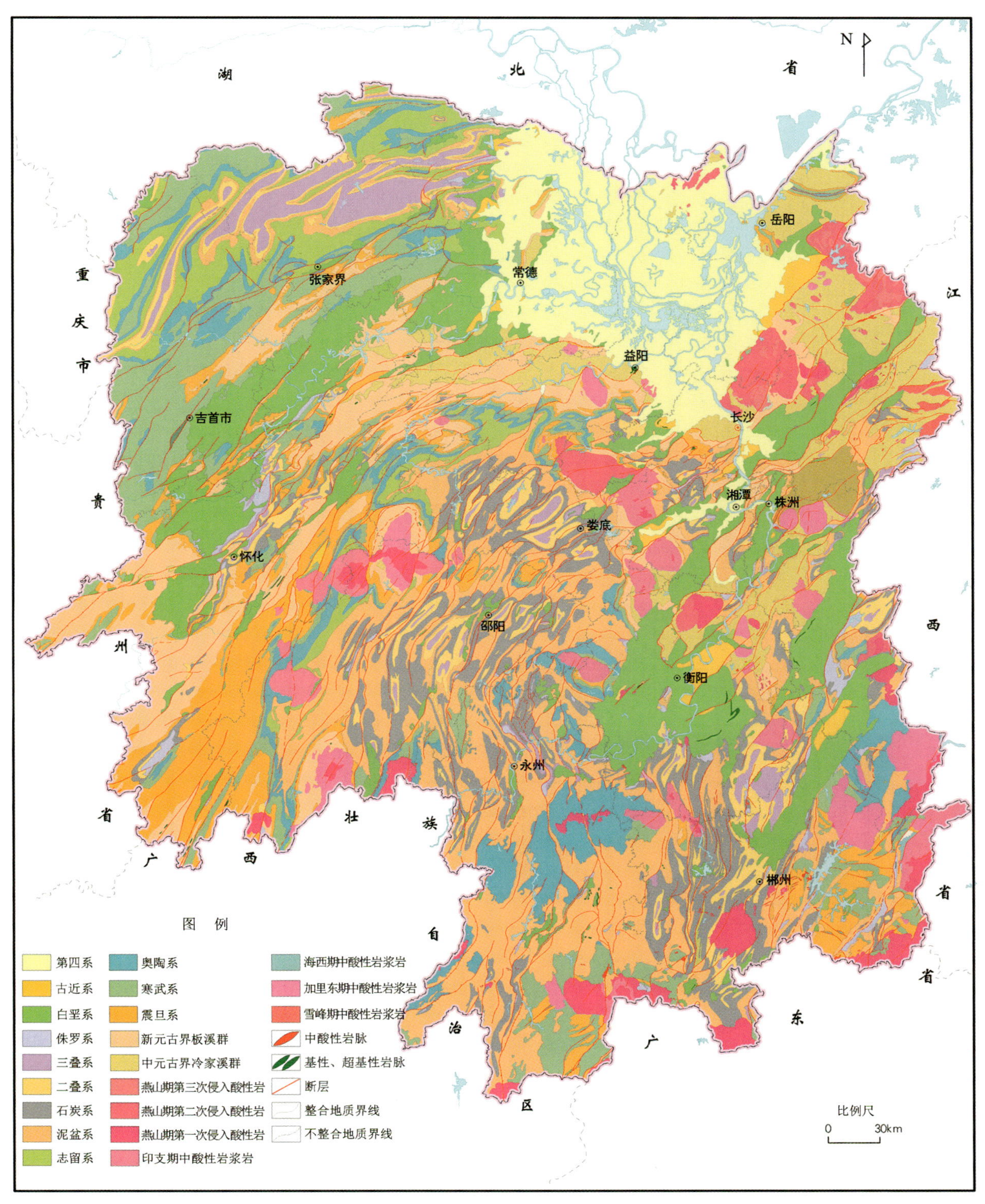

图2-4 湖南省地层分布简图

表 2－1　湖南省岩石地层划分表

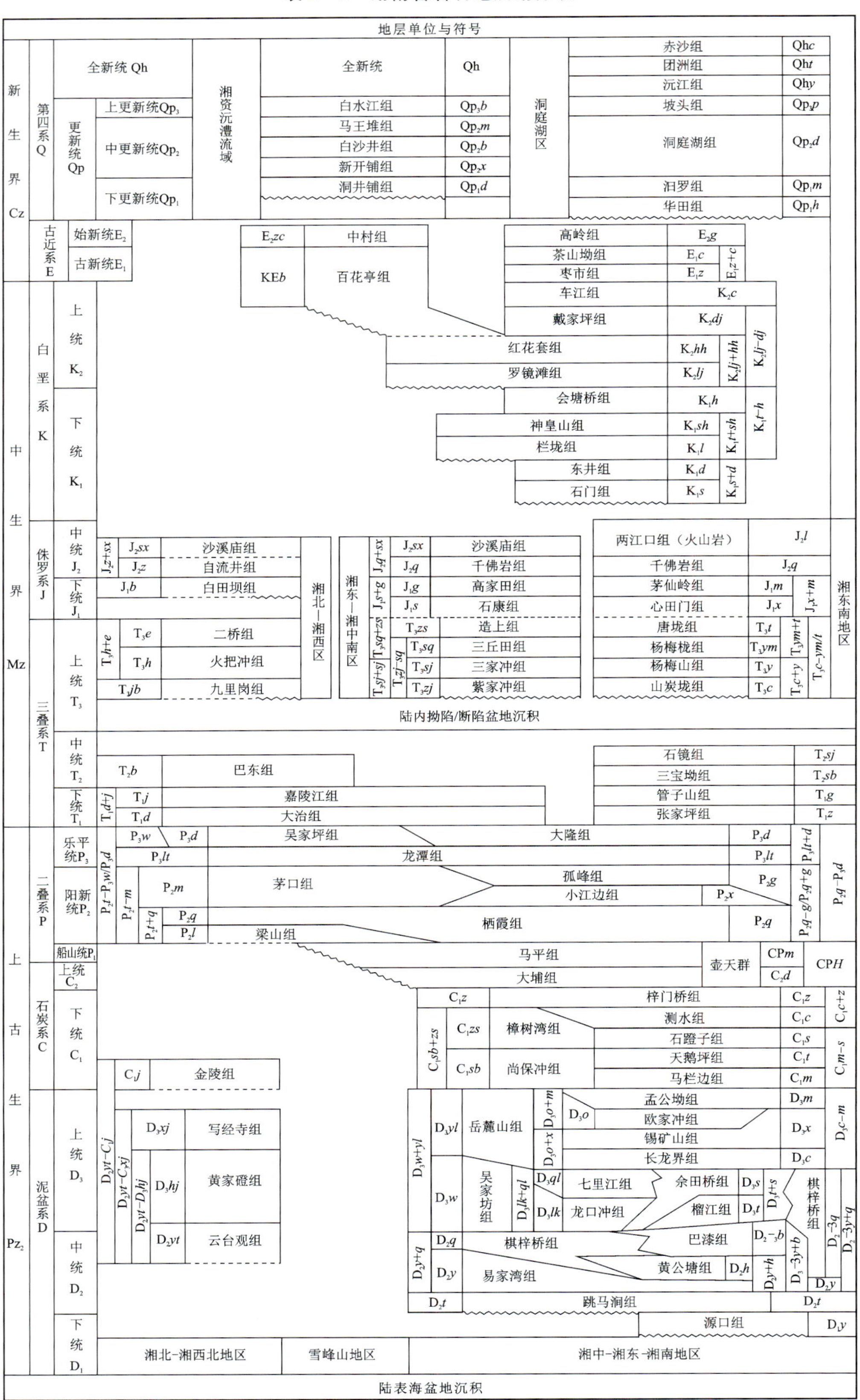

续表 2-1

地层单位与符号

界	系	统	扬子地层区（湘西北区）	江南地层区	东南地层区（湘东南区）
下古生界 Pz_1	志留系 S	温洛克统 S_2	S_2xx 小溪峪组		
		兰多弗里统 S_1	S_1l-w：S_1w 吴家院组；S_1lz 辣子壳组；S_1r 溶溪组；S_1l 罗惹坪组 / 小河坝组 S_1xh（S_1xh-W）	珠溪江组 S_1z	
			$OSl-S_1x$：S_1x 新滩组	两江河组 S_1lj（$OSl-S_1lj$）	
			OSl 龙马溪组	OSl	
	奥陶系 O	上统 O_3	O_1t-O_3b；O_2d-O_3b：O_3b 宝塔组	天马山组	O_3t（$O_{2\text{-}3}y+t$）
		中统 O_2	O_2d+g：O_2g 牯牛潭组；O_2d 大湾组	烟溪组	$O_{2\text{-}3}y$
				桥亭子组	$O_{1\text{-}2}q$
		下统 O_1	O_1t+h：O_1h 红花园组；O_1t 桐梓组	$O_{1\text{-}2}bs+q$：O_1bs 白水溪组	爵山沟组 $\in Oj$
	寒武系 ∈	芙蓉统 $\in_4$	$\in_{3\text{-}4}l$ 娄山关组 / 比条组 $\in_4b$	$\in_{3\text{-}4}w-t$：$\in_{3\text{-}4}t$ 探溪组	小紫荆组 $\in_{3\text{-}4}xz$
		第三统 $\in_3$	车夫组 $\in_{3\text{-}4}c$；$\in_3g$ 高台组 / 敖溪组 $\in_3a$（$\in_{3\text{-}4}a-c$）	$\in_{3\text{-}4}w$ 污泥塘组	茶园头组 $\in_{2\text{-}3}cy$
		第二统 $\in_2$	$\in_{1\text{-}2}n-q$：$\in_2q$ 清虚洞组；$\in_{1\text{-}2}n+s$：$\in_{1\text{-}2}s$ 石牌组		
		纽芬兰统 $\in_1$	$\in_1n$ 牛蹄塘组	$\in_{1\text{-}2}n$ 牛蹄塘组	香楠组 $\in_{1\text{-}2}x$
新元古界 Pt_3	震旦系 Z	上统 Z_2	Z_1d-Z_2dy：Z_2dy 灯影组	留茶坡组 Z_2l（Z_1j-Z_2l）	丁腰河组 Z_2d（N_1a-Z_2d）
		下统 Z_1	Z_1d 陡山沱组	金家洞组 Z_1j	埃岐岭组 Z_1a
	南华系 Nh	上统 Nh_3	Nh_1f-Nh_3n：Nh_3n 南沱组	洪江组 Nh_3h（Nh_1c-Nh_3h）	正园岭组 Nh_3z
		中统 Nh_2	Nh_1f-Nh_2d：Nh_2d 大塘坡组；Nh_2g 古城组	大塘坡组 Nh_2d（Nh_1f+Nh_2d；Nh_1c-Nh_2h）	天子地组 $Nh_{1\text{-}2}t$（$Nh_{1\text{-}2}s+t$）
		下统 Nh_1	Nh_1f 富禄组	富禄组 Nh_1f；长安组 Nh_1c	泗洲山组 Nh_1s
	青白口系 Qb		$Qbzj+xs$：$Qbxs$ 渫水河组；$Qbzj$ 张家湾组	板溪群 QbB（红）：$Qbbh+n$：Qbn 牛牯坪组；$Qbbh$ 百合垅组；$Qbw+dy$：$Qbdy$ 多益塘组；Qbw 五强溪组；Qbt 通塔湾组；$Qbhl+m$：Qbm 马底驿组；$Qbhl$ 横路冲组；Qbb 宝林冲组 高涧群 QbG（黑）：$Qbj+ym$：$Qbym$ 岩门寨组；Qbj 架枧田组；Qbz 砖墙湾组；$Qbs+hs$：$Qbhs$ 黄狮洞组；Qbs 石桥铺组	大江边组 Qbdj 以下未出露
			湘西北区	泸溪—安化小区；洞口—双峰小区	湘东南区
			扬子地层区	江南地层区	东南地层区
			扬子陆块东南缘稳定型沉积		华夏陆块西南缘活动型沉积

湘东北地区		
Qbx 小木坪组 以下未出露	冷家溪群 QbL	Qbd 大药菇组（Qbx+d）
		Qbx 小木坪组
		Qbh 黄浒洞组
		Qbl 雷神庙组
		Qbp 潘家冲组
		Qby 易家桥组

断层

浏阳地区	构造杂岩		
	仓溪岩群 QbC	Qbl.	雷公糙岩组
		Qbz.	斫木冲岩组
		Qbch.	陈家湾岩组
		Qbf.	枫梓冲岩组
		Qbn.	南棚下岩组
		Qbq.	清风亭岩组

注：资料来源于《中国区域地质志——湖南志》，湖南省地质调查院，2017。

（一）新元古界(Pt_3)

1. 青白口系(Qb)

青白口系可进一步划分为仓溪岩群（Qb*C*）、冷家溪群（Qb*L*）和板溪群（Qb*B*）。

仓溪岩群出露于湘东北浏阳文家市一带，岩石组合为一套经区域低绿片岩相变质的沉积碎屑岩-火山岩，酸性、中性、基性浅成侵入岩与一套绿片岩相变质的火山碎屑岩和火山岩的整体无序、局部有序的变质岩系，属于构造变质杂岩。最大可视厚度4 180m左右。

冷家溪群属青白口纪早期沉积，主要分布在湘东、湘中北地区，为一套以浅灰色、浅灰绿色为主的浅变质细碎屑岩，黏土层及含凝灰质细碎屑岩组成的复理石建造。底部夹白云岩、灰岩等钙质团块，顶部多砂岩，局部夹基性、中性、酸性熔岩。最大出露厚度超过25 000m。属活动型沉积，构成了褶皱基底。

板溪群属青白口纪早期沉积，以“江南古陆”分布最广，湘南地区少见出露。本群具有由浅变质砂砾岩或长石石英砂岩、板岩及沉凝灰岩等组成的两个大的沉积旋回，局部夹基性至中酸性火山岩。中部和南部地区的下部旋回中夹有碳酸盐岩及碳质板岩。地层厚度300～4 000m以上。中部地区与板溪群相当的地层改称“高涧群”。

2. 南华系(Nh)和震旦系(Z)

南华系、震旦系与下古生界各系的发育情况基本相似，其共同特点是在南部维持着活动型沉积，而在北部则表现为稳定型沉积特征，并且各系都有着大致相同的自北而南由碳酸盐岩、硅质岩、板岩为主逐渐变为浅变质砂岩、板岩为主的趋势，厚度也相应地由小增大。

南华系主要为严寒气候条件下形成的冰成泥砾岩建造，夹少量间冰期板岩、含锰碳酸盐岩。自北而南由以大陆冰川沉积为主，过渡到以海洋冰川沉积为主，至湘南地区则以正常海洋沉积为主，只夹少量海洋冰川沉积物。厚度变化较大，但南部厚度大的剖面居多。

震旦系在北部主要为碳酸盐岩，向南硅质岩、板岩、浅变质岩增加，至湘南地区则以浅变质砂岩、板岩为主，仅夹少量硅质岩。局部偶见基性火山岩。

（二）下古生界(Pz_1)

1. 寒武系(∈)

寒武系横向变化大，沉积类型多样。纽芬兰统在北部主要为一套黑色板岩；第二统下部为黄绿色板状砂页岩，上部及第三统、芙蓉统为碳酸盐岩，向南碳酸盐岩逐渐减少乃至消失，硅质岩、浅变质砂岩增加，至湘南地区则以浅变质砂岩为主，夹板岩和少量硅质岩。寒武系第三统、芙蓉统在北部主要为白云岩、少量灰岩，向南的变化趋势是：始为灰岩增加，白云岩减少；继而所含泥质、硅质、碳质增加，而成不纯灰岩；再往南，砂、泥质更多，碎屑颗粒变粗，至湘南地区则全为浅变质砂岩、板岩。

2. 奥陶系(O)

奥陶系在北部主要为碳酸盐岩，向南泥质成分增高，页岩逐渐居于主要地位，至湘南地区则不见碳酸盐岩，全为浅变质砂岩、板岩、黑色板岩与硅质岩。

3. 志留系(S)

志留系在湖南仅见兰多弗里统和温洛克统下部，而且分布不广。主要集中于湘西北及雪峰山东南缘地区。湘西北地区的志留系主要为大套的页岩和浅变质砂岩夹灰岩、泥灰岩，其下部为笔石页岩相。湘东北区域仅见部分兰多弗里统，基本上全为页岩。雪峰山东南缘地区只有兰多弗里统，但厚度巨大，为一套浅变质的巨厚砂泥质复理石沉积，岩性为板岩、砂质板岩、石英砂岩、粉砂岩，未见碳酸盐岩出现。

(三)上古生界(Pz_2)

1. 泥盆系(D)

泥盆系在湘西北地区不太发育，仅见上统和部分中统，为碎屑岩夹碳酸盐岩。湘中-湘南区泥盆系分布广泛，厚度亦大，其岩性在南部除下统和部分中统为碎屑岩外，其余部分均以碳酸盐岩占绝对优势；向北泥质增加，主要为泥灰岩和页岩；在该区的最北部则以砂岩为主，夹页岩。

2. 石炭系(C)

石炭系在湘西北地区亦不发育，仅局部地区分布着厚度很小的部分下统和中统的碎屑岩和碳酸盐岩。在湘西北区以南的广大地区，石炭系甚为发育，厚度亦大，其变化规律与泥盆系相似，也是南部以较纯的碳酸盐岩占绝对优势，向北泥质成分渐增，至靖县、溆浦、安化、湘乡、醴陵一线以北，其下统相变为以碎屑岩为主，夹少量不纯碳酸盐岩和硅质岩。

3. 二叠系(P)

二叠系沉积特征与泥盆系、石炭系不同。二叠系在湘西北地区以碳酸盐岩占绝对优势，夹少量含煤的砂、页岩及硅质岩。向南含煤的砂、页岩及硅质岩大增，其所占比例超过了碳酸盐岩。

(四)中生界(Mz)

1. 三叠系(T)和侏罗系(J)

中、下三叠统以湘西北地区分布较为集中，厚度巨大。下统以碳酸盐岩为主，中统以紫红色砂、泥岩为主。其他地区分布零散，发育不全，大部分地区只见下统，为含泥质的碳酸盐岩夹页岩，只有永兴、耒阳一带为砂、页岩夹碳酸盐岩。

上三叠统及下侏罗统下部在湘东南地区最发育，而在湘西北地区则大多数层位缺失。主要为陆相的砾、砂、泥质含煤沉积，偶见少量泥灰岩，只在湘东、湘南和湘西怀化花桥的局部地区见海陆交互相沉积，偶见含砾石、泥灰岩和煤的夹层。湖南省内尚未见依据确凿的上侏罗统。

2. 白垩系(K)

白垩系主要为陆相湖盆沉积的紫红色砂、泥岩，其次为山麓相砾岩、砂岩，局部有泥膏岩，含铜砂岩及火山岩。

（五）新生界（Cz）

1. 古近系（E）

古近系继承了白垩系的陆相湖盆沉积，主要为紫红色砂泥岩，其次有岩盐、泥膏岩、钙芒硝，局部有碳酸盐岩及油页岩。新近系仅零星分布于湘西的沅麻盆地，为河流相砾岩、砂岩。

2. 第四系（Q）

第四系均为陆相沉积，可分为“四水”（湘、资、沅、澧）流域和洞庭湖区。更新统为6个冷暖交替的河流相或湖相的砾、砂、黏土、草炭沉积组成。全新统为河流相砂、砾、砂土、泥炭或湖积的砂质黏土、黏土。

二、岩浆岩

（一）火山岩

湖南省火山岩不太发育，分布于武陵山东南侧广大地区，虽火山岩体数约300个，但地表出露面积仅$76km^2$。除蓝山两江口、益阳赫山、益阳宝林冲3处火山岩出露面积较大，分别达$30km^2$、$16km^2$、$10km^2$外，其他的火山岩体面积均很小。岩性有酸性、中性、基性、超基性及碱性等岩类；产状有熔岩锥、火山碎屑锥、岩管、岩筒、似层状、脉状、熔岩流等；岩相有喷溢相、爆发相、火山颈相等；形成时代为青白口纪、南华纪、中侏罗世、晚侏罗世、早白垩世、晚白垩世及古新世。各时代火山岩分布如图2-5所示，岩性等见表2-2。

（二）侵入岩

湖南省侵入岩发育程度中等，出露于中东部广大地区，出露面积约$17\,544km^2$，占全省面积约8.3%。产状有岩基、岩株、岩枝、岩脉、岩墙、岩床等。岩性有酸性、中酸性、基性、超基岩类及其过渡性类型岩石。酸性及中酸性侵入岩及其浅成相斑岩出露面积占全省岩浆岩面积约95%。在所有侵入岩中，广义的花岗岩类岩石，包括碱长花岗岩、正长花岗岩、二长花岗岩、花岗闪长岩、英云闪长岩，是最发育、并具特色的岩浆岩，其特点是：岩石种属多，岩石化学成分多富硅、高碱；绝大多数呈复式岩体或同期多次侵入体产出；同期、同源岩浆分异、演化作用多较明显和完全；多与成矿作用关系密切；源岩物质以地壳物质为主，幔源成分较少；大多数具被动就位特征。侵入岩形成时代为青白口纪、志留纪、中—晚三叠世、侏罗纪、白垩纪等。

1. 基性—超基性侵入岩

湖南省基性—超基性侵入岩不太发育，绝大多数呈岩脉、岩墙或似层状产出，仅少数呈岩床、岩盆、岩盖。岩体数量多，据不完全统计，已发现和圈定的岩体数600余个，单个岩体面积均很小，除古丈龙鼻嘴、中方隘口、洪江黄狮洞、通道坨城等地的个别岩体面积可达$0.1km^2$或大于$0.1km^2$外，其他的岩体一般宽几米至几百米。岩体总面积约$8km^2$。武陵山东侧广大地区均有岩体出露，并较集中分布于雪峰山两侧的桃源走马岗—沅陵方子垭—中方隘口—洪江黄狮洞—会同东育司、洞口那溪—

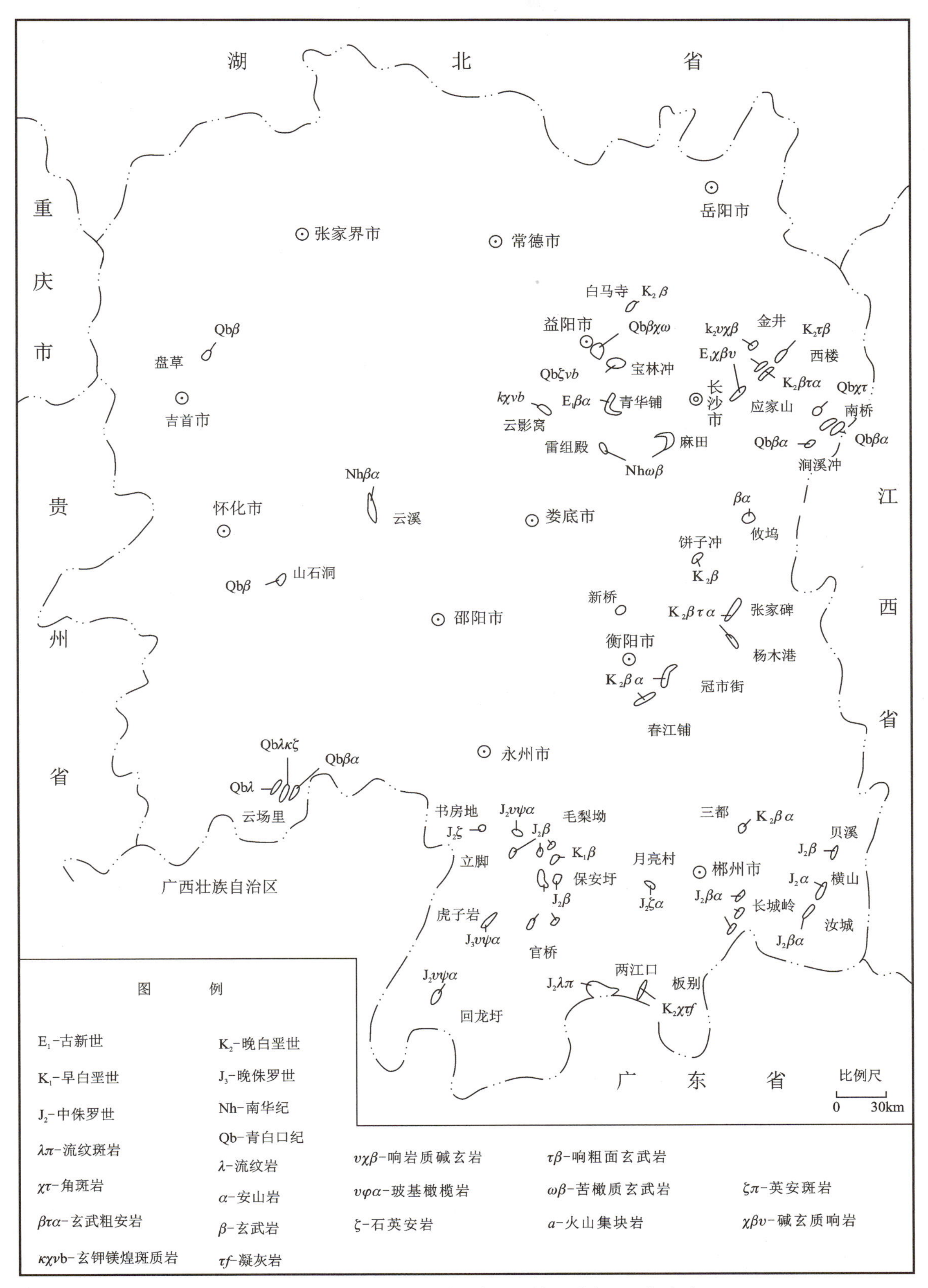

图 2-5　湖南省火山岩分布略图（据《中国区域地质志——湖南志》，2017）

通道坨城一带，其他地区分布零散，数量较少。岩石类型以基性辉绿岩为主，超基性岩多以分异体存在于基性岩体内或呈包体产出，单独的超基性侵入岩体少。岩体形成时代为青白口纪、志留纪、中晚三叠世、白垩纪等。各时代岩体分布、岩性、产状等特征见表2-3。

表2-2 湖南省火山岩一览表

时代	出露地区	面积(km^2)	岩性	赋存层位	同位素年龄值(Ma)
E_1	宁乡青华铺	0.05	玄武安山岩	夹于E_1地层中	
	浏阳应家山	0.01	碱玄质响岩、玄武岩	喷发于K_1地层中	*KA-W 62
K_2	湘阴白马寺	隐状	玄武岩	夹于K_2地层中	
	长沙金井	0.01	响岩质碱玄岩	喷发于J_3花岗岩中	
	长沙果园、高桥、春华山	0.03	玄武岩	夹于K_1地层中	KA-W 83
	浏阳北盛、西楼	0.03	玄武质粗面安山岩、粗面玄武岩	夹于K_2地层中	KA-W 92
	株洲、饼子铺	0.01	玄武岩	夹于K_2地层中	
	攸县张家碑、杨木港	0.06	玄武质粗面安山岩	夹于K_1地层中	
	衡南冠市街，耒阳春江铺，资兴三都	0.71	玄武安山岩	夹于K_2地层中	KA-W 81,70
	临武板别、鹧鸪坪	0.02	流纹质晶屑凝灰岩	夹于K_2地层中	KA-W 115
K_1	宁远黄家坝、立楼寨等	0.60	粗面玄武岩	夹于K_1地层中	
J_3	道县虎子岩	0.10	玻基辉橄岩、玻基辉橄质火山角砾岩-集块岩	喷发于D、C、J_1地层中	
J_2	常宁老盟山、新盟山	0.30	粗面英安岩	喷发于J_1地层中	
	道县书房地、猫儿山	0.02	安山岩	喷发于D地层中	
	桂阳月亮村	0.30	英安质火山角砾-集块岩	喷发于D、C地层中	KA-W156
	宁远毛梨坳	0.01	玻基辉橄岩、玻基辉橄质火山角砾岩-集块岩	喷发于D地层中	
	宁远大帮等	0.01	玻基辉橄岩、玻基辉橄质火山角砾岩-集块岩	喷发于D、C地层中	
	新田欧家山-宁远保安圩、东城、官桥，道县立脚	3.50	玄武岩，玄武岩质火山角砾岩-集块岩	喷发于D、C、J_1等地层中，K_1地层沉积其上	AA-W 174,172,170;KA-W 177,162,158,153,152
	江永回龙圩	0.01	玻基辉橄岩	喷发于D地层中	
	宜章长城岭	0.30	玄武安山岩	喷发于D、C地层中	AA-W 178
	桂东贝溪，汝城横山、城郊	3.00	玄武安山岩、安山岩、玄武安山质凝灰岩	夹于J_1与J_2地层之间	KA-W 146,135,128
	蓝山两口江	30.00	流纹斑岩、流纹-英安质火山角砾岩-集块岩-凝灰岩	夹于J_2地层中	SH-Z 156,156,154;KA-B 164;UP-Z 158

续表 2-2

时代	出露地区	面积(km^2)	岩性	赋存层位	同位素年龄值(Ma)
Pt_3	新化云溪	1.25	角砾状玄武岩安山岩	喷发于 Nh 地层中	
	湘乡雷祖殿,宁乡大湖	0.20	苦橄质玄武岩	喷发于 Nh 地层中	
	望城麻田	0.50	苦橄质玄武岩	喷发于 Nh 地层中,Z_1 地层沉积其上	SN-W 714
	古丈盘草	0.25	玄武岩	喷发于 Pt_3 地层中,Nh 地层沉积其上	
	洪江山石洞,颜容	0.50	玄武岩	喷发于 Pt_3 地层中	SN-W 868
	城步云场里	0.01	变石英角斑岩、流纹岩、玄武安山岩	喷发于 Pt_3 地层中(沉凝灰岩夹层)	SH-Z 828
	益阳宝林冲	10.00	安山-英安质火山角砾岩-集块岩-凝灰岩	喷发于 Pt_3 地层中,Pt_3 地层沉积其上	SH-Z 814;UP-Z 932
	益阳大渡口	16.00	变玄武安山岩	喷发于 Pt_3 地层中	SN-W 2 216
	益阳石咀塘	1.00	变玄武质科马提岩、变科马提岩	喷发于 Pt_3 地层中	SN-W 3 028,SH-Z 823
	浏阳鄱淡	0.01	变角斑岩	喷发于 Pt_3 地层中	
	浏阳南桥	0.02	变石英角斑岩、变玄武安山岩	喷发于 Pt_3 地层中	SN-W 1 717,1 300,1 262;SH-Z 1 271
	醴陵攸坞	1.10	变球颗玄武安山岩	喷发于 Pt_3 地层中	
	衡山新桥	0.01	变安山岩	喷发于 Pt_3 地层中	
	浏阳涧溪冲	0.10	变玄武安山岩	夹于 Pt_3 地层中	SN-W 2 594;SH-Z 2 557,1 805

注:同位素年龄值中,KA-W:全岩 K-Ar 法;AA-W 全岩 Ar-Ar 法;SN-W:全岩 Sm-Nd 等时线法;SH-Z:锆石 SHRIMP U-Pb 法;UP-Z:颗粒锆石等时线法。资料来源于《中国区域地质志——湖南志》,2017。

表 2-3　湖南省基性—超基性岩一览表

时代	出露地区	岩性	产状	数量(条)	侵入地层或岩浆岩	年龄值(Ma)
K_2	汨罗飘峰山、影珠山,长沙麻林桥	辉长闪长玢岩辉绿岩	岩墙(脉)	10	侵入 K_1 花岗岩	KA-W 86
	醴陵黄泥冲	辉长辉绿岩	岩墙(脉)	1	侵入 K_2 石英斑岩	
	耒阳上堡	辉绿(玢)岩	岩墙(脉)	16	侵入 K_3 花岗岩	KA-W 81
	宁远癞子岭告江冲	辉绿(玢)岩	岩墙(脉)	44	侵入 J_3 花岗岩	KA-W 91
K_1	汝城横山、江头芳	辉绿(玢)岩	岩墙(脉)	13	侵入 J_2 地层及火山岩	AA-W 112
J_3	郴州千里山、三百铺	辉绿(玢)岩	岩墙(脉)	13	侵入 J_3 花岗岩	AA-W 142
	桂阳治冲、秋下	辉绿岩、辉长辉绿岩	岩墙(脉)	10	侵入于上古生代地层中	KA-W 146
	通道下洞及洞口那溪等地	辉绿玢岩、辉石岩、橄辉岩	岩脉(墙)	100	已侵入于 T_3 花岗岩	KA-W 153

续表 2-3

时代	出露地区	岩性	产状	数量（条）	侵入地层或岩浆岩	年龄值（Ma）
T_3—T_2	宁远保安圩，道县虎子岩，江永回龙圩	辉长-苏长岩	包体		包裹于 J_2—K_1 火山岩中	SP-Zi 225，SN-W 224，RS-R 1 141
	桃江瓦窑冲	角闪辉长岩	残留体？	2	存在 T_3 花岗岩中	SH-Zi 223
	隆回老屋里	角闪辉长岩	残留体？	1	存在 T_3 花岗岩中	
	醴陵枫林、东冲铺	辉绿（玢岩）	残留体？	约 30	侵入于 S 花岗岩中	KA-W 238
Nh？	新化云溪	辉绿（玢岩）	残留体？	10	侵入于 Nh 地层中	UP-Zi 278
Pt_3	桃江走马岗、沅陵、方子垭、中方隘口、洪江、黄狮洞、通道垅城、古丈龙鼻嘴、芷江大洪山、芦溪合水等地	辉绿岩、辉长辉绿岩为主，辉长闪长岩、少量辉长岩、辉石岩、橄辉岩、辉橄岩、橄榄岩；（分异物尚有钠长岩、正长岩等）	岩脉、岩床、岩盆、岩墙、似层状等	约 150（总面积约 $6km^2$）	侵入于 Pt_3 地层中	LA-Zi 832[①]；SH-Zi 768[②]、747[③]、712；SN-W 890[④]；SN-W 855[⑤] KA-B 699
	浏阳南桥涧林	变辉绿岩	似层状、岩脉	约 30	存在于 Pt_3 地层中	SN-W 1 271[⑥]
	浏阳涧溪冲、涧木等地	变辉石岩	岩脉似层状	约 15	存在于 Pt_3 地层中	SH-Zi 862 *；SN-W 2 594[⑦]
	浏阳沧溪	斜长角闪岩	岩脉似层状	约 10	存在于 Pt_3 地层中	SH-Zi 804 *；SN-W 1 860
时代不明	宁远保安圩、道县虎子岩、江永回龙圩	尖晶石、二辉橄榄岩	包体		包裹于 J_2—K_1 火山岩中	SN-E 2 702[⑧]
	安化符竹溪、益阳赫山、沩山岩体及关帝庙岩体内外	辉绿（玢）岩、变辉绿岩、变辉长岩	岩脉、岩墙	约 250	侵入于 Pt_3 地层及 S、T、J 花岗岩体中	
	江华金子山、临湘麦坡岭	角闪辉长岩、辉绿（玢）岩	岩脉、岩墙	4	存在于∈及 Pt_3 地层中	

注：* 为湖南省区域地质志编制工作中采取；①张春红等，2009；②周金城等，2007；③王孝磊等，2008；④周新华等，1992；⑤郑基俭等，2001；⑥周金城等，2004；⑦陈必河等，2004；⑧伍光英等，2004；其他未标明的属湖南省地质调查院历次区调资料。

同位素年龄值中，KA-W：全岩 K-Ar 法；AA-W 全岩 Ar-Ar 法；SN-W：全岩 Sm-Nd 等时线法；SH-Z：锆石 SHRIMP U-Pb 法；UP-Z：颗粒锆石等时线法。资料来源于《中国区域地质志——湖南志》，2017。

2. 中性—酸性侵入岩

湖南省中性—酸性侵入岩发育，并以中酸性—酸性侵入岩为主，中性侵入岩少。中酸性—酸性侵入岩单个岩体规模大，数量多，总出露面积大；中性侵入岩单个岩体小，数量少，总出露面积小。中性—酸性侵入岩的产状以岩基、岩株和岩滴为主，地表出露面积大于或等于 $0.1km^2$，单个岩体近 200 个；另有少量呈岩脉或不规则状体或透镜体分布；分布于雪峰山东南侧广大地区（图 2-6）。基性—超基性侵入体分异形成的钠长岩和正长岩呈大小不一的团块状、条带状等不规则体，长宽多仅几厘米至几米。岩体形成时代有青白口纪、志留纪、中三叠世、晚三叠世、中侏罗世、晚侏罗世、早白垩世、晚白垩世等（表 2-4）。

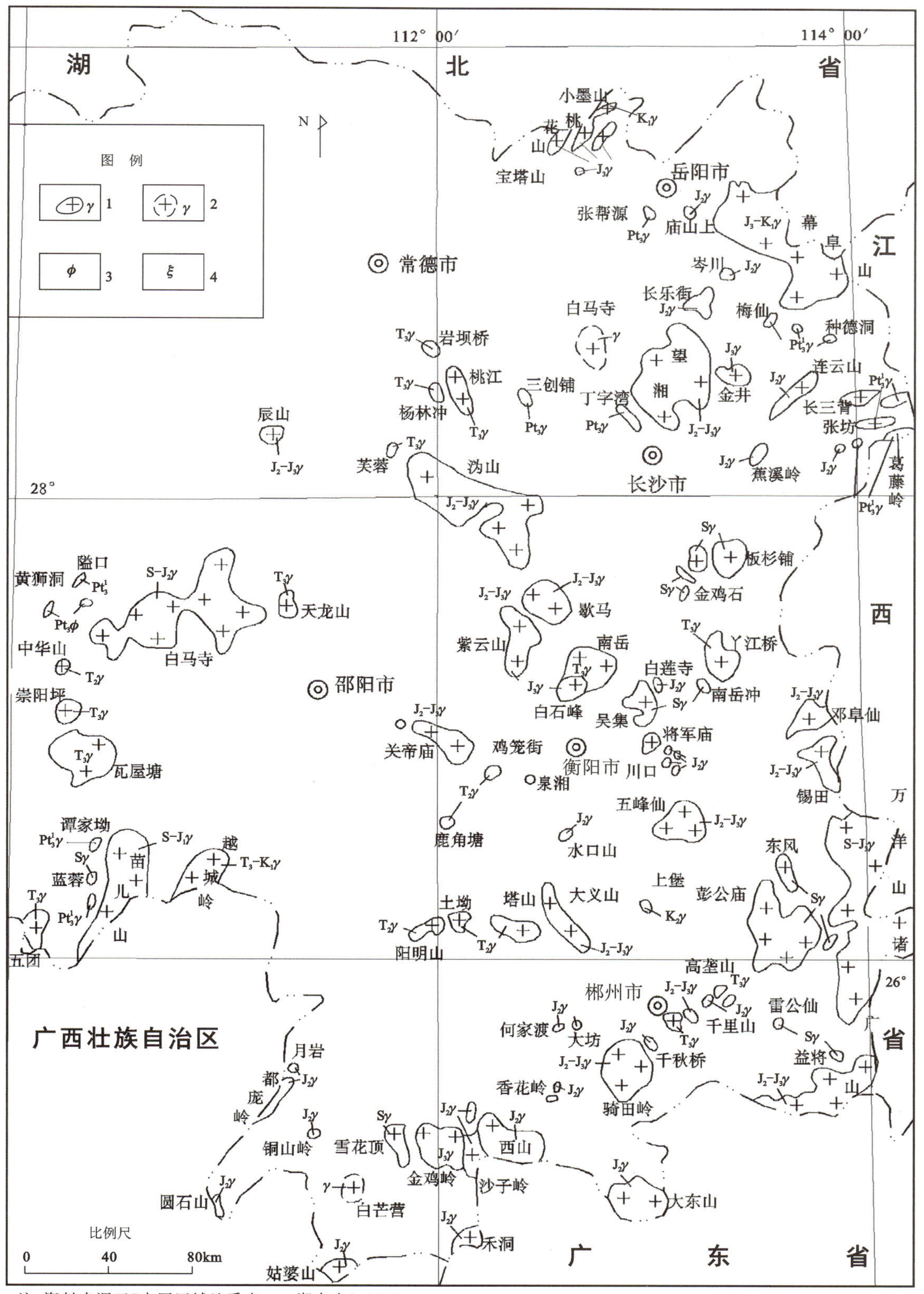

注:资料来源于《中国区域地质志——湖南志》,2017。

图 2-6 湖南省中性—酸性岩体分布略图

1. 花岗岩类岩体;2. 隐伏岩体;3. 钠长岩;4. 正长岩;Pt_3^1、S、T_2、T_3、J_2、J_3、K_1、K_2 分别为早新元古代、志留纪、中三叠世、晚三叠世、中侏罗世、晚侏罗世、早白垩世、晚白垩世

表 2-4 湖南省部分中性—酸性斑岩的时代划分

时代	出露地区	岩性	沉积下限/侵入上限	同位素年龄值※(Ma)
K_2	醴陵王仙地区	花岗斑岩、石英斑岩	$/C_1\gamma\delta$	UP-Zi 84,76,72
	宜章界牌岭地区	花岗斑岩、石英斑岩	$/C_3$	RS-W 89,87;KA-B 75
	临武香花岭地区	黄玉斑岩	$/J_2\eta\gamma$	UP-Zi 71;KA-B 104
K_1	桂东四都地区及诸广山北体内	花岗斑岩、石英斑岩	$/J_3\eta\gamma$	UP-Zi 128
	郴州金竹	花岗斑岩-微细粒斑状花岗岩	$/C_1$	UP-Zi 131
J_3	道县祥林铺	花岗斑岩、石英斑岩、流纹斑岩	$/C_1$	KA-B 149
	桂阳猫儿山-骑田岭岩体内-板田脚-千里山-宝峰仙	花岗斑岩	$/J_2\eta\gamma$	AA-B 144 RS-W 146
J_2	湘中龙山地区(梳装地区)	花岗闪长斑岩、花岗斑岩、石英斑岩	$/C_1$	UP-Zi 157
	桂阳黄沙坪地区	花岗斑岩、石英斑岩	$/C_1$	UP-Zi 162; KA-B 163～171
	桂阳宝山地区	花岗闪长斑岩	$/C_1$	SP-Zi 164,162; UP-Zi 173
	郴州千里山岩体南东侧东坡山	花岗斑岩、石英斑岩	$J_3\eta\gamma/C_1$	RS-W 182,179
T_3	桃江修山	花岗闪长斑岩、花岗斑岩、石英斑岩、石英闪长斑岩	$/Pt_3$	UP-Zi 210
	浏阳七宝山、关口、料源等	花岗闪长斑岩、花岗斑岩、石英斑岩	$/P_1$	UP-Zi 236,193; RS-W 249
	双峰杏子铺	花岗闪长斑岩、花岗斑岩、石英斑岩	$/D_3$	UP-Zi 214
	郴州黄老卢-张家寮	花岗斑岩、石英斑岩	$/C_1$	UP-Zi 206
S	桂阳木鱼岭	花岗闪长斑岩	/Z	
	江华同禾田	花岗闪长斑岩	$D_1/\in$	
Pt_3^1	益阳赫山邓石桥地区	石英闪长斑岩、花岗闪长斑岩 花岗斑岩、石英斑岩	$/Pt_3$	UP-Zi 730
	浏阳金狮冲	变花岗斑岩	D_2/Pt_3	UP-Zi 572
	城步猫儿界	变花岗斑岩	$S\eta\gamma/Pt_3$	UP-Zi 829,803,802; RS-W 837

注:※同位素年龄值:UP-Zi:锆石 U-Pb 模式年龄;SP-Zi:锆石 U-Pb 激光剥蚀法年龄;RS-W:全岩 Rb-Sr 等时线年龄;KA-B:黑云母 K-Ar 法年龄;AA-B:黑云母 Ar-Ar 法年龄。资料来源于《中国区域地质志——湖南志》,2017。

三、构造

根据区域大地构造格局及《中国区域地质志》工作指南，湖南省整体属羌塘-扬子-华南板块（一级构造单元），并划分为扬子陆块和华夏陆块 2 个二级构造单元。扬子陆块可进一步划分为湘北断褶带（区域上称八面山陆缘盆地）、雪峰构造带（区域上称江南新元古代造山带）、湘桂早古生代陆缘沉降带及洞庭盆地 4 个三级构造单元；华夏陆块可进一步划分为粤湘赣早古生代沉陷带和云开晚古生代沉陷带，其分界为茶陵-郴州大断裂。湖南省构造单元划分见图 2-7、表 2-5。

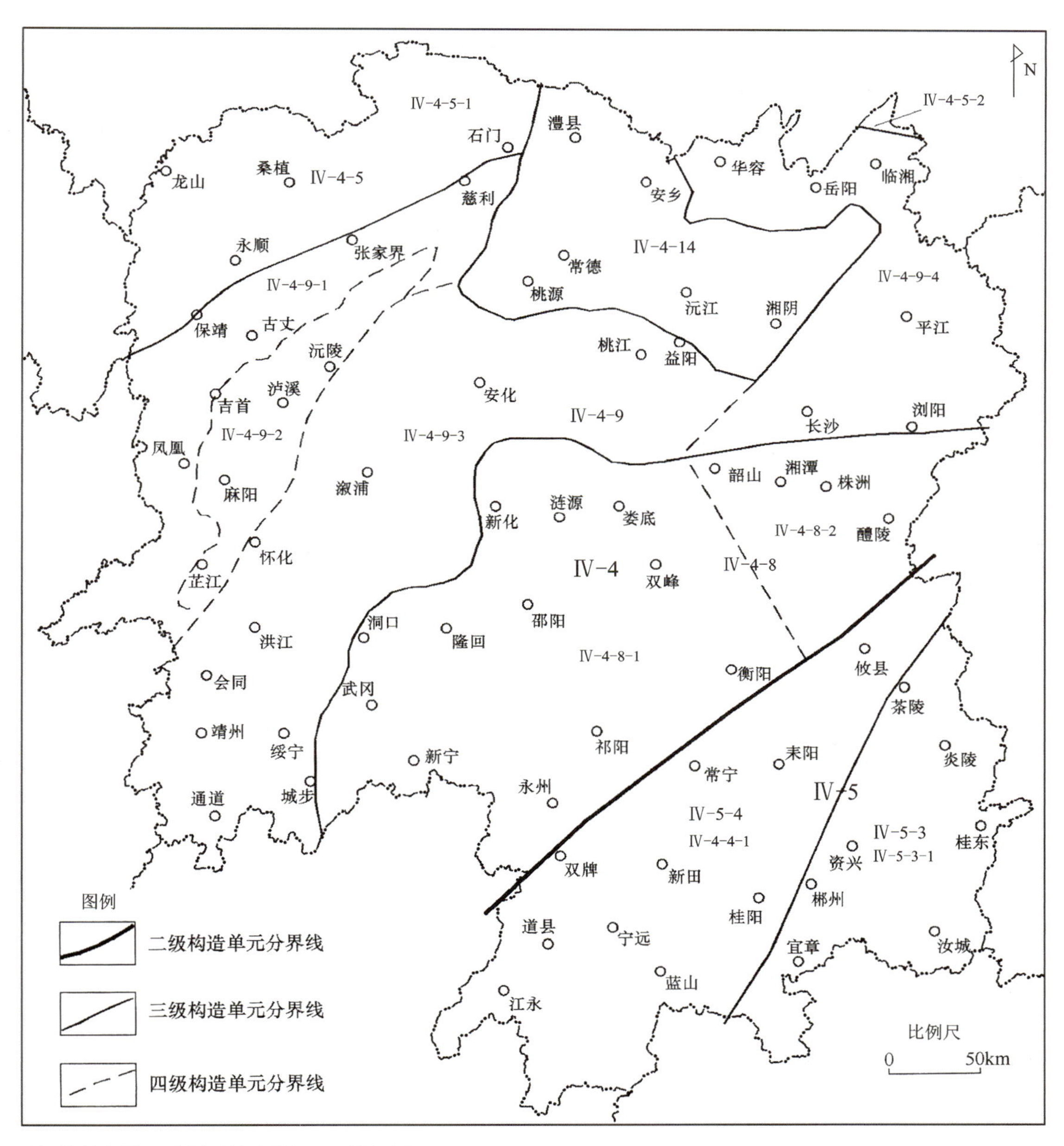

注：资料来源于《中国区域地质志——湖南志》，2017。

图 2-7　湖南省构造单元分布示意图

（构造单元代码见表 2-5）

表 2-5 湖南省构造单元划分方案

<table>
<tr><th>一级构造单元</th><th>二级构造单元</th><th>三级构造单元</th><th>四级构造单元</th></tr>
<tr><td rowspan="11">羌塘-扬子-华南板块（Ⅳ）</td><td rowspan="9">扬子陆块（Ⅳ-4）</td><td rowspan="2">湘北断褶带（Ⅳ-4-5）
（八面山陆缘盆地）</td><td>石门-桑植复向斜（Ⅳ-4-5-1）</td></tr>
<tr><td>沅澧褶冲带（Ⅳ-4-5-2）</td></tr>
<tr><td rowspan="4">雪峰构造带（Ⅳ-4-9）
（江南新元古代造山带）</td><td>武陵断弯褶皱带（Ⅳ-4-9-1）</td></tr>
<tr><td>沅麻盆地（Ⅳ-4-9-2）</td></tr>
<tr><td>雪峰冲断带（Ⅳ-4-9-3）</td></tr>
<tr><td>湘东北断隆带（Ⅳ-4-9-4）</td></tr>
<tr><td rowspan="2">湘桂早古生代陆缘沉降带（Ⅳ-4-8）</td><td>邵阳坳褶带（Ⅳ-4-8-1）</td></tr>
<tr><td>醴陵断隆带（Ⅳ-4-8-2）</td></tr>
<tr><td>洞庭盆地（Ⅳ-4-14）</td><td></td></tr>
<tr><td rowspan="2">华夏陆块（Ⅳ-5）</td><td>粤湘赣早古生代沉陷带（Ⅳ-5-3）</td><td>炎陵-汝城冲断褶隆带（Ⅳ-5-3-1）</td></tr>
<tr><td>云开晚古生代沉陷带（Ⅳ-5-4）</td><td>宁远-桂阳坳褶带（Ⅳ-5-4-1）</td></tr>
</table>

根据构造层序列关系和变形变质强度及其形成时代，湖南省内地层变形体纵向上自下而上总体可分为冷家溪群—下古生界褶皱基底、上古生界—中三叠统沉积盖层、上三叠统—古近系上叠盆地沉积三大类型。由于武陵期、雪峰期、加里东期、印支期、燕山期、喜马拉雅期等多期构造变动及叠加，以及不同构造单元边界条件的差异等控制了区域构造格架与变形特征，湖南省内褶皱、断裂、劈理等构造变形强度以及构造线走向等呈现出复杂的横向变化。

湖南省褶皱分为基底褶皱、盖层褶皱和陆相盆地褶皱。基底褶皱形成于武陵运动和加里东运动，卷入地层为冷家溪群、板溪群—下古生界。褶皱一般变形强烈，形态紧闭，并同时形成劈理和发生区域浅变质。盖层褶皱主要形成于印支运动和早燕山运动，卷入地层为上古生界—中三叠统，褶皱形态一般平缓—中常。陆相盆地褶皱一般非常平缓，局部因断裂作用岩层较陡。

断裂系统总体可进行两级划分。一级断裂体系划分为逆断裂、正断裂、走滑断裂 3 种类型，其中，逆断裂一级断裂体系进一步划分为武陵期逆断裂、加里东期逆断裂、早中生代（印支晚期—早燕山期）逆断裂、古近纪—新近纪逆断裂 4 类二级断裂体系；正断裂一级断裂体系进一步划分为雪峰期—早古生代同沉积断裂、晚燕山期—喜马拉雅期正断裂，以及未明确对应时代的挤压变形之后的重力伸展断裂 3 类二级断裂体系；走滑断裂一级断裂体系进一步划分为北东—北北东向走滑断裂、北西向走滑断裂、东西向走滑断裂 3 类二级断裂体系。

湖南省深大断裂主要有北东—北北东向和北东向 2 组。北东—北北东向深大断裂主要有慈利-保靖断裂（江南断裂）、辰溪-怀化断裂、溆浦-靖州断裂、通道-江口断裂、城步-新化断裂、公田-灰汤-新宁断裂、连云山-衡阳-零陵断裂、川口-双牌断裂、茶陵-郴州断裂、桂东-汝城断裂等。北西向深大断裂主要有常德-安仁断裂、郴州-邵阳断裂。

除前述褶皱和断裂外，湖南省尚发育有晚三叠世—侏罗纪（中侏罗世）和白垩纪—古近纪两期中生代构造盆地。晚三叠世—侏罗纪（中侏罗世）构造盆地主要有类前陆盆地和伸展断陷盆地 2 类，前者有沅麻盆地（东缘）、靖州盆地、石门盆地等，后者有湘东南地区盆地。白垩纪—古近纪时期形成了大量的断陷盆地，规模大的盆地主要有沅麻盆地、洞庭盆地和衡阳盆地；较大的盆地有长平（长沙-平江）盆地、潭衡（湘潭-衡阳）盆地、茶永（茶陵-永兴）盆地等；其他规模小的盆地很多，广布于龙山、安江、溆浦、娄底、邵阳、邵东、会同、通道、新宁、永州、临武、宜章、安仁等地。

第三节　地质遗迹形成演化历史

地质遗迹是在地球演化过程中由地球内部和外部力量长期共同作用形成的。各类地质遗迹的形成是与漫长的地质演化历史和复杂多样的构造运动、岩浆作用、古地理环境演化及古生物多样性分不开的。根据地壳运动及其性质、古构造、古气候、古地理、沉积作用、生物演化、岩浆活动、变质作用和成矿作用等的显著差异，湖南省重要地质遗迹形成与演化历史可划分为新元古代、早古生代、晚古生代至中三叠世、晚三叠世至新生代 4 个阶段。

一、新元古代地质发展史与地质遗迹形成

新元古代早期(距今约 10 亿年)，以仓溪岩群构造杂岩形式为代表，这是湖南省最古老的一套构造杂岩，如今在浏阳市中和乡可见到保存该套构造杂岩的地层剖面。

在距今 7.8 亿～10 亿年的新元古代青白口纪，湖南所在区域处于边缘海槽盆，在地壳大幅度振荡沉降、气候温暖、水体较深、停滞还原环境下，沉积了巨厚的，属于活动型火山-杂陆屑复理石建造的陆源碎屑浊积物。在益阳石嘴塘、醴陵攸坞出露裂隙式海底喷溢的玄武岩流和喷发的基性火山角砾、凝灰质等；在益阳宝林冲出露上地幔的科马提岩火山喷发岩。如今在益阳完整保存有新元古界板溪群宝林冲组火山岩剖面和玄武质科马提岩剖面(地幔柱)。

距今 8 亿年左右的武陵运动，造成冷家溪群与上覆板溪群马底驿组之间的角度不整合，芷江、张家界一带为高角度不整合，安化、桃江一带为中—低角度不整合，长沙、浏阳一带为假整合。岳阳、临湘一带，板溪群五强溪组超覆于冷家溪群之上，缺失马底驿组等情况，表明该构造运动由西向东、自北至南从强到弱，由造山过渡到造陆性质。如今，反映武陵期构造运动和沉积建造特征的地质遗迹主要有芷江鱼溪口冷家溪群和板溪群角度不整合构造形迹、临湘横铺新元古界冷家溪群剖面、醴陵潘家冲新元古界冷家溪群剖面和双峰九峰山变质岩地貌等。

武陵运动后，全省大地构造性质出现显著差异，湘北转化为相对稳定的隆起区，往南为较活动的沉降区。

至青白口纪晚期，气候湿热，地形北高南低，浏阳、南县一线北东部，为洞庭古陆，缺失本期沉积。古陆南西的张家界—常德—长沙一线以北，为河流-滨岸区，沉积了稳定型复陆屑式板溪群马底驿组紫红色碎屑岩建造和五强溪组碎屑岩建造(图 2-8)。这一时期基本形成的地质遗迹主要有芷江渔溪口板溪群地层剖面、隆回司门前高涧群石桥铺组剖面、双峰高涧群层型剖面和古丈城东板溪群地层剖面等。

青白口纪晚期末的雪峰运动波及全省，造成板溪群五强溪组与上覆南华系江口组在湘西-湘西南的低角度不整合-假整合及其他地区的假整合。雪峰运动主要为造陆运动，继承了武陵运动北西强、南东弱的特点，但强度减弱。该运动使湖南地区上升成陆，地表经历剥蚀夷平后并再次下沉。

南华纪早期(距今 7.25 亿～7.8 亿年)，冰期严寒气候影响湖南，其北邻有大陆冰川活动；除洞庭古陆外，均为来自西南的海侵所波及，形成汪洋大海，沉积环境由北西向南分别为保靖—石门一线北西的局限海滨岸-潟湖浮冰带；至洪江、溆浦、双峰、株洲一线以北的开阔海滨岸-陆棚浮冰带；至耒阳、茶陵一线以北的陆坡浮冰带及以南的边缘海槽盆浮冰带。北邻的冰川向南进入本海域，少部分沿滨岸海底滑行，留下一些冰溜遗痕，大部属浮冰，冰成地层中部分砾石具擦痕、条痕，落石特征明显。由北向南远离冰川，冰碛物减少，以砂质黏土为主，夹含砾黏土及火山碎屑，厚度巨大。“江口式”条带状

图 2-8　青白口纪晚期形成的凝灰质砂岩，岩层因微型褶皱而呈现美丽的波纹（新化大熊山）

赤铁-磁铁矿即产于该冰碛建造（富禄组）。

早南华世晚期，为间冰期湿热气候。海侵仍来自西南方，范围进一步扩大，洞庭古陆沉沦。在局限浅海盆地、陆坡上部的花垣民乐、湘潭等地，沉积了大塘坡组锰矿层，基本形成了湘潭锰矿、民乐锰矿等矿产地。

晚南华世，北邻的大陆冰川再度活跃，导致与早南华世早期类似的古地理沉积环境，冰川堆积的冰碛物更丰富、复杂，擦痕、条痕等更为显著；形成了巨厚层冰碛含砾砂岩（图 2-9）；反映这一时期古地理沉积环境的地质遗迹主要有安化冰碛岩地貌以及桂阳泗州山、新化云溪、古丈等处的南华系地层剖面。

距今 5.5 亿～6.35 亿年的早震旦世，气候转暖，先期区域性大陆冰川消融，导致冰川性海侵，海面显著上升。湘西北由滨岸局限浅海发展成碳酸盐岩台地，湘中陆坡范围向北西扩展，而湘东南仍处边缘海槽盆。保靖、慈利一线北西的碳酸盐岩台地，之后海水显著变浅，在边缘出现台地内潟湖环境，在藻类繁育条件下富集部分磷质并吸附来自洋流上升或古陆的磷质，形成磷矿床。而在古丈—慈利以南至耒阳—茶陵一线北西为陆坡，在较闭塞的还原环境下，沉积了硅质夹黏土、碳酸盐岩及黄铁矿、重晶石等（图 2-10）。此期微古植物繁育，除藻类外，出现了形态复杂的刺球藻亚群、棱面藻亚群及叠层石。因此，这一时期基本形成的地质遗迹主要有：浏阳永和磷矿、石门东山峰磷矿、长沙麻田磷矿和溆浦金家洞水母化石等。

图 2－9 南华纪晚期形成的冰碛砾泥岩(新化大熊山)

图 2－10 震旦纪晚期形成的坚硬硅质岩,岩层因受力挤压发生倒转褶皱(新邵铜柱滩)

二、早古生代地质发展史与地质遗迹形成

早古生代(距今5.21亿～5.41亿年)大体维持了晚震旦世古构造、古地理特点,并有发展。沉积区海底地形依然为北西高、南东低的格局。寒武纪纽芬兰世与晚震旦世间在全省均呈连续沉积过渡关系,表明当时地壳持续沉降。西邻的康滇古岛为上扬子海陆屑的来源,华南海域则可能存在断续岛屿并供应陆屑,中志留世后逐渐形成斜贯本区的"江南古陆",东南毗邻的武夷-云开古陆,成为后期陆屑的来源。

寒武纪纽芬兰世,全区沦为广海,由西北向东南为陆棚、陆坡、边缘海槽盆环境。在强还原、滞留及海盆缓慢沉降条件下,含大量藻类、细菌的腐泥在较广海域内堆积,形成普遍含有镍、钼、钒、铜、铀、镉、钡、铍、稀土(钇为主)、银、铂、钯、金、硒、汞等40余种元素的石煤或碳质板岩,其中前6种元素及石煤、磷等局部能形成矿床。这些元素属超基性、基性、酸性岩等微量元素,在有机质、磷酸盐及黏土吸附下富集而成。至寒武纪第二世,湘西北地壳缓慢抬升,海水渐变浅,生物繁育,有浮游与底栖三叶虫及双壳类、腕足类、棘皮类及藻类大量繁育,形成藻礁,花垣渔塘寨铅锌矿即赋存于该藻灰岩中,形成了规模较大的层控型矿床。

寒武纪第三世,湘西及湘西北台地区,沉积白云质及少量灰质,有底栖三叶虫(*Kaotaia mggnum*等)及腕足类繁育。至寒武纪芙蓉世,海水渐趋咸化,生物稀少。在台地东南狭长的边缘浅滩高能环境下,沉积了砾屑、砂屑、鲕粒状碳酸盐岩。再往南东至凤凰、吉首、慈利高桥一线,属陆棚前缘斜坡,沉积赋存汞矿的白云质层,沿保靖-铜仁-玉屏断裂带,在次一级构造部位,受后期热液作用富集成为大型层控型汞矿,如凤凰茶田汞矿田。

本区为不同类型三叶虫过渡带,在靠近台地边缘浅滩一侧,营底栖的华北型三叶虫繁育,而毗邻陆棚一侧,营飘浮、浮游的东南型三叶虫颇盛,两种类型三叶虫呈混生或交替出现,形成丰富的三叶虫化石(图2-11)。

这一时期基本形成的重要地质遗迹主要有:凤凰汞矿、花垣铅锌矿、保靖花桥三叶虫化石产地、古丈罗依溪"金钉子"剖面、花垣排碧"金钉子"剖面、石门杨家坪寒武系地层剖面、桃源沈家湾寒武系地层剖面、绥宁关峡剖面、江华悬水寒武系地层剖面等。

早、中奥陶世,大体维持寒武纪芙蓉世古地理轮廓,继续接受上扬子、华南海侵。凤凰、吉首、慈利高桥、桃源热水坑一线北西,为台地-台地边缘浅滩,沉积内碎屑、生物屑碳酸盐岩。早奥陶世个体硕大的底栖三叶虫及棘皮类、腕足类等繁育。至中奥陶世,浮游的头足类等繁盛,并有少量笔石。向南东至靖县、安化、沅江一线北西,为陆棚前缘斜坡,早奥陶世除有底栖三叶虫及腕足类外,出现了营漂浮的笔石。至中奥陶世,生物则以笔石为主,笔石空前繁盛。

晚奥陶世,湘北、湘中北部地壳相对上升,湘中南部与湘南相对拗陷,沉积物性质和厚度差异显著。凤凰、吉首、桃源热水坑一线北西,为滨岸滞留盆地,生物仅见营漂浮的笔石。通道、洞口、涟源、醴陵一线向南东,为边缘海槽盆,繁育笔石,沉积了厚度巨大的灰绿色岩屑杂砂岩,为浊流沉积,表明本区大幅度拗陷,接受丰富陆源碎屑并快速堆积。

晚奥陶世末,发生加里东期的宜昌上升。湘南、湘西地壳局部抬升,东南边省外的武夷-云开古陆初步形成,斜贯本省的"江南古陆"已具雏形,并发展成为分隔上扬子与华南海域的古陆以及后期的陆源区。

该时期或稍后一段时期基本形成的重要地质遗迹主要有:永顺列夕三叶虫化石产地、张家界温塘角石化石产地、东安大庙口笔石化石产地、益阳南坝下奥陶统地层剖面、祁东双家口中奥陶统纯笔石相地层剖面等。

早志留世,湘西北为浅海,位于"江南古陆"上的溆浦、沅陵、安化一带为水下隆起,使湘西北区与

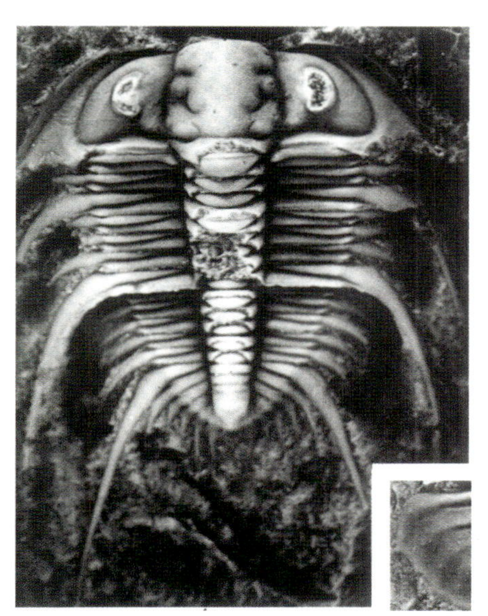
湖南古裔虫（全形）
Palaeadotes hunanensis yang. Exoskeleton, ×5

却尔却克虫（头部）
Changqingia chalcon (walcatt). Cranidium, ×10

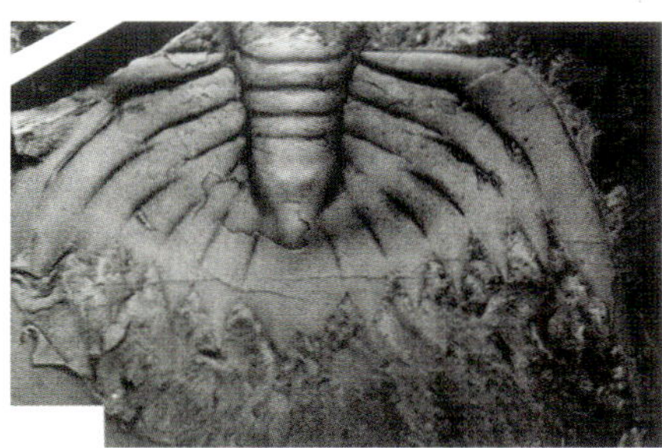
湖南古裔虫（尾部）
Palaeadotes hunanensis yang. Pygidium, ×15

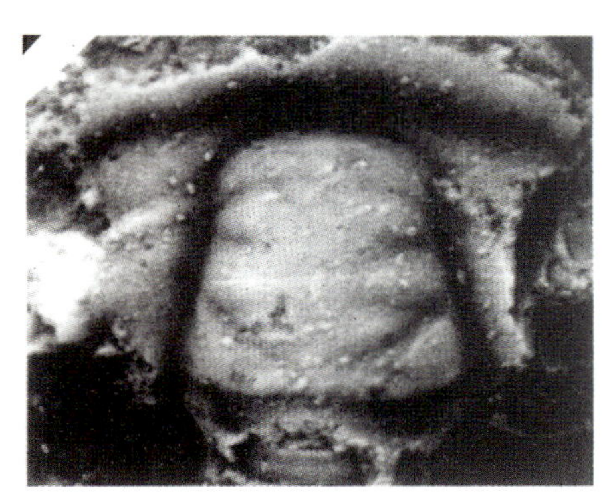
湖南小油节盾壳虫（头部）
Honania cf. H.lata lee. Cranidium, ×12

宽边幅四川虫（尾部）
Paranomocaraella fortis Peng, lin, et Chen. Pygidium

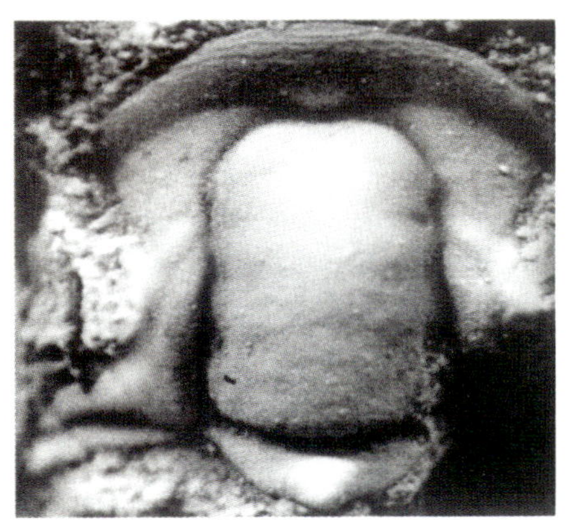
万山万山虫（头部）
Pseudomapania cylindrica Yuan et Yin. Cranidium, ×6

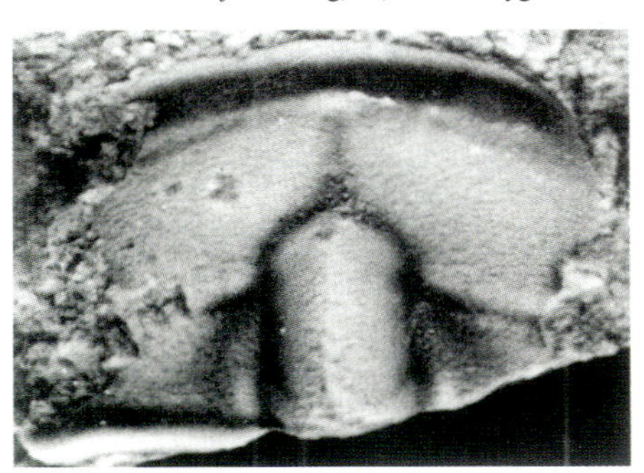
光壳虫（头部）
Liostracina bella Lin Zhou.1, Cranidium, ×10

小锥形凤凰虫（头部）
Fenghuangella coniforma Yang. 15, Cranidium, ×12.5

图 2－11　寒武纪时期形成的多种类型的三叶虫化石(湖南花垣排碧)
(据湖南省地质局,《湖南古生物图册》,1982)

湘中、湘南区在早、中志留世古地理环境存在较大差异。

湘西北区：早志留世为浅水闭塞海盆或淡水潟湖、近滨浅滩潮坪、潮坪-潟湖环境，海水小幅度进退，气候湿热，氧化-还原环境交替出现。以石门、桑植一带为沉降中心，先后沉积了黑色含碳黏土、灰绿色细碎屑岩及紫红色砂质黏土等。生物以底栖腕足类、珊瑚、三叶虫、苔藓虫、腹足类、海百合等为主，营漂浮的笔石较繁盛，砂质沉积中有垂直虫管、虫迹等，张家界索溪峪一带可见典型的虫管虫迹化石。晚时尚有在半咸水中生活的棘鱼、翼肢鲎(音 hou)等。中志留世早期，为潮坪滨海环境，沉积灰绿色粉砂质黏土等。生物繁盛，底栖以三叶虫、腕足类、珊瑚为主。中志留世晚期，早时为潮坪潟湖，沉积紫红色及黄绿色黏土等；晚时属前滨沙滩至河口湾，沉积灰绿色细碎屑黏土。生物均属广盐性，有双壳类、腕足类、鱼类，晚时有砂质管状体(可能为虫迹)，生物搅动现象常见。

这一时期或稍后一段时期在湘西北基本形成的重要地质遗迹有：张家界温塘多腮鱼化石产地、张家界锣鼓塔中志留统小溪峪组剖面和龙山县下志留统地层剖面等。

湘中区：早志留世早期始为闭塞滞留海盆，沉积碳质、硅质黏土。笔石繁育，聚集式埋藏。晚时为滞留海盆的近海黏土质-碎屑颗粒流沉积，沉积了巨厚(1 517～2 745m)的杂砂岩等，陆屑来自江南古陆和武夷-云开古陆，生物仅有少量笔石。至早志留世晚期，为海水已变浅的残留槽盆环境。古陆逐渐夷平，沉积物变细，以砂质黏土为主，生物稀少，仅见营漂浮后分散式埋藏的笔石。

由于加里东造山运动的影响，从距今 4.43 亿年的晚奥陶世末开始，省域地壳自南至北依次隆起“浮出”水面，湘南缺失志留纪沉积，湘中缺失中、晚志留世沉积，湘西北仅缺失晚志留世沉积。

中志留世末的加里东运动席卷全省。在湘南、湘中区表现为强烈造山运动，使前泥盆纪地层发生紧闭线型褶皱并局部倒转，伴有走向压性断裂，岩石区域变质成板岩、浅变质砂岩等，从南至北，与上覆的下泥盆统源口组，中泥盆统半山组、跳马涧组呈高角度不整合。在湘西北则表现为造陆性质，使中泥盆统云台观组与下伏中志留统小溪组呈假整合，具南东强、北西弱的特点，表明自新元古代以来，湘南、湘中地区处于相对活动、次稳定，而湘西北地区则相对稳定。加里东运动后全省进入相对稳定的发展阶段。

伴随加里东地壳运动，有较强的中、酸性岩浆侵入活动，大部分为壳源重熔型，少数属壳幔源过渡型。与本期中性、酸性侵入岩有关的矿产，主要为钨、砷、钾长石，其次为钴、铜、铅、锌、锡、铋、铍、钼、锑、金、银、铌、钽、萤石等。含矿元素大多较分散。大的矿床多为燕山期花岗岩后期侵入使得含矿元素进一步富集成矿。此期形成的花岗岩体，由于形成时期较早，历经风化剥蚀，一般难形成花岗岩构景地貌。

这一时期基本形成的地质遗迹主要有：新化炉关下志留统周家溪群剖面、鄜县石寮萤石矿、黄上萤石矿、桂东流源锡矿、衡东吴集钴土矿、道县湘源锡矿等。

加里东运动结束了湘东南以杂陆屑复理石建造为主的边缘海槽盆的历史，以及湘中浅海盆地或陆坡类复理石建造、复陆屑式建造为主的历史，而湘西北仍维持先期地壳相对稳定的特征。

三、晚古生代至中三叠世地质发展史与地质遗迹形成

加里东运动后，湖南省域进入了相对稳定的发展阶段，除“江南古陆”外，全境处于陆表海的环境。古陆北侧为上扬子海域的湘西北浅海；南侧属华南海域的湘中南浅海，东南毗邻为武夷-云开古陆；湘西南溆浦、靖县一带为海峡或海湾反复出现的环境。

1. 泥盆纪

距今约 4 亿年的早泥盆世晚期，来自西南方向的华南海侵，进入双牌、宁远、蓝山一线以南，沉积了滨海环境的灰白色石英砾、砂砾等。

湘中南：早泥盆世晚期海水由广西侵入江永源口一带。中泥盆世早期，海侵向北扩展至绥宁、新化、安化、双峰、衡阳、茶陵一线；中泥盆世中期，海侵扩大至溆浦、安化、桃江、长沙、浏阳一带，滨岸线向“江南古陆”移动。靠近“江南古陆”，沉积了前滨相石英砾、砂砾、砂、粉砂，植物较繁育。往南为近滨，沉积物以紫红色为主，物源来自古陆。此期植物较茂盛，鱼类繁育。反映这一时期的典型地质遗迹有益阳牛扼湾盾皮鱼化石。至中泥盆世晚期，其海域范围大体不变，但沉积物除近滨区为滨岸陆屑沉积外，广大海域为浅海碳酸盐岩沉积。中泥盆世末，由于地壳不均衡升降，形成北东向水下隆起和沉降区。在靖县、溆浦、安化、宁乡、平江一线以南，为开阔局限台地碳酸盐岩沉积，台地边缘有小规模的生物礁、滩，生物繁育，主要有珊瑚、腕足类、层孔虫及四射珊瑚等。涟源七星街的棋梓桥生物礁及四射珊瑚、腕足类化石产地等重要地质遗迹就在此期基本形成(图 2－12)。

图 2－12　泥盆纪时期形成的含珊瑚、层孔虫化石的生物礁灰岩(湖南涟源七星街)

湘西北：“江南古陆”北侧的上扬子海侵，从中泥盆世晚期开始，湘西北接受滨岸陆源碎屑沉积(云台观组)，厚度由南向北变薄，向东向西尖灭，成分和结构成熟度均高。表明本区经长期风化剥蚀后，在高能带形成了厚达 500 余米的石英砂岩沉积。至晚泥盆世早期，为近滨沉积区，形成石英砂夹粉砂沉积中夹 1～2 层鲕状赤铁矿(黄家磴组)。该区中晚泥盆世的滨岸碎屑沉积，为张家界地貌(石英砂岩峰林地貌)的形成奠定了物质基础，特殊的张家界地貌就分布在该范围内。

泥盆纪时期或稍后一段时期基本形成的地质遗迹主要有：湘西石门铁矿、桑植铁矿、茶陵湘东铁矿、株洲腕足类化石群产地、长沙跳马涧弓石燕和沟鳞鱼化石产地、益阳牛扼湾盾皮鱼与植物化石产地、邵东光陂层孔虫化石产地、湘乡万罗山珊瑚化石产地、新田麻塘窝珊瑚化石产地、邵东佘田桥菊石化石产地、新化桐木冲小嘴贝和石燕贝化石产地、涟源七星街礁灰岩，以及江永源口源口组地层剖面、益阳牛扼湾跳马涧组剖面、涟源沙河易家湾组剖面、新田陶岭圩黄公塘组剖面、邵东佘田桥佘田桥组剖面、桃江吴家坊吴家坊组剖面、长沙岳麓山岳麓山组剖面、湘乡万罗山棋梓桥组—龙口冲组剖面和冷水江锡矿山七里江组—欧家冲组剖面等。

晚泥盆世晚期末，湖南省域普遍海退，“江南古陆”两侧的滨岸地带上升为陆，古陆范围大幅扩大。仅湘中南区新化、邵阳、涟源及其以北地区成为三角洲，局部处于沼泽，钩蕨植物群繁育，形成劣质煤。

2. 石炭纪—二叠纪

早石炭世早期，华南海侵再次从广西进入，到达“江南古陆”南缘的城步、溆浦、益阳、长沙一线，形成潟湖沉积环境。而西北的上扬子海侵仅在湘西北的石门太清山、澧县羊耳山一带，形成滨岸环境，沉积陆屑夹灰质，随后上升为陆。

早石炭世晚期，省域经历了一次地壳的上下震荡，华南大地普遍发生海退，海平面下降，先期浅海变为滨海。“江南古陆”东南缘为滨海潟湖沼泽区，后成为泥炭沼泽，两种环境的交替出现，形成数个含煤旋回，沉积了以涟源金竹山和武冈为沉降中心的两个优质煤盆地。攸县—郴县一带则为另一个沉降中心。此期植物繁茂，腕足类、珊瑚等繁育，此后形成了湘乡毛田等处的珊瑚化石产地。

至早石炭世末，地壳经历海西期淮南上升，省域内地表全面回升，露出水面经受剥蚀。

晚石炭世的海侵范围较早世显著扩大，“江南古陆”南缘海岸线退至芷江、常德、平江一线，沉积物有的超覆于前泥盆系之上。湘中南为广阔浅海台地，沉积较纯的碳酸盐岩，普遍为白云质沉积（大埔组），厚100～500m。至早二叠世，则普遍为灰质沉积，形成厚200～400m的灰岩（马平组）；均属南西薄、北东厚。晚石炭世—早二叠世，邵东等地全为灰质，厚达1 400m，零陵一带则全属白云质，厚200～300m。该时期形成的较纯的巨厚层碳酸盐岩沉积（壶天群），是湘中南地区洞穴地貌景观形成的主要层位。晚石炭世（大埔组）生物不繁育，局部有蜓类。早二叠世（马平组）蜓类繁育，此外有珊瑚、腕足类、海百合、有孔虫等。“江南古陆”北缘仍然仅石门太清山、澧县羊耳山有晚石炭世浅海碳酸盐岩夹砂质沉积，厚10～20m，含蜓类。

早二叠世末，海西期造陆运动（黔桂上升）波及本省，湘西北及湘西上升成陆，故中二叠世地层与下伏早二叠世地层呈假整合；湘中南区地壳则持续沉降，石炭系大浦组—下二叠统马平组为连续沉积。

石炭纪—早二叠世时期基本形成的地质遗迹主要有：新邵马兰边孟公坳组—石磴子组剖面、醴陵尚保冲组—樟树弯组剖面、双峰梓门桥测水组—梓门桥组剖面、湘乡壶天群剖面、湘乡毛田珊瑚化石产地，以及娄星-涟源金竹山、武冈等优质煤盆地。

中二叠世早期，北面的上扬子海侵较早二叠世扩大，抵达“江南古陆”北侧花垣、张家界、慈利一线。早时的湘西北与湘西为滨海沼泽，植物繁茂，沉积了陆屑和煤以及局部剥蚀面上的铝土矿（梁山组）。“江南古陆”南侧湘中南区华南海侵范围与早二叠世相当，辰溪、怀化一带为沟通两海域的海峡。湘中南区在半封闭浅海环境下沉积了灰质夹硅质薄层与团块（栖霞组）。中二叠世晚期，上扬子海侵继续扩大，湘西北、湘西沦为浅海，由常德海峡与湘中南浅海相通，都沉积了灰质岩（茅口灰岩），厚约100～200m，最厚达410m；生物繁育，以蜓类、珊瑚为盛，次为腕足类、植物等。

中二叠世晚期，以新化、湘乡、醴陵一线为界，形成了南、北两个差异显著的古地理古沉积环境分区。北区为开阔台地，沉积灰质（含硅质团块）及黏土，厚300～900m；蜓类、腕足类、珊瑚繁育，在浏阳、湘潭一带沉积了赋存海泡石矿的黏土建造（茅口组）。南区属台盆，相邻古陆及火山活动区的物质，经强烈化学分解形成氧化硅、锰、铁流入海盆，加之海水表层、海底分别繁育大量放射虫、硅质海绵，使局部形成锰（铁锰）矿，沉积自南东至北西厚12～124m；生物以营浮游的菊石和放射虫为主，底栖腕足类，双壳类次之。南、北区间有过渡类型沉积。

至中二叠世末，东吴上升影响全省，北区开阔台地隆起为陆，经受外营力地质作用的溶蚀、剥蚀、夷平作用，地形较崎岖；南区的陆棚浅海盆地上升成为滨海，中、晚二叠世间为连续沉积。

中二叠世或稍后一段时期基本形成的地质遗迹主要有：黔阳双溪、溆浦椒板溪、大江口等煤矿（梁山组)，浏阳永和海泡石矿(茅口组下部)，湘潭谭家山铁矿(栖霞组)以及谭家山煤矿中二叠系角石与鹦鹉螺化石等。

晚二叠世早期，海侵复至，大致以新化、浏阳一带雪峰古陆隆起为界，湘西北、湘西复又下沉沦为浅海半局限台地，形成煤系地层或不含煤的黏土沉积，进而沉积含硅质团块和条带的灰质。其南为滨岸潟湖-沼泽陆源碎屑沉积，海水进退频繁，植物空前繁茂，形成多个成煤旋回(龙潭煤系)，为本省主要成煤期。晚二叠世晚期，海侵范围扩大，海平面升高形成浅海台地环境，沉积硅质以及黏土、灰质等内源物质，陆源物质较少，局部赋存锰矿(大隆组)；菊石及腕足类繁育。

晚二叠世或稍后时期基本形成的地质遗迹主要有：邵东芦山坳和新邵锰矿(大隆组)，桑植小溪煤矿(吴家坪组)，宁乡煤炭坝、浏阳文家市、湘潭谭家山和耒阳白沙煤矿，资兴三都煤矿，邵东芦山坳锰矿，新邵锰矿以及耒阳黄市镇扁体鱼化石产地、攸县黄丰桥植物化石产地等。

3. 三叠纪

早三叠世早期，延续了晚二叠世晚期的浅海环境。在“江南古陆”北缘的湘西北及南缘的邵阳—浏阳一带，属陆棚浅海，沉积灰质、泥灰质等(大冶组)。期间仍与常德海峡相通。而永兴、耒阳一带，为陆棚内盆地，沉积泥灰质、粉砂泥质夹粉砂质(张家坪组)，陆屑来自东南邻的武夷-云开古陆。

早三叠世晚期，地壳抬升，雪峰古陆大幅扩展，湘西北和湘中南北部成为局限—半局限台地，沉积白云质夹灰质(嘉陵江组)，厚261～731m。湘西北区早三叠世大冶组上部及嘉陵江组的中—厚层白云岩、白云质灰岩，是形成该区黄龙洞、龙王洞、九天洞等大型洞穴景观的物质基础。

早三叠世末，“江南古陆”隆升向北西、南东两侧扩展。至中三叠世，在湘西北桑植、慈利一带的潮坪-潟湖环境下，接受紫红色含灰质、泥质粉砂及泥灰质、白云质沉积(巴东组)，陆屑来自“江南古陆”，沉积物厚497～2 117m；脊囊-革叶等植物繁茂，出现了螺和爬行动物芙蓉龙。湘东南永兴一带为潮下浅滩-海湾或潟湖，沉积灰质夹粉砂泥灰质(三宝坳组和石镜组)，双壳类及有孔虫繁育。

这一时期或稍后时期基本形成的地质遗迹主要有：耒阳张家坪下三叠统张家坪组—管子冲组地层剖面、耒阳上架三宝坳组—石镜组地层剖面、宜章杨梅山上三叠统出炭垅组—杨梅山组地层剖面，桑植芙蓉桥脊囊-革叶植物化石产地和芙蓉龙化石产地等(图2-13)。

4. 印支期构造运动

至中三叠世末，印支期主幕安源运动发生，在省内广大地区表现为强烈褶皱的造山运动。“雪峰古陆”继续隆升并向北西、南东两侧扩展，使得武陵、幕阜诸山连成一片。其余地区则形成一系列规模不等的山间盆地。上古生界和下、中三叠统发生过渡型及紧闭线型褶皱和压性、压扭性断裂，与上覆上三叠统紫家冲组、三家冲组(出炭垅组)呈角度不整合接触；湘西北区为造陆运动，中三叠统巴东组与上覆上三叠统鹰嘴山组(与九里岗组同期)呈假整合接触。印支运动具南东强、北西弱的特点。

伴随着印支期造山运动的是强烈的中酸性岩浆侵入活动，花岗岩体主要分布于湘中南区，成因类型为壳源重熔型。与该期中酸性侵入岩有关的矿产主要有钨、硫、锌、重晶石，其次为铅、锡、钼、铋、银、铌、钽、镉、萤石等。湘中南区著名的柿竹园钨多金属矿，黄沙坪、宝山铅锌矿，瑶岗仙、白云仙钨矿等，均与此期岩浆活动有关。

四、晚三叠世至新生代地质发展史与地质遗迹形成

1. 晚三叠世

安源运动后，全省范围全面隆起成陆，基本上结束了大规模海侵的历史。

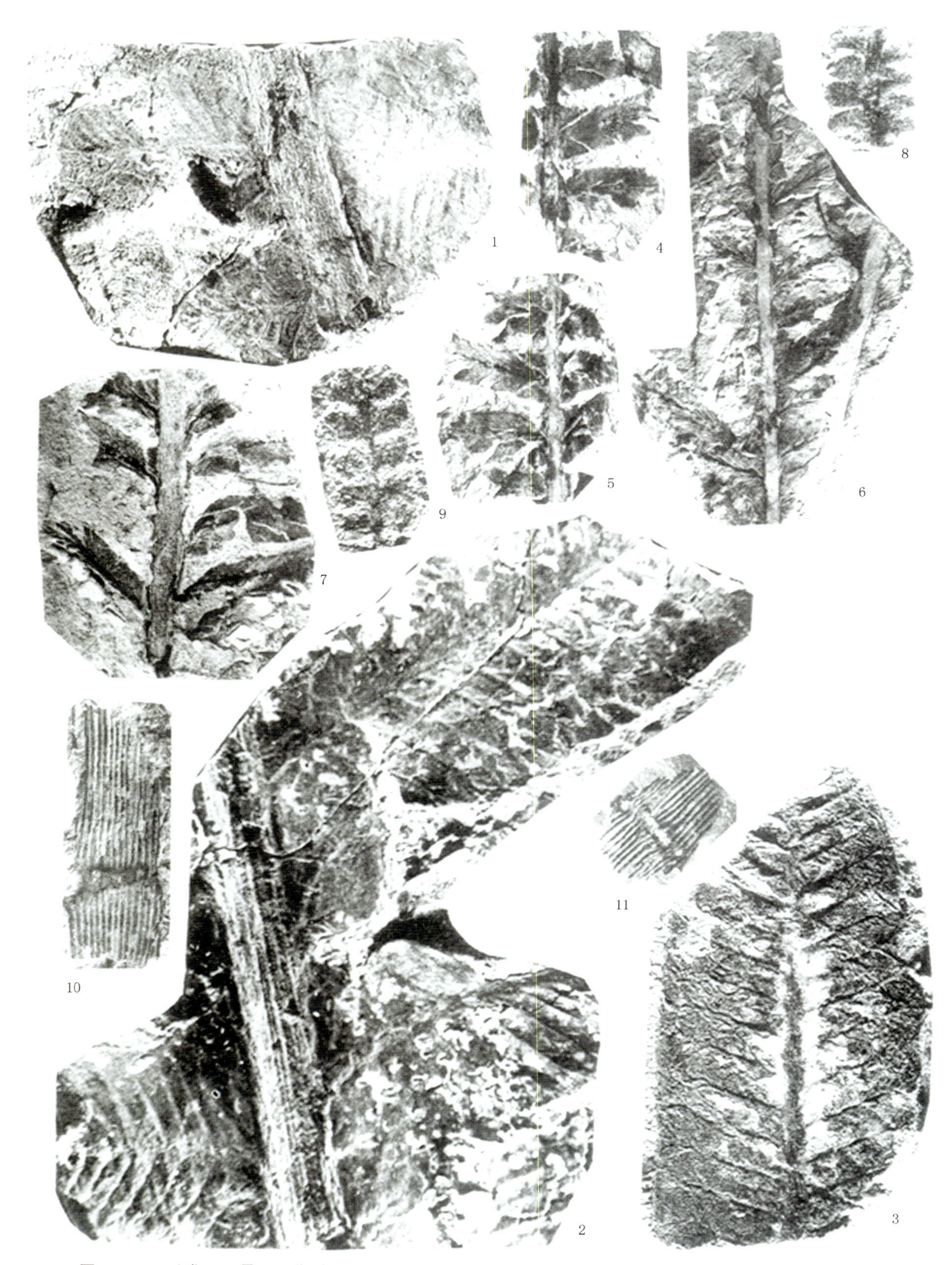

图 2-13　形成于三叠纪早期的三叠系巴东组革叶植物化石(湖南桑植芙蓉桥地区)(据孟繁松,2000)

1～3. 湖南革叶 *Scytophyllum hunanense*,均×1,1～2 为羽状蕨叶的一部分;4～7. 阿尔基羽羊齿 *Neuropteridium voltzii*,均×1;8～9. 枝脉蕨(未定种)*Cladophlebis* sp.,均×2,均为末次羽叶碎片;10～11. 山西新芦木 *Neocalamites shanxiensis*,均×1,均为茎的部分碎片

晚三叠世早期的华南海侵，向北抵达浏阳澄潭江一带，属湘赣海湾的一部分，为滞留海湾-潟湖环境，形成了澄潭江一带聚煤中心；尔后海侵范围较早期扩大。浏阳以东地区成为滞留海湾-淡化潟湖；资兴三都、宜章杨梅山等地则沦为湘粤海湾的一部分，其余地区则形成一系列规模不等的山间盆地。晚三叠世末的三都上升，海水退出省域。湘西北桑植-石门坳陷盆地为湖泊-沼泽环境，九里岗组（鹰嘴山组）亦沉积煤系地层，假整合于巴东组之上，底部具底砾岩。

晚三叠世为重要的成煤期。这一时期形成的煤矿有宜章杨梅山煤矿、浏阳澄潭江煤矿等。

2．侏罗纪

至早侏罗世早期，大体维持晚三叠世末期古地理轮廓，但海侵范围显著扩大，属湖泊-沼泽环境，有短暂的海水注入，沉积黏土及粉砂夹煤层。植物繁茂，双壳类以适应淡水环境的组合为主，此外有鱼及昆虫。早侏罗世早期的西山坞上升最终结束全省海侵的历史，进入全面陆相沉积期。同时在汝城横山等地有玄武质火山角砾及集块喷发。中侏罗世，全境经长期剥蚀已近准平原状态，湖泊散布，在半干热气候下，沉积紫红色粉砂质黏土夹长石、石英砂及局部生物屑灰质；此期曾发生遍及全省的阳路口上升，致使部分中侏罗世早期沉积被剥蚀，而与晚期沉积呈假整合接触。同时在蓝山两江口有流纹岩梳及流纹质熔结凝灰质的喷溢和喷发。

3．燕山运动早期宁镇运动

至中侏罗世末，燕山早期主幕宁镇运动波及全省，这是一次规模大而强烈的造山运动。主要表现为北东—北北东向大型隆起与拗陷，在雪峰山和湘中南区，以强烈断裂为主；湘西北武陵山区，表现为过渡型-宽展型褶皱及断裂。宁镇运动造成下白垩统与下伏中侏罗统及更老地层间，为区域性角度不整合接触。

在湘西北桑植-石门印支期北东东向复式向斜之上叠加了本期北北东向褶皱。如张家界天子山，位于三官寺向斜扬起端，由于天子山东侧蔡家峪背斜的叠加，使得三官寺向斜被一分为二，扬起端被背斜抬平形成一岩层近水平的等轴向斜。该构造样式为以后砂岩峰林地貌的形成创造了条件。

同期形成定型并长期发展的桑植、永顺、花垣大型断裂带，与花垣团结铅锌矿、凤凰-新晃汞矿等岩矿产地的形成关系密切；雪峰山东侧的安化-通道断裂带，位于新华夏系第二复式沉降地带与第三复式隆起地带的接合部位，有基性—超基性岩群沿断裂带展布，与世界锑都锡矿山矿田的形成关系密切；公田-灰汤-新宁断裂带，有明显重力梯度带，沿断裂带地震频繁，亦有大型温泉分布。

燕山运动早期有小规模火山活动，亦有强烈的中酸性岩浆侵入活动，为省域内规模最大、岩体数最多、岩石类型复杂、活动频繁的一次岩浆侵入活动。岩浆岩成因类型绝大部分属壳源重熔型，少数属壳幔源过渡型（如水口山、铜山岭、七宝山、宝山等岩体）。岩浆侵入活动与大部分有色、稀有、稀土、分散元素等金属和部分非金属矿产关系密切，是著名的南岭有色、稀有金属成矿带的重要组成部分。

这一时期形成的花岗岩是大部分花岗岩地貌的物质基础。这些花岗岩地貌有：南岳衡山、平江幕阜山、宜章莽山、桂东齐云山、东安舜皇山、宁远九嶷山、宁乡沩山、城步南山等。与岩浆活动、成矿作用有关的内生有色多金属矿产地有：柿竹园多金属矿田、瑶岗仙钨矿、白云仙钨矿、香花岭锡多金属矿、新田岭特大型钨锡矿、白腊特大型锡矿、宝山-黄沙坪铅锌多金属矿、衡南川口钨矿、浏阳七宝山铅锌多金属矿、临湘桃林铅锌矿等10余处。

燕山早期宁镇运动后，在新华夏系与晚期华夏系构造所形成的北北东向或北东向隆起带与坳陷带的基础上，发展而成的山地与山间盆地，控制了白垩纪至第三纪（古近纪＋新近纪）沉积建造。自北西至南东有：武陵山地，洞庭盆地、常桃盆地、沅麻盆地，雪峰山地、幕阜山地，长平盆地、湘潭盆地、衡阳盆地、醴攸盆地、茶永盆地，万洋山地、诸广山地，均呈北北东向或北东向展布；南部属南岭山地北缘。

4. 白垩纪

早白垩世早期，各盆地初具轮廓，与山地相对高差较大，常形成山麓洪积锥及洪积平原沉积，为紫红色砾、砂砾、杂砂及由砂、粉砂、黏土等组成的混积物，为红色复陆屑式建造，在气候干热环境下形成了巨厚的紫红色砾岩、砂砾岩等。

早白垩世晚期，山地、盆地高差缩小，在地壳相对稳定情况下，盆地过渡到浅水、淡水湖泊环境，沉积物为紫红色粉砂和砂等。动物有生长在山麓草原的脊椎动物群，如桃源虚骨龙、巨齿龙等，在淡水湖泊中繁育有双壳类、介形类等，植物以山地裸子植物占优势。

晚白垩世早期，地壳不均衡上升，山地扩大，盆地缩小，形成洪积扇及洪积平原，沉积显近源快速堆积特征的红色复陆屑式建造。中期，地壳相对稳定，在沅麻盆地、衡阳盆地的河湖三角洲，局部形成砂岩型铜矿，以麻阳九曲湾为佳。本期气候仍为炎热半干旱。生物以恐龙的繁育为特点，多栖息在食物丰富的河湖三角洲，如茶陵大禾垅霸王龙；不少地点有恐龙蛋，如瑶屯巨形蛋、长形蛋，湖南丛蛋、似二连副圆形蛋等，还有恐龙足印，如辰溪湘西足印。

白垩纪巨厚层红盆沉积为丹霞地貌的形成奠定了物质基础。这些丹霞地貌主要有：新宁崀山、通道万佛山、平江石牛寨、郴州飞天山、溆浦思蒙、桃源水心寨、慈利双溪口、芷江罗旧、永兴便江、茶陵浣溪、资兴大王寨-程江口、宜章白石渡、沅陵五强溪、浏阳达浒、湘潭十八罗汉等。除丹霞地貌外，白垩纪时期基本形成的地质遗迹有：麻阳铜矿、衡阳铜矿、麻阳恐龙足印化石（图 2-14）、株洲恐龙化石、衡阳恐龙化石和衡阳东井垅轮藻稀有标准化石等。

图 2-14　白垩纪时期形成的恐龙足印化石（湖南麻阳铜矿区）

燕山晚期，沿新华夏系、南北向构造的压性、压扭性、张扭性断裂带，有爆发式、喷溢式的基性火山岩、超浅成次火山岩形成。如道县虎子岩的玻基辉橄岩，伴有火山角砾岩，虎子岩的玻基辉橄岩同位素年龄值为 136Ma 和 138Ma；在一些玄武岩、玻基辉橄岩中，含深源包体，成分为纯橄榄岩、二辉橄榄岩、辉石岩、辉长岩。表明本期基性火山岩浆可能来自上地幔，沿较深的断裂上升。

燕山晚期酸性岩浆侵入活动规模较小。花岗斑岩、石英斑岩脉呈北东向及北西向成群成带展布，受背斜（隆起）和断裂控制，以醴陵王仙及湘东南郴县—瑶岗仙一带相对集中，与斑岩有关的有铅、锌、锑、银、铜等矿化，形成了桂阳宝山铜多金属矿、冷水江锡矿山锑矿、常宁水口山铅锌金银矿等重要矿产地。

晚白垩世末，地壳不均衡上升，南部抬升，北部相对沉降，导致沉降中心向北迁移。

5. 新生代古近纪—新近纪

古近纪古新世，南岭山地急剧隆起，盆地范围缩小并向北迁移，湘东南早期形成的盆地萎缩填平，江汉-洞庭湖盆地相对下沉形成新的盆地，在气候干旱炎热环境下形成半咸水—咸水湖泊，以富膏盐沉积为特征。面积较大者有衡阳盆地茶山坳残留湖泊，澧县、沅江等古新世新形成的湖泊。动物界出现了山麓滨湖区生活的哺乳类，如茶陵叉齿兽、宽叉齿兽、枣市小尖兽及南雄阶齿兽、宽臼齿兽等，以及湖泊中繁育的鱼类、介形类等；植物界以旱梅属群为代表。在衡阳茶山坳和澧县盐井湖泊，形成石膏、钙芒硝、岩盐矿床等。国际公认白垩纪与古近纪的分界以恐龙灭绝、哺乳动物出现为准，年龄为 65Ma。因此，这一时期或稍后时期基本形成的重要地质遗迹有：茶陵枣市叉齿兽等哺乳动物化石产地和茶陵枣市古近系枣市组地层剖面等（图 2－15）。

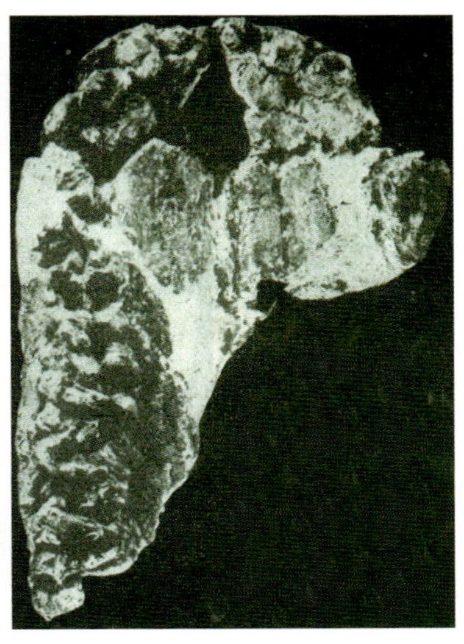

图 2－15　茶陵枣市古近纪红层（左）和保存其中的叉齿兽化石（右）

古近纪始新世早期，地壳继续不均衡上升，仍以南部较剧烈，沉积盆地范围进一步缩小，仅衡阳盆地局部地段和沅江一带处于淡水滨湖-浅湖环境，沉积碎屑、黏土及硫酸盐；动物界有在山麓滨湖生活的哺乳类，如冠齿兽、古菱齿兽、衡阳原厚脊齿马、岭茶小副鼠等，在湖泊中栖居的有衡阳两湖鳄、湘江田氏鳄等。始新世晚期衡阳盆地结束湖泊沉积历史，仅在沅江一带有湖泊沉积。

始新世末的喜马拉雅运动波及全省，地壳大范围宽缓拗褶抬升，水域萎缩，全省缺失古近纪渐新世沉积。

古近纪的多次地壳不均衡上升，山地扩大、湖盆缩小，繁育了冠齿兽、古菱齿兽、衡阳原厚脊齿马、岭茶小副鼠等以及在湖泊中栖居的衡阳两湖鳄、湘江田氏鳄等古生物，形成了一系列科研价值较高的重要化石产地。同时由于地壳的不均衡上升，在先期形成的碳酸盐岩发育区，由于流水作用及地下水的向下溶蚀侵蚀，形成早期的碳酸盐岩溶蚀地貌。如多层楼式溶洞最上层溶洞及碳酸盐岩分布区的某些坡立谷，其发育就有可能始于此期地壳上升。

新近纪中新世为炎热半干旱气候，沉积山麓粗碎屑。中新世后，地壳仍以上升为主，并掀斜、坳褶，全省缺失上新世沉积。第四纪地层以区域性角度不整合于古近系及先期各地层之上，为喜马拉雅晚期运动的结果。经历此期地壳运动之后，湖南省地貌形态格局基本定型，形成东、南、西三面中山向北开口，中间南部低山、中部丘陵、北部低丘平原，南高北低的地貌格架。

6. 新生代第四纪

挽近期喜马拉雅及云贵高原的隆升，导致地壳产生由西向东的抬升掀斜，在湖南全境则表现为间歇性差异隆升和坳陷，总体为南升北降、西升东降，形成山区、丘陵、河谷地带多级剥夷面和阶地。

第四纪更新世，全省气候冷、热交替。先后出现湖仙山、黄牯山、庐山等多期山岳冰川活动。在湖南雪峰山、大围山、万洋山等山区，尚保存有冰斗、冰窖、槽谷、U型谷等冰蚀地形遗迹，山坡上有融冻泥石流，在洞庭湖和“四水”河谷中，保存有冰碛泥砾、漂砾、冰湖纹泥等沉积物，含喜冷孢粉。相应的间冰期沉积物富含喜暖被子植物花粉和具不同程度的红土化，表明当时为湿热气候。在更新世早期的保靖洞泡山岩溶洞穴中，有较原始的东方剑齿象和大熊猫等栖居，更新世晚期的桂阳上龙泉磬洞洞穴中，保留有旧石器时代晚期原始人类文化活动遗物——刻纹骨椎。更新世发育七级阶地，第七级高于现代当地河水面70m。表明第四纪以来，湖南省域至少经历过7次由西向东的间歇性抬升，最大抬升幅度为70m。

第四纪全新世，沿“四水”流域河谷两岸和洞庭湖周缘，发育冲积层，构成漫滩、心滩及滨湖三角洲，沉积物中富含被子植物花粉。洞庭湖区的湖泊沉积，为灰色、灰褐色砂质黏土、粉砂、淤泥等，沉积物新鲜，无红土化，表明为未经氧化的快速堆积物。从孢粉组合分析，全新世早、中、晚期，分别为温凉、湿热、温暖气候。

第四纪晚期新华夏系和华夏式构造带局部继续活动，主要沿高级断裂带有地震活动和地热异常、地下热水和温泉展布。由于地震、降雨和各种不合理的人类工程活动，形成崩塌、滑坡、泥石流、地面塌陷等各类地质灾害。

第四纪流水侵蚀、风化剥蚀、重力崩塌等各种各样的外动力地质作用对地貌景观的形成起着重要的作用。漫长时期的内外动力地质作用，终于造就了千姿百态、丰富多彩的岩溶地貌、丹霞地貌、张家界地貌、花岗岩地貌、风景河流、湖泊和瀑布等地貌景观(图2-16～图2-21)。

图2-16　第四纪岩溶地貌景观
(地表岩溶地貌，凤凰屯粮山峡谷)

图2-17　第四纪岩溶地貌景观
(地下岩溶洞穴，武陵源黄龙洞)

图 2－18　第四纪丹霞地貌景观(新宁崀山)

图 2－19　第四纪张家界地貌景观(张家界武陵源)

图 2－20　第四纪花岗岩地貌景观(平江幕阜山)

图 2－21　第四纪风景河流、瀑布景观(永顺猛洞河)

五、新生代以来地貌景观形成演化过程

新生代特别是第四纪以来，各种现代地貌景观开始发育，并逐步形成。现以岩溶地貌、丹霞地貌、张家界地貌为例，简要说明新生代以来地貌景观的形成演化过程。

1. 岩溶地貌形成演化过程

从元古宙晚期到中生代早期，湖南省域沉积了巨厚的碳酸盐岩，为岩溶地貌的发育提供了物质基础。中生代中后期，燕山运动基本上奠定了现代地貌骨架。新生代以来，各种不同性质和规模的构造裂隙为水的侵蚀溶蚀提供了通道。随着地壳抬升和侵蚀基准面下降，现代岩溶地貌开始发育。

对湖南大部分地区特别是湘西北地区来说，岩溶地貌的发育过程大致如下。早期，当覆盖在碳酸盐岩上的非溶性岩石被剥除后，水的溶蚀作用便开始进行，岩溶地貌便开始发育。此时地表水占主导地位，在地面出现溶沟、石芽、漏斗和落水洞等岩溶形态。中期，地下溶蚀作用加强。地表除主要河流外，大部分转入地下，形成地下水系和地下洞穴。地表则出现岩溶洼地、干谷和盲谷等地貌。随后，许

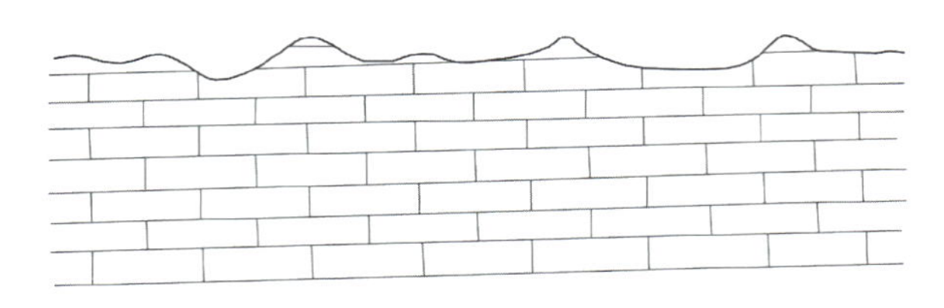

a. 早期阶段（台地溶丘洼地型岩溶地貌阶段）

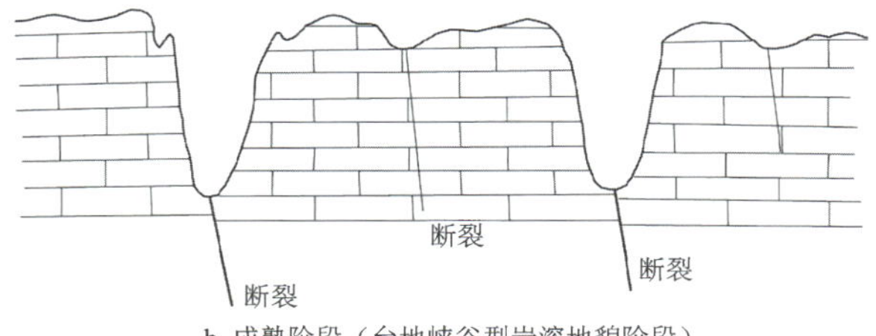

b. 成熟阶段（台地峡谷型岩溶地貌阶段）

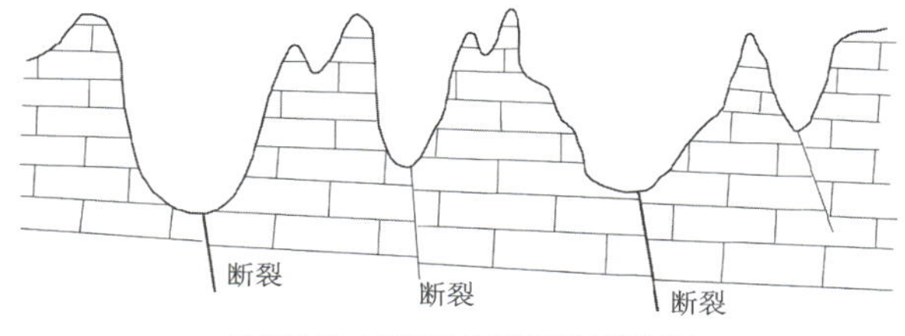

c. 晚期阶段（峰脊峡谷型岩溶地貌阶段）

图 2 – 22　台地峡谷型岩溶地貌演化过程示意图

多地下河和溶洞顶部崩塌陷落，形成岩溶峡谷或出露成地表河，部分残留的溶洞顶板成为天生桥，同时产生深陷洼地、溶蚀谷地等地貌。随着地壳的多次间歇抬升，地下水活动向更深的层面发展，又形成更深的地下水系统和洞穴系统，并伴随着新的溶洞顶部的崩陷。如此周而复始，最终产生了多层结构的洞穴。被地下水溶解的钙质在洞穴内结晶析出，产生了石钟乳、石笋、石柱、石幔等各种造型的次生化学堆积物，最终形成了规模宏大、内容丰富、景观奇特的洞穴地貌景观。

对特定地区或特定岩溶地貌来说，其形成演化过程又有其特殊性。例如，对凤凰台地峡谷型岩溶地貌区来说，因其位于两个一级断裂构造，即乌巢河断层和古（丈）-吉（首）断裂带之间，故其岩溶地貌形成演化具有特殊性。该区岩溶地貌形成演化过程可划分为早期阶段、成熟阶段和晚期阶段（图 2 – 22）。

早期阶段即台地溶丘洼地型岩溶地貌阶段，其特征为：台地地形平缓，台地上的溶丘、洼地、漏斗、落水洞、石芽、溶沟等地表岩溶形态较发育，溶丘低缓，洼地和较大溶沟多沿北北东向和北西向构造发育，漏斗、落水洞线状排列。成熟阶段即台地峡谷型岩溶地貌阶段（图 2 – 23），其特征为：岩溶台地和岩溶峡谷相间分布，大部分台地边缘（即峡谷两侧）发育有岩溶峰丛、峰林，台地上的溶丘、洼地、漏斗、落水洞、石芽、溶沟等地表岩溶形态仍较发育，溶洞和地下河也有所发育。台地上雨后地表水一部分迅速通过沟谷汇入峡谷，常在峡谷两岸形成飞瀑；一部分转入地下，再以管流的形式运移至台地边缘的峡谷两岸，呈悬挂泉形式排出。晚期阶段即峰脊峡谷型岩溶地貌阶段（图 2 – 24），其特征为：峡谷、溪河密集（部分峡谷已蚀变为宽谷、河谷），峰脊高耸于溪河之间，顶部狭窄，纵观成峰，横看为岭，多形成溶岩陡壁或直立的岩墙，河谷两岸常可见到多层溶洞。如峰脊峡谷型岩溶地貌继续发展，最终将发育为岩溶准平原。

图 2 – 23　凤凰台地峡谷型岩溶地貌

图 2 – 24　吉首德夯峰脊峡谷型岩溶地貌

对以道县、江永、宁远等县(市)为代表的湘西南地区来说，岩溶地貌形成演化过程具有特殊性。该区是湖南省岩溶峰林最发育的地区(图 2－25)，部分地段发育有典型的现代热带型峰林，峰高大于100m，洼峰比小于 1，并发育数层溶洞。这种现代热带型峰林是继承古热带残余峰林发育而成的，其形成演化过程见图 2－26。

图 2－25　道县热带型峰林地貌

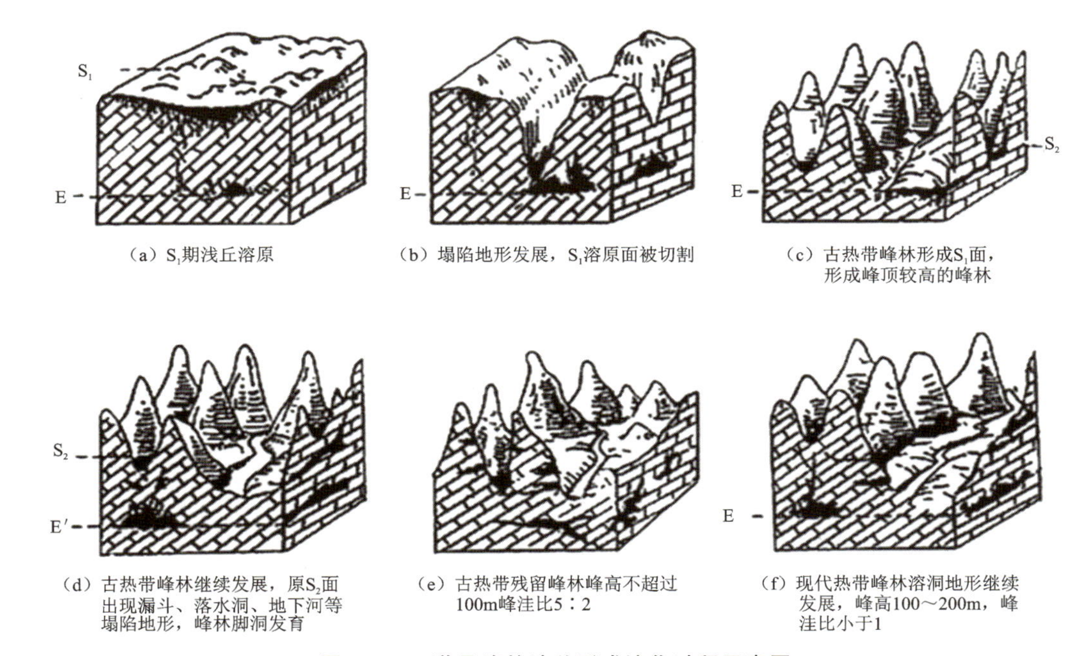

(a) S_1期浅丘溶原
(b) 塌陷地形发展，S_1溶原面被切割
(c) 古热带峰林形成S_1面，形成峰顶较高的峰林
(d) 古热带峰林继续发展，原S_2面出现漏斗、落水洞、地下河等塌陷地形，峰林脚洞发育
(e) 古热带残留峰林峰高不超过100m峰洼比5：2
(f) 现代热带峰林溶洞地形继续发展，峰高100～200m，峰洼比小于1

图 2－26　道县峰林地貌形成演化过程示意图

E. 侵蚀基准面；E′. 发展后的侵蚀基准面、洼地面；S_1、S_2. 分别为第一、第二岩溶期溶原面

2. 丹霞地貌形成演化过程

白垩纪时期，气候干热，一系列北北东向或北东向盆地中沉积了巨厚层的白垩纪红层，这就是丹霞地貌形成的物质基础。新生代以来，受喜马拉雅运动的影响，红层盆地抬升，同时气候转为湿热；特

别是新近纪晚期以来，断裂活动加剧，红层中形成不同方向的节理，流水沿着节理裂隙不断下切、溯源侵蚀和侧蚀，加上重力崩塌、风化剥蚀等外力作用，现代丹霞地貌开始发育。就一个发育阶段完整的丹霞地貌集中区来说，其丹霞地貌发育演化过程可划分为多个发育阶段(表 2-6、图 2-27)。

表 2-6 丹霞地貌发育阶段划分表

发育阶段	划分依据	特征	分布
幼年早期	山顶保持较连续的原始顶面或夷平面(80%～100%)	高原峡谷型地貌组合，地壳抬升、流水下切，线谷、巷谷、峡谷发育。上部保存大面积的原始沉积顶面、古夷平面或弱侵蚀平台	红层盆地沉积后或侵蚀后的新抬升区
幼年晚期	山顶已逐步分离，原始顶面保持 50%～80%	高原峡谷型进一步切割，山顶呈山原面，发育方山、峰丛等正地貌和线谷、巷谷、峡谷及深切曲流等负地貌	红层盆地抬升后的侵蚀区
壮年早期	山顶已分离，原始顶面保持	主河谷接近区域侵蚀基面，近河谷地带形成峰林，远河谷地带发育峰丛、方山、石寨线谷、巷谷、峡谷及深切曲流等负地貌	红层盆地抬升后的稳定侵蚀区
壮年晚期	山顶已深度分离，原始顶面消失殆尽(0～5%)	主河谷和主要支谷接近侵蚀基面，河谷平原、红层丘陵和峰林相间分布，局部保持峰丛、方山、石寨、线谷、巷谷、峡谷地貌	红层盆地抬升后的长期稳定侵蚀区
老年早期	河谷平原、红层低丘台地 80%～95%，孤峰孤石 5%～20%	主河谷和主要支谷已达侵蚀基面，河谷平原、红层丘陵和孤峰残石相间分布	红层盆地抬升后的长期稳定侵蚀区
老年晚期(消亡期)	波状起伏的准平原为主，孤峰孤石 0～5%	波浪起伏的准平原，个别地段保留孤峰或孤石，至此完成一个侵蚀轮回	红层盆地抬升后的长期稳定侵蚀区

在地貌旋回的幼年期阶段，由于地壳的抬升，流水沿着断裂和垂直节理进行下切侵蚀，首先形成狭窄深沟和“一线天”；随着地表水继续沿深沟和线谷向下切割侵蚀，或崖壁岩块沿垂直节理崩塌，线谷进一步加深、扩大，形成更深切的巷谷。当巷谷中的流水在下切到一定深度时，若遇到下伏硬岩层，或接近于局部侵蚀基准面时，水流则以侧向侵蚀为主对谷壁的基部进行侧蚀，并导致临空谷壁崩塌，而使巷谷进一步拓宽，但在巷谷的两侧仍保留着较大面积的侵蚀顶面(方山石寨)。

在地貌旋回的壮年期阶段，构造运动渐趋宁静，气候转向温湿，蜿蜒曲折的主河谷接近区域侵蚀基准面，流水接近侵蚀基准面缓慢地流淌，这就为物理风化、流水冲蚀、流水侧蚀、谷壁展宽创造了条件，因而巷谷崖壁开始缓慢的岩屑剥落与谷坡后退，近河谷地带形成红层密集型峰林，远河谷地带则发育丹霞峰丛，并残留方山石寨。

在地貌旋回的老年期阶段，构造运动进一步趋于宁静，气候冷暖、干湿交替，蜿蜒曲折的主河谷已达区域侵蚀基准面，流水沿着侵蚀基准面缓慢地流淌，流水侵蚀以侧蚀为主，与物理风化剥落、崖壁崩塌作用一起使壮年期崖壁进一步后退，山体缩小，形成以河谷平原、孤峰残石、低缓谷坡、矮小浑圆残丘、准平原化为特征的老年期丹霞地貌。

湖南省绝大部分丹霞地貌区，如新宁莨山、通道万佛山、平江石牛寨、沅陵五强溪等，处于丹霞地貌发育的壮年期阶段；小部分丹霞地貌区，如郴州飞天山、安仁渡口等，处于丹霞地貌发育的幼年晚期阶段。也有的丹霞地貌区，丹霞地貌发育阶段较为完整，如莨山，由西南向东北，大体上由幼年期的方

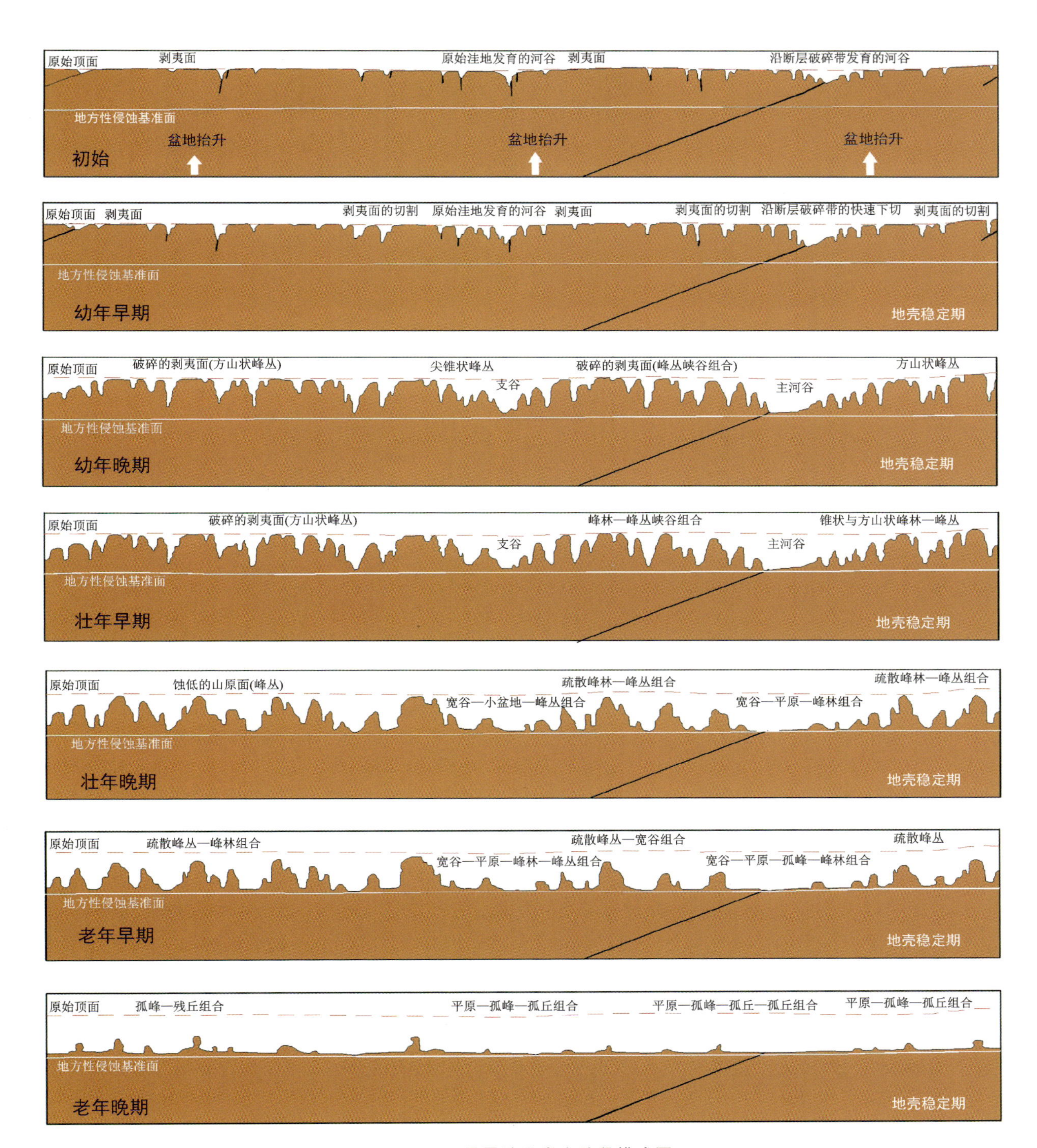

图 2－27　丹霞地貌发育阶段模式图

山台寨(图 2－28)，到壮年期的峰丛峰林(图 2－29、图 2－30)，再到老年期的孤峰残丘(图 2－31)，不同阶段的丹霞地貌均有表现，但以壮年期丹霞地貌为主。

3. 张家界地貌(砂岩峰林地貌)形成演化过程

泥盆纪时期，张家界地区沉积了总厚度达 500 余米的巨厚层状石英砂岩，岩层产状平缓，顶部为

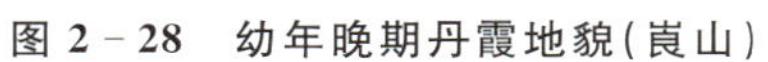

图 2－28　幼年晚期丹霞地貌(崀山)

图 2－29　壮年早期丹霞地貌(崀山)

图 2－30　壮年晚期丹霞地貌(崀山)

图 2－31　老年期丹霞地貌(崀山)

一层铁质胶结的含铁砂岩所覆盖,有如戴上了一顶“铁帽”,这些为张家界地貌的形成奠定了坚实的物质基础。印支期和燕山期两次构造运动给岩层造成的纵横交错、追踪、复合、叠加的断裂与高角度近垂直的节理,为张家界地貌的形成创造了有利条件。新生代以来,在新构造运动、流水侵蚀、重力崩塌等内、外地质营力作用下,张家界地貌开始发育,其发展演化经历了平台、方山(幼年期)→峰墙→峰丛→峰林(壮年期)→残林(老年期)等主要阶段(图 2－32)。目前,我们所见到的各种形态的砂岩峰林景观是张家界地貌形成、发展、演化动力机制的全面展示(图 2－33)。

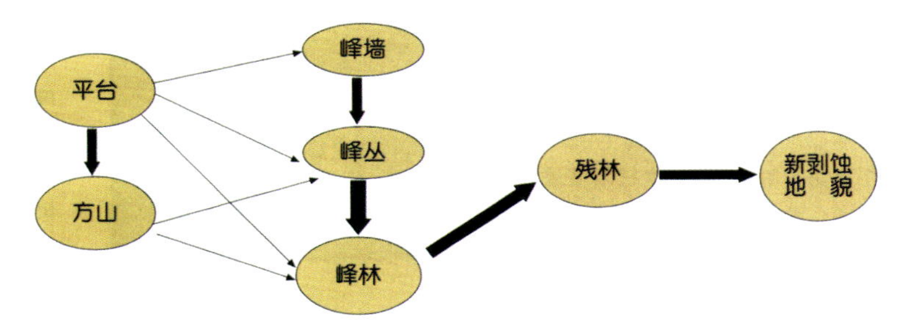

图 2－32　张家界砂岩峰林地貌形成演化示意图

(1)幼年期。新近纪至第四纪初,由于地壳间歇抬升,石英砂岩的盖层岩石被剥蚀掉。流水沿几组相互交错的节理下切,将古剥蚀夷平面分割成大小不等的初始方山及峰状山脊,其边缘部分沿节理

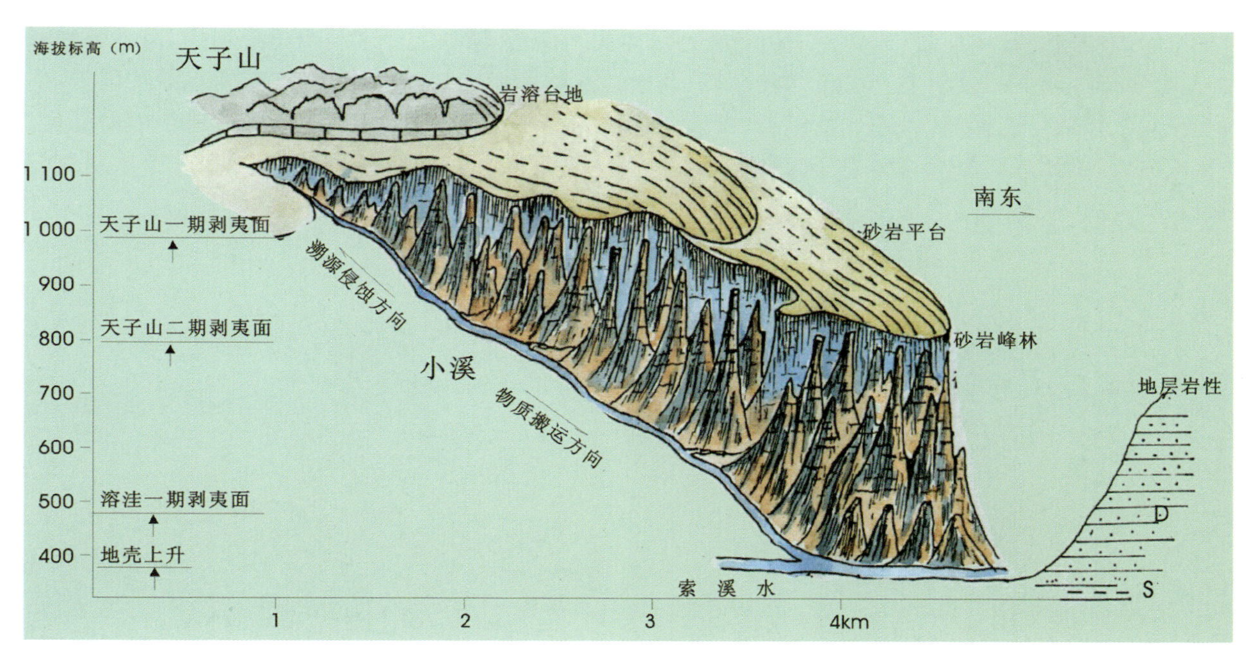

图 2－33 张家界地貌剖面综合示意图

被切割分离成岩墙及岩柱的雏形(图 2－34)。这就是石英砂岩峰林成长的幼年期。水流切割基准面海拔 500～600m。张家界武陵源砂岩峰林幼年期的地貌有天子山、袁家界、腰子寨及黄狮寨等方山平台。

(2)壮年期。随着第四纪新构造运动的继续抬升,导致水流侵蚀基准面进一步下降,河流的深切与向源侵蚀作用交替进行,水网密度加大,使初始方山台寨、岩柱进一步增高,并常沿岩石共轭节理中规模较大的一组节理形成沟谷,两侧岩石陡峭,形成峰墙(图 2－35)。流水继续沿节理、裂隙侵蚀沟谷两侧的峰墙,形成峰丛(基座相连的岩柱群体);当切割到一定程度时,则形成无数分离兀突的岩峰、岩柱,即峰林(图 2－36)。岩柱的形状与节理的产状密切相关。如沿两组相互垂交的垂直节理切割往往形成方柱状峰柱;沿多组节理切割崩裂多形成棱柱状峰柱;节理特别密集的地方形成针状峰柱;沿一组节理方向切割分离则成片状、板状峰柱;发生在一面沿垂直节理、另一面沿略有倾斜的节理切割劈裂,则形成锥状峰柱,等等。这就是砂岩峰林成长的壮年期,水流切割侵蚀基准面在海拔 300m 左右。

图 2－34 方山、平台(幼年期)

图 2－35 峰墙(壮年早期)

张家界武陵源的砂岩峰柱、峰林、峡谷、峰墙、天生桥、石门等，均为壮年期产物。

(3)老年期。壮年期后，地壳处于相对较稳定的状态，砂岩峰林发育区相继出现崩塌，河谷更加开阔。由于侵蚀基准面较稳定，河流以侧蚀作用及搬运堆积作用为主。岩峰、岩柱高度逐渐被削低、体积变小，个体数量变稀，从而进入晚年期(图 2-37)。张家界索溪峪一带及索溪下游地带的骆驼峰、"猛虎啸天"等孤峰，"仙女献花"等峰林，"采药老人"等石柱及军地坪开阔河谷等属于晚年期地貌景观。

图 2-36　峰丛、峰林(壮年期)

图 2-37　孤峰(老年期)

第三章 重要地质遗迹特征

ZHONGYAO DIZHI YIJI TEZHENG

第一节　重要地质剖面

一、地质剖面特征概述

湖南省地层发育较为齐全，沉积类型多样，从新元古界至新生界第四系均有分布，大部分层序完整，化石丰富，露头连续。湖南具有大区域地层对比意义，并在湖南命名的群级地层单位有5个（冷家溪群、板溪群、高涧群、周家溪群、壶天群），组级地层单位有90多个，涉及正层型剖面60多条。湖南地层剖面以分布在古生界的最多，特别是下古生界的寒武系剖面和上古生界的泥盆系剖面数量较多。特别值得一提的是，湖南拥有2个寒武系全球层型剖面，即2个寒武系“金钉子”剖面，一是花垣排碧寒武系“金钉子”剖面，二是古丈罗依溪寒武系“金钉子”剖面，前者确定了全球寒武系芙蓉统和排碧阶的底界，后者确定了全球寒武系古丈阶的底界。此外，湖南还有多处很重要的地层剖面，如桃源牛车河瓦尔岗寒武系敖溪组—沈家湾组剖面，曾是寒武系候选“金钉子”剖面；石门杨家坪前寒武系界线层型剖面，为寒武系与震旦系的确定找到了较好的古生物依据，并完善了震旦系地层系统；祁东双家口村奥陶系生物化石组合带剖面，含化石丰富，可见3个笔石带，新种较多。除地层剖面外，湖南还有多处具有重要对比意义的岩石剖面，特别是益阳板溪群宝林冲组火山岩剖面和益阳玄武质科马提岩剖面（火山岩地幔柱），前者已成为华南新元古代裂谷起始年龄点剖面，后者为罗迪尼亚（Rodinia）超大陆裂解中起关键作用的825Ma地幔柱的首个岩石学证据。

湖南省2011—2013年开展的地质遗迹调查共查明全省重要地层剖面53处，岩石剖面5处，它们分布于不同的地质构造部位、地层岩性分布区及地形地貌发育区（附表，图3-1）。其中，新元古界地层剖面13处，下古生界地层剖面10处（寒武系6处，奥陶系2处，志留系2处），上古生界地层剖面15处（泥盆系12处，石炭系3处），中生界地层剖面10处（三叠系7处，侏罗系1处，白垩系2处），新生界地层剖面5处（古近系3处，第四系2处），侵入岩剖面1处，火山岩剖面4处。这些重要地质剖面在空间上的分布情况为：武陵山区8处，雪峰山区18处，南岭山区7处，罗霄山区10处，湘中丘陵区11处，洞庭湖平原区4处。

二、重要地质剖面例举

1. 花垣排碧寒武系“金钉子”剖面（世界级）

花垣排碧寒武系“金钉子”剖面，即寒武系芙蓉统及排碧阶底界的全球标准层型剖面，简称排碧剖面，位于花垣县排碧乡四新村。排碧地区位于武陵山中南段，属于中低山台地-溶丘-洼地型岩溶地貌区，地质构造上处于斜贯湘西北的“列夕-追屯向斜”的西北翼（图3-2），该区在寒武纪中晚期，相对处于斜坡较上部位，沉积的是一套碳酸盐岩地层，含有分异度相对较高、对比意义较大的“过渡型”三叶虫化石群。该区有两条重要剖面，一是排碧剖面，二是排碧-2剖面。排碧剖面全长大约1.7km，从敖溪组最顶部（浅灰色白云岩）起，沿着209国道的北侧由西向东实测，接近四新村时（约1.2km剖面长

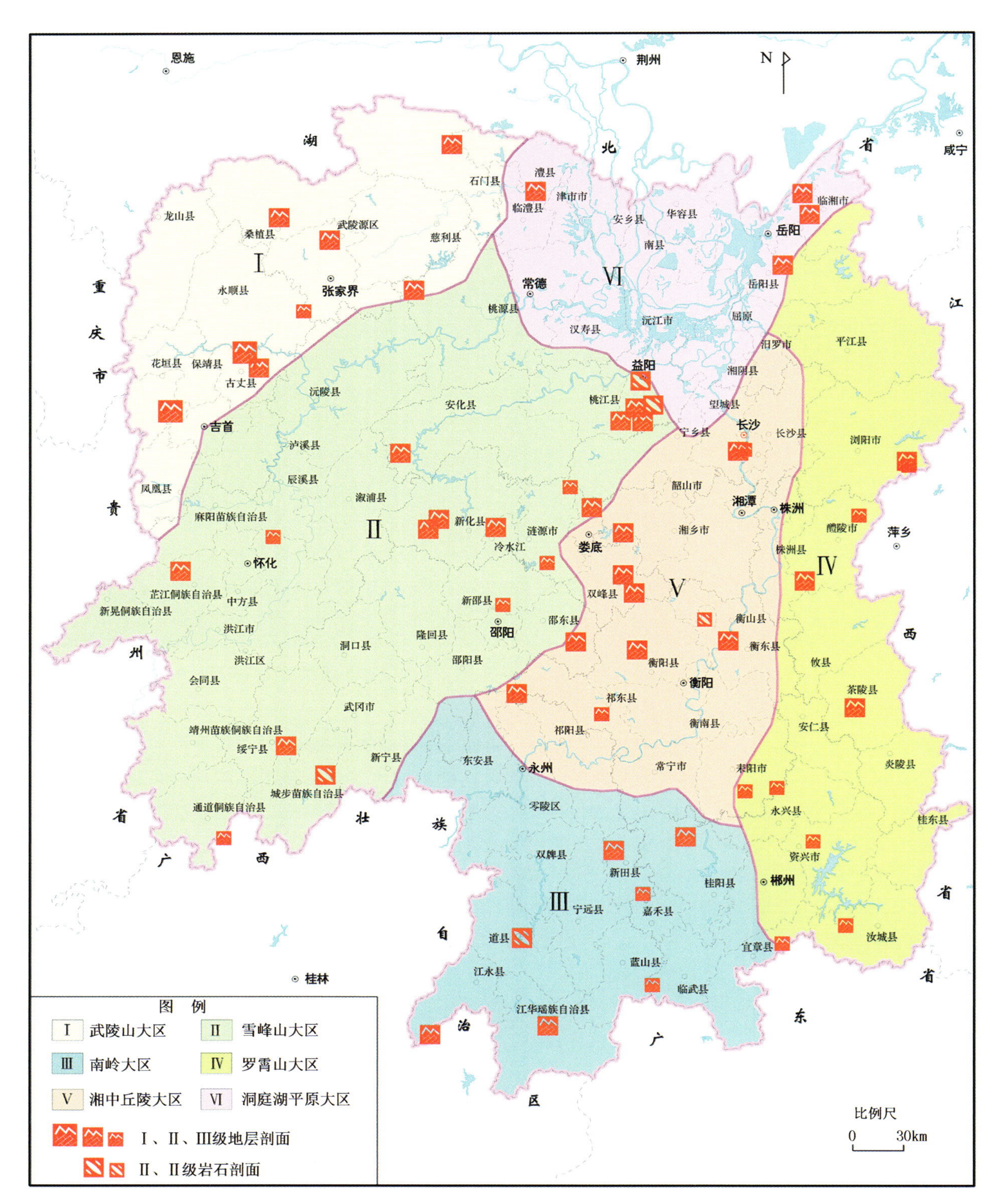

图 3-1 湖南省重要地层、岩石剖面分布图

度）开始，方向逐渐转向北，沿山坡测量，剖面的末段[含网纹雕球接子（*Glyptagnostus reticulatus*）首现的层段]在四新村以北，接近坡顶（图 3-3～图 3-6）。排碧-2 剖面位于排碧乡板栗寨村附近，四新-板栗寨公路东侧（图 3-7）。该剖面底部所测的地层是与排碧剖面相同的含网纹雕球接子首现的层段，处在同一向斜翼上，因而是排碧"金钉子"剖面的重要参考剖面。

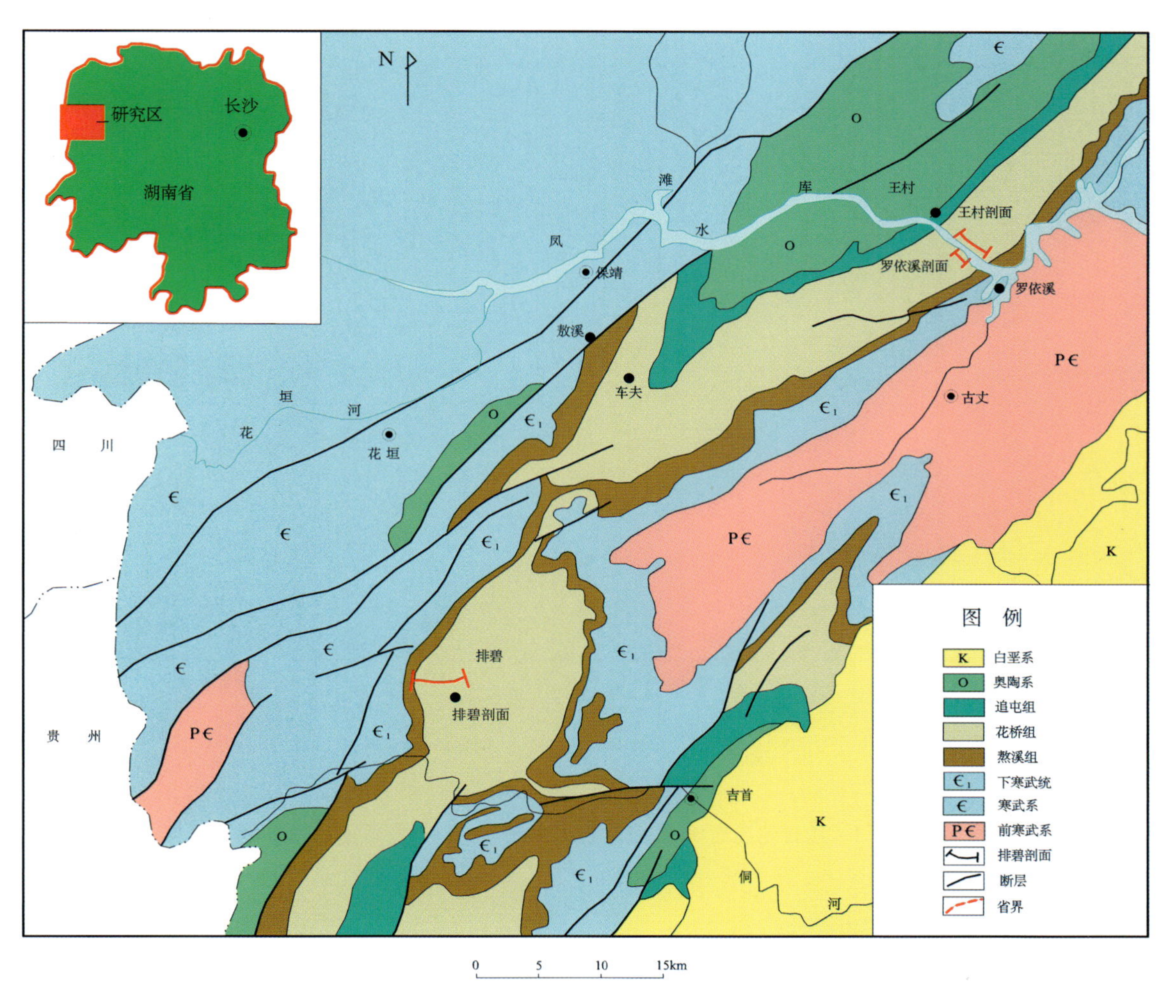

图 3-2　湘西北花垣—古丈—永顺一带地质略图（据彭善池等，2014）

排碧剖面具有岩性单一、地层完整、露头连续、界线明显、化石丰富的特点，是解决全球寒武系分统建阶理想的剖面；同时该剖面花桥组底界之上 369.06m 是网纹雕球接子三叶虫（*Glyptagnostus reticulatus*）首次出现的层位，与全球分布的网纹雕球接子的首现层位一致，具有广泛的全球寒武系地层对比意义，依靠与其共生的多节类三叶虫及其组合特征，可解决世界各地的中上寒武统地层精确对比问题，因此，排碧剖面成为寒武系第一条全球标准层型剖面（图 3-8～图 3-10）。

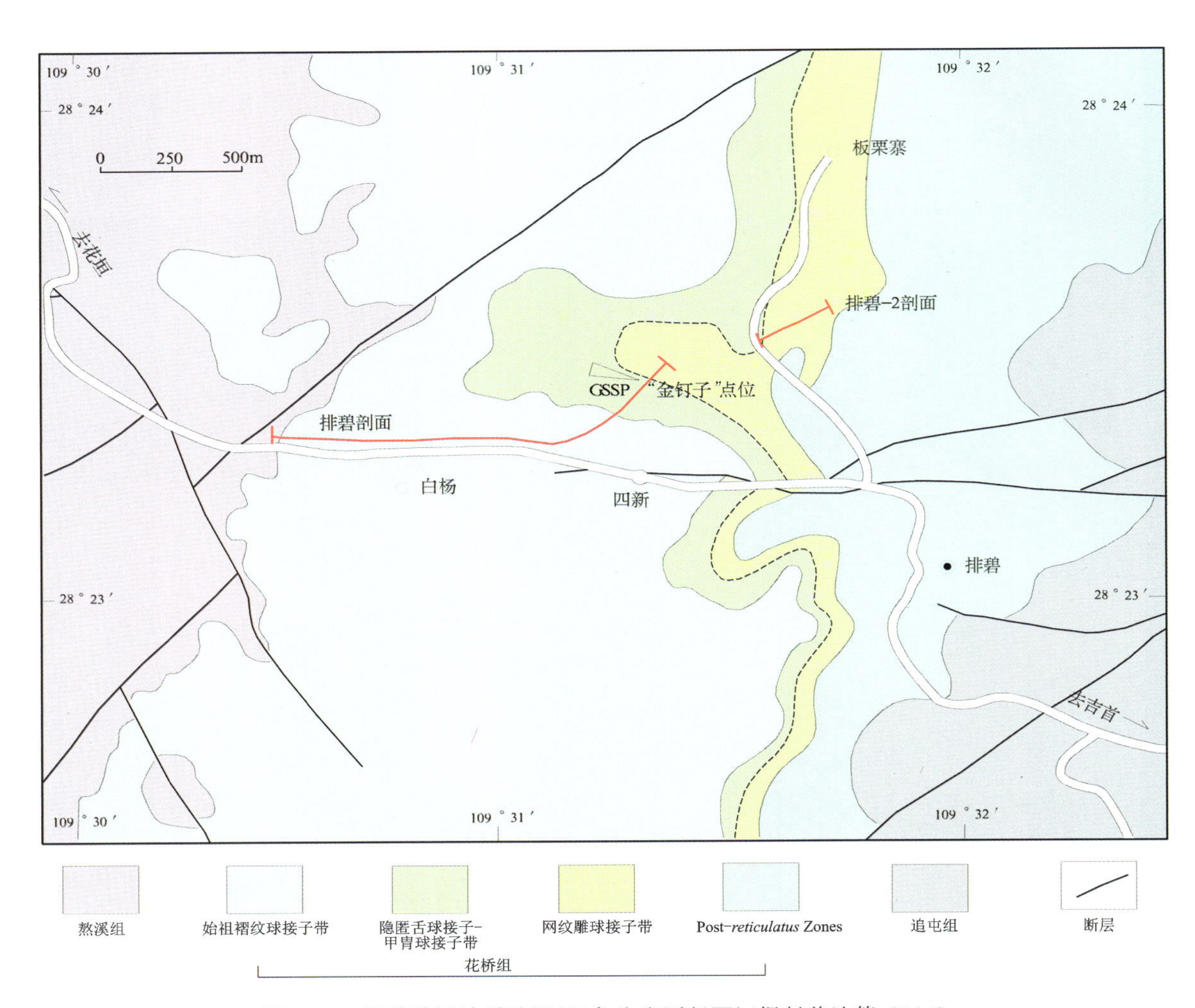

图3-3 排碧地区地质略图(红色为实测剖面)(据彭善池等,2014)

图3-4 排碧剖面含芙蓉统和排碧阶底界的层段(白框内为含“金钉子”点位的层段)

图 3-5　排碧剖面含“金钉子”点位的层段[芙蓉统和排碧阶的底界由世界性分布的网纹雕球接子(*Glyptagnostus reticulatus*)的首次出现(白线)所限定，位置在剖面花桥组底界之上 369.06m 处]

图 3-6　排碧剖面“金钉子”点位所在特定界面(左图榔头之下，右图标记点)

图 3-7　排碧-2 剖面含芙蓉统和排碧阶底界的层段(芙蓉统和排碧阶的底界与 *Glyptagnostus reticulatus* 带(白线)一致，位置在剖面基准点以下 1.80m)

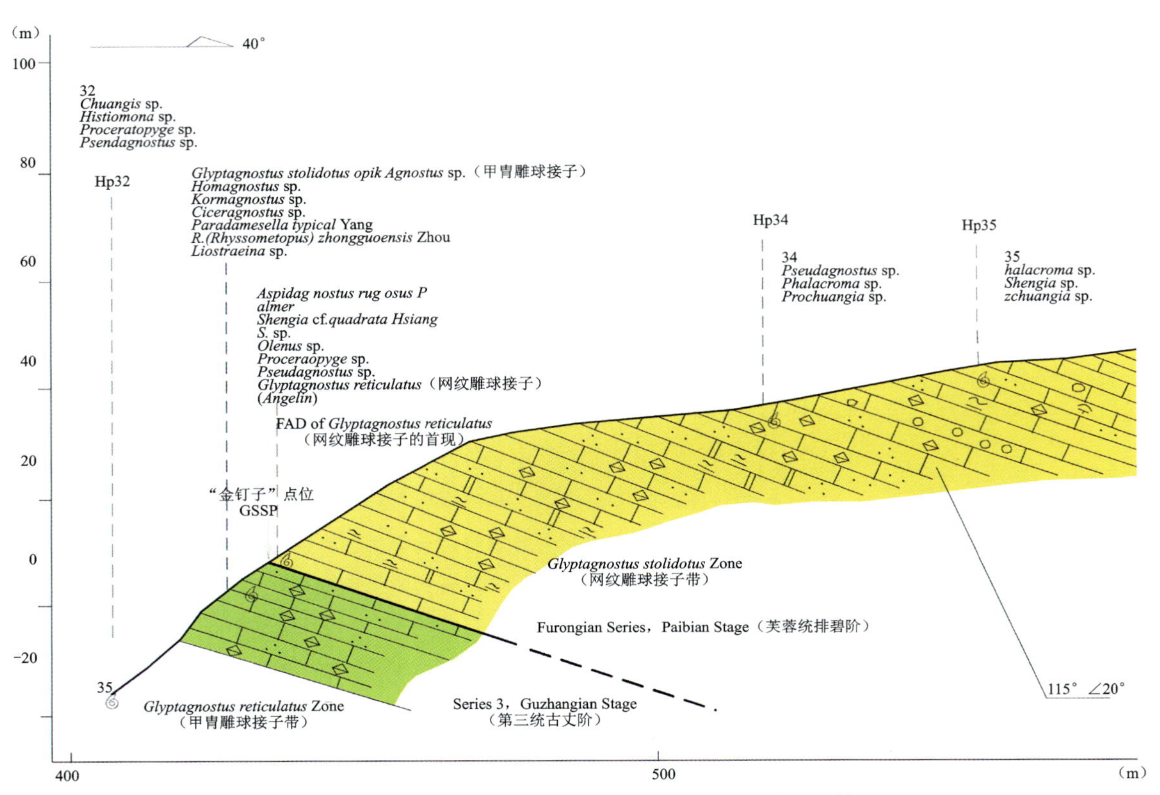

图 3-8 排碧剖面含寒武系芙蓉统和排碧阶底界层段实测剖面图

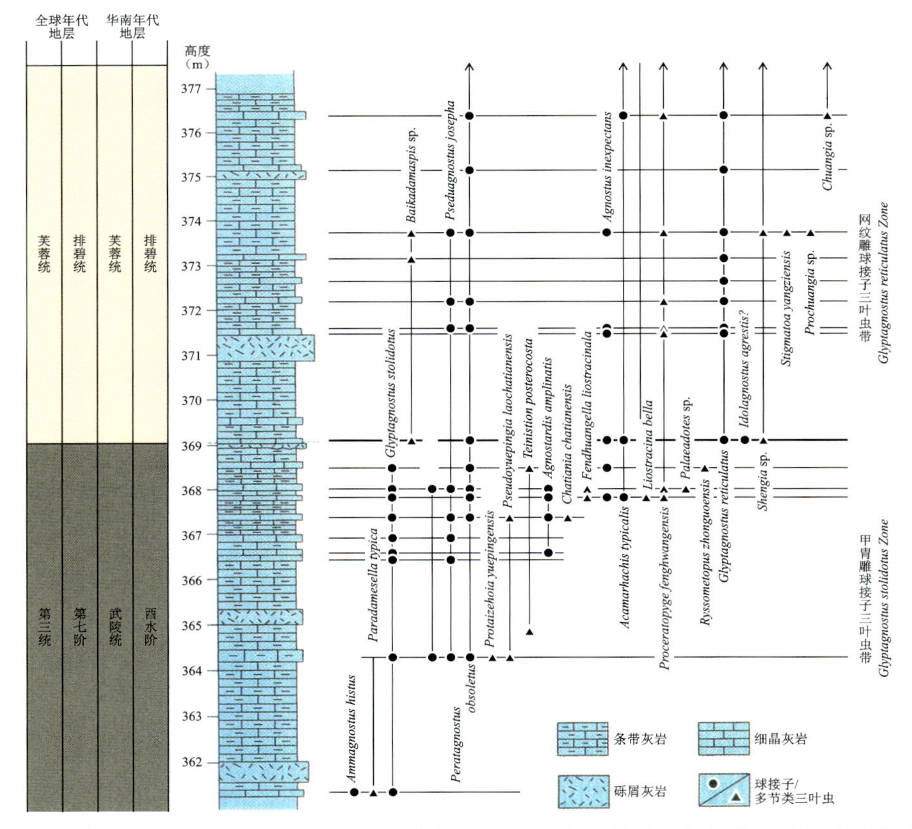

图 3-9 排碧剖面含 *Glyptagnostus reticulatus*(网纹雕球接子)层段球接子和多节类三叶虫的垂直地层分布剖面

(据彭善池等,2004)

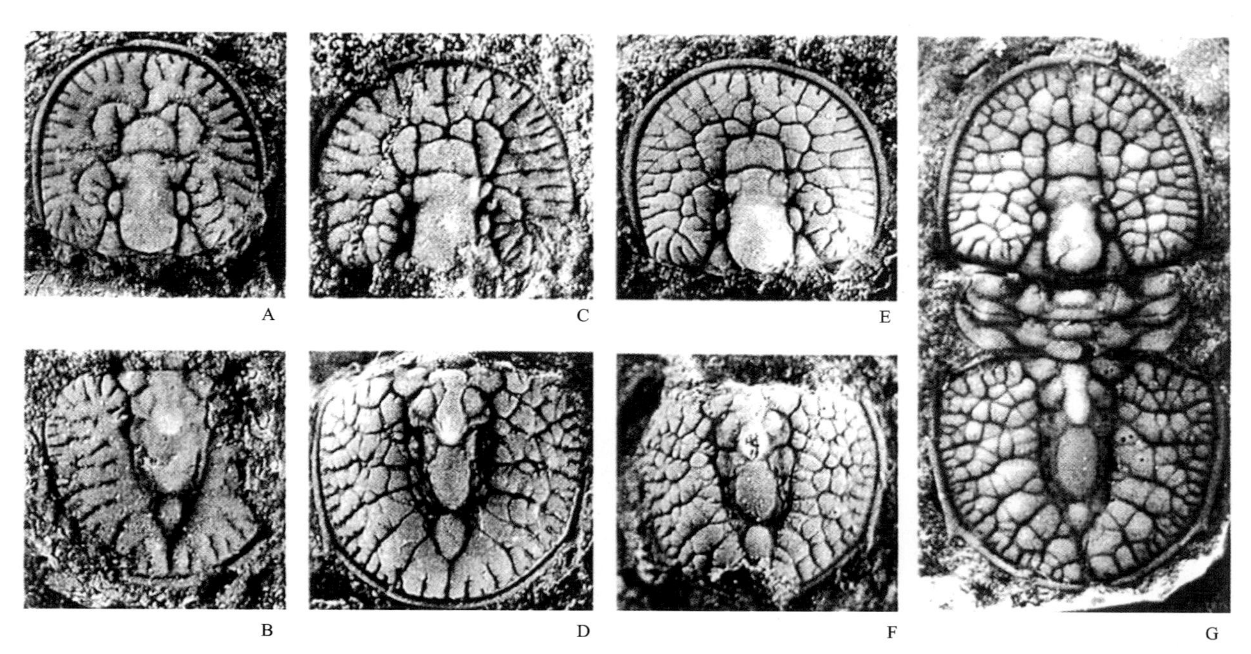

图 3-10　产自排碧剖面的甲胄雕球接子(*G. stolidotus*)和网纹雕球接子(*G. reticulatus*)(据彭善池等,2004)

A. 甲胄雕球接子头部;B. 甲胄雕球接子尾部,×10,采集点位米距为 364.5m;C. 网纹雕球接子头部;D. 网纹雕球接子尾部,×7,采集点位米距为 369.06m;E. 网纹雕球接子头部;F. 网纹雕球接子尾部,×7,采集点位米距为 371.42m;G. 网纹雕球接子背壳,×7,采集点位米距为 383.50m

排碧剖面最初是由湖南省地质局 405 队区域地质调查分队在 1981 年进行 1∶5 万区域测量的过程中发现的,他们对剖面作了详细测量,发现 31 个三叶虫化石层位并作了初步采集。后来,中国科学院南京地质与古生物研究所彭善池教授对这个剖面作了长期的三叶虫详细采集和生物地层研究。2001 年 8—9 月,第七届国际寒武系再划分野外会议在我国湖南、贵州和云南举行。会议考察了湖南花垣排碧剖面,充分肯定了以彭善池教授为首的关于排碧剖面的研究成果及其意义。2003 年,经国际地层委员会极其严格的评选和国际地球科学联合会的批准,排碧剖面成为全球寒武系首个"金钉子"剖面,以湖南省别称命名的芙蓉统成为全球寒武系首个"统"级标准年代地层单位,以湖南省花垣县排碧乡命名的排碧阶成为全球寒武系首个"阶"级标准年代地层单位。排碧"金钉子"的确立,不仅在全球地层学领域有着深远的科学意义,同时体现了我国地层学领域国际领先的综合科研实力,为我国获得了崇高的荣誉,因而排碧剖面是我国乃至世界上极其珍贵的地质遗迹资源,保护及科考科普意义非常重大。

为保护排碧"金钉子"剖面,目前已建立排碧"金钉子"剖面保护区(湖南省古苗河地质公园的一部分),其范围东至安刚寨,南至白杨村南,西至马鞍村,北至板栗寨,面积 2.44km^2(图 3-11、图 3-12)。

2. 古丈罗依溪寒武系"金钉子"剖面(世界级)

古丈罗依溪寒武系"金钉子"剖面,即寒武系古丈阶底界的全球标准层型剖面,简称罗依溪剖面,位于古丈县罗依溪镇,酉水河右岸(图 3-13)。多年来,以中国科学院南京地质与古生物研究所彭善池为首的科研小组对该处的罗依溪剖面进行了详细的考察研究。他们在罗依溪剖面发育的一套灰岩地层中,距寒武系花桥组底界之上 121.3m 处,发现了在该层位首次出现的平滑光尾球接子三叶虫化石,这与全球分布的平滑光尾球接子三叶虫的首现层位一致,具有广泛的国际寒武系地层对比意义,可解决世界各地寒武系中上统地层精确对比问题。在充分研究的基础上,科研小组向国际地层委员

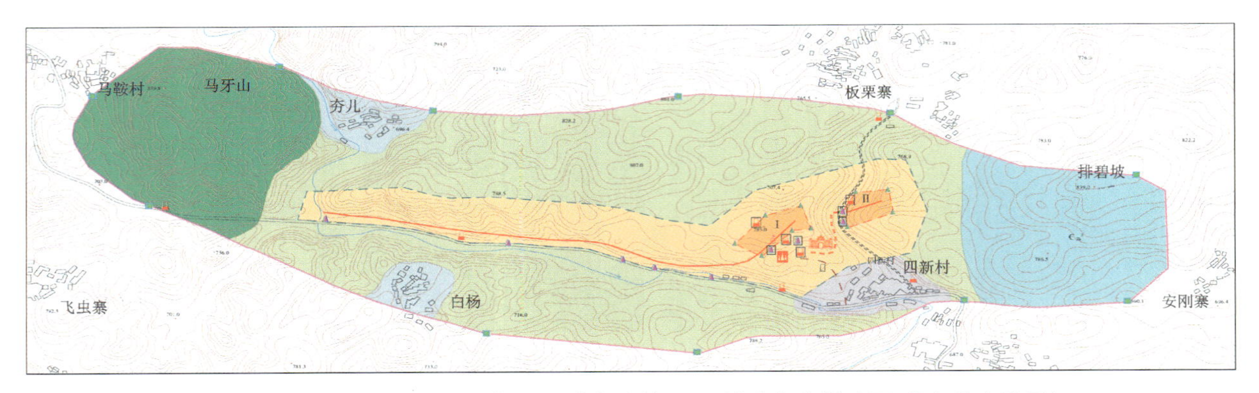

图 3－11 排碧“金钉子”保护区（深黄色为核心区，浅黄色为缓冲区，绿色为实验区）

图 3－12 排碧“金钉子”科普广场

图 3－13 古丈罗依溪“金钉子”剖面

会提交了关于建立寒武系第 7 阶底界“金钉子”和以层型剖面所在地古丈县命名该阶的提案。2008 年 3 月，国际地层委员会全票通过了该提案，国际地球科学联合会秘书长签署了批准书。从此，寒武系古丈阶及其底界的“金钉子”正式在我国建立，这是我国第 6 枚以中国地名命名的“金钉子”，也是我国境内第 8 枚“金钉子”，是我国乃至世界上极其珍贵的地质遗迹，保护及科考科普意义非常重大。

为保护罗依溪“金钉子”剖面，目前已建立罗依溪“金钉子”剖面保护区（湖南古丈红石林国家地质公园的一部分），面积 0.3km^2（图 3－14）。

图 3－14　古丈罗依溪“金钉子”保护区一角

3. 桃源瓦尔岗寒武系敖溪组—沈家湾组剖面（国家级）

剖面位于桃源县牛车河镇汤家溪至南山坪公路旁，是我国台缘斜坡相最早最完整的剖面之一，也是寒武系车夫组、比条组、沈家湾组命名地（图 3－15）。剖面各有关地层单位介绍如下。

敖溪组（$\in_{3}a$）：为一套薄层夹中厚层泥质白云岩、白云岩，夹少量灰质白云岩、碳泥质白云岩的地层。产三叶虫及腕足类化石。总厚度 552.4m。与下伏清虚洞组（$\in_{2}q$）、上覆娄山关组（$\in_{3-4}l$），以及诸组之间均呈整合接触。

车夫组（$\in_{3-4}c$）：为灰色、青灰色泥质微层灰岩及薄层泥质条带灰岩，夹角砾状、竹叶状灰岩、白云质灰岩及白云岩。产丰富的三叶虫化石和少量腕足类化石。总厚度 527m。

比条组（$\in_{4}b$）：为青灰色厚层—块状致密灰岩及细粒结晶灰岩，下部灰岩具癞痢状构造，上部夹数层中—粗粒结晶白云岩。含三叶虫及少量腕足类牙形刺等化石。总厚度 792.2m。

追屯组（$\in_{4}z$）：灰白色厚层细—粗粒结晶白云岩，厚 103～320m。相当于华北凤山阶。因化石稀少，难与华北区进行区域地层对比。层位与武陵山东南区的沈家湾组相当。

沈家湾组（$\in_{4}s$）：下部为泥质条带状灰岩夹角砾状灰岩，中部为致密状灰岩，上部为深灰色中厚层灰岩夹条带状微层状团块状灰岩[层位相当于娄山关组（$\in_{3-4}l$）顶部或追屯组（$\in_{4}z$）]。产华北型

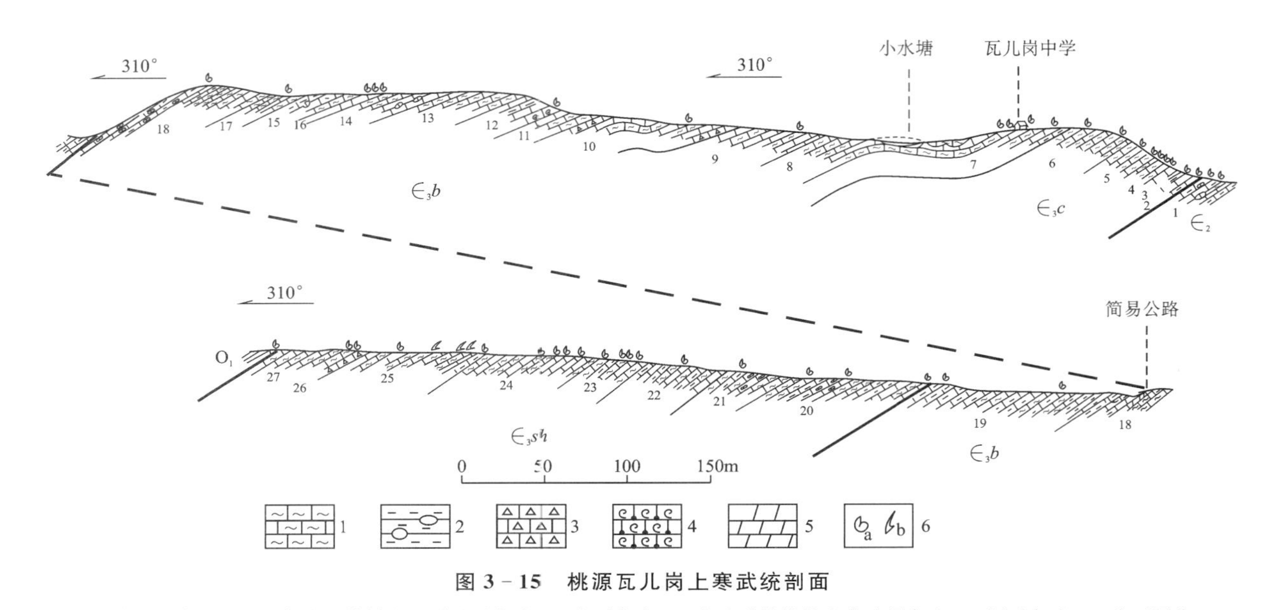

图 3-15 桃源瓦儿岗上寒武统剖面

1. 条带状灰岩；2. 含灰岩透镜体的泥质纹层灰岩；3. 角砾灰岩；4. 含硅质结核的生物碎屑灰岩；5. 泥质灰岩；6. 化石层位

Saukirhe 和东南型三叶虫化石，为东南区上寒武统上部与华北凤山阶之间的对比提供了依据。

本组系湖南省地质研究所于 1979 年创建，为武陵山东南小区最顶部的一个组。层位相当于西北区的追屯组（岩性为灰白色厚层细—粗粒结晶白云岩，厚 103～320m，相当于华北凤山阶。因化石稀少，难与华北区进行区域地层对比），但岩性变化较大，泥质灰质增加，白云质减少。其下部多为泥质条带灰岩夹角砾状灰岩，上部为深灰色中厚层灰岩夹泥质纹层状灰岩，及泥质条带灰岩。产三叶虫，既有华北凤山阶的标准分子，又有东南区类型的三叶虫。两种三叶虫的混生情况，仅见于贵州南部三都地区的三都组。本组上奥陶统与下奥陶统整合接触。

以往由于华北凤山阶与东南区上寒武统顶部缺乏共有的分子，难于进行层位对比，而该剖面化石混生现象的发现，为南北地层对比提供了依据，具有地层划时代意义，为后续的“金钉子”剖面研究提供了坚实基础。该剖面曾作为“金钉子”候选剖面。

4. 石门杨家坪青白口系层型剖面（国家级）

剖面位于石门县壶瓶山镇杨家坪村。剖面长 2km，出露较好，构造简单，层序连续完整。人们首次在寒武系底部（188 层）发现一定数量的早寒武世初期 *Tommotian* 小壳动物化石群及丰富的微古生物生物化石，在震旦系灯影组顶部发现管虫化石，为震旦系与寒武系界线的划分提供了较为确切的古生物化石依据，代表了早寒武世梅树村期的沉积。依据微古植物化石建立了两个组，可分别与国内相当地层的微古生物化石对比。对前寒武系进行了详细分层及合理的层序划分，即“一群一系两统七组”地层系统（表 3-1），建立了渫水河组、东山峰组、湘锰组。近年的地层分析对比研究，又在渫水组底部划分出张家湾组（与冷家溪群不整合接触），完善了南华系、震旦系层型剖面层序的划分，为研究华南前寒武系提供了重要资料，对国内外同系对比具有一定意义。该剖面还确定了寒武系组芬兰统牛蹄塘组（原名杨家坪组）与上震旦统灯影组呈整合关系，代表了扬子地台区一条较为完整的地层剖面。

表 3-1 石门杨家坪前寒武系地层简表

系	统	群	组	岩性组合	厚度（m）	化石组合
寒武系	纽芬兰统		牛蹄塘组 木昌组 （$\in_1$）	黑色硅质碳质粉砂质板岩，底部黑色薄层硅质岩、碳质粉砂质板岩互层，含细小含磷结核	168.2	小壳类：*Protohertzian* sp. *Siphogonuchitidae*； 海绵类：*Oxeaklostera monaxon*； 微古类：*Myxococcoides* sp. *Palaeonacystis vulgaris*， *Eomycetopsis robusta* 等
震旦系	上统		灯影组 （Z_2dy）	灰色、灰白色白云岩、白云质灰岩、硅质灰岩，夹薄层硅质岩（或团块）及碳质板岩	176.44 ～ 201.1	顶部产管虫化石 叠层石：*Nucleela* f. 等 微古类：*Iaminarites* sp.，*Asperato-phosphaera umishanensis*， *Paleamorpha punctuiata*， *Lignum* sp. 等
	下统		陡山 沱组 （Z_1d）	上部：灰黑色、灰色及灰白色中厚层状灰质白云岩、含磷白云岩、白云岩胶磷矿层。顶部夹 1～8 层白云质磷块岩、硅质磷块岩； 下部：灰黑色薄层碳泥质白云岩、白云质灰岩及少许粉砂岩、砂岩、碳质板状页岩、硅质岩。底部有一层含锰白云岩、富碳质及有机质	426～46， 由北向 南渐减	叠层石：*Boxonia* f.，*Cymnosolen* f.， *Nucleela* f. 等 微古类：*Acanthomorphitae*（刺球藻亚群）和 *Prismatomrphitae*（棱面藻亚群）的少量先驱分子： *Lophosphaeridium ichangense*， *Hubeisphaera* sp. 等新种新属
南华系	上统		南沱组 （Nh_3n）	上部：灰绿色、暗灰色、黄灰色等杂色块状冰碛砾泥岩； 下部：深灰色冰碛砾砂质板岩	25～116， 由北向 南变厚	
	中统		湘锰组 （Nh_2x）	深灰色、灰黑色板岩、碳质板岩，向南夹含锰灰岩或其透镜体	2～17.8	藻类及微古植物：*Trachysphaeridium simplex*，*Pseudozomosphaera verrucosa* 等
	下统		东山 峰组 （Nh_1d）	深灰色、灰黑色冰碛砾泥岩，砾石砾径较南沱组之砾面小	3.4～6	微古植物除继承下伏板溪群类型外，出现了较多的 *Laminaerite antiquissimus*
青白口系		板溪群 （QbB）	渫水河组 （Qbxs）	紫红色、灰白色厚层至块状浅变质石英砾岩、砂砾岩、含砾砂岩、粗粒石英砂岩、中—细粒长石石英砂岩、粉砂岩、砂质板岩及板岩等组成互层，下粗上细，构成一大旋回	264～ ＞1 000， 由北至 南变厚	少量微古植物，偶见虫迹、虫管，常见属种有：*Laminatites* sp.，*Or-ygmatospmaeridum yubiginasum*，*F. gigantea* 等
			张家湾组 （Qbzj）	紫红色、少量灰白色厚层至块状变质石英砾岩、砂砾岩、含砾砂岩、石英粗砂岩等，向上变为紫红色、少量灰绿色中—薄层浅变质中—细粒石英砂岩、长石石英砂岩、岩屑砂岩、粉砂岩、砂质板岩、板岩	195～ 500， 由北向 南厚度 增大	微古化石形态复杂、个体较大、膜壳较厚，表面具饰纹的藻类：*Orymatosphaeridium exile*，*F. gig-antea*，*Protoleiosphae ridium sol-idum*，*Trematosphaeridium holted-ahlii*，*Asperatopsophosphasera be-ylensis*，其次为 *Taeniatum arassum*，*polyporata* sp.，*Lignum* sp.
		冷家 溪群 （QbL）		紫红色中层条带状粉砂质板岩夹变质细砂岩		微古植物多为形状简单、个体小、膜壳薄，表面光滑的球形藻类

5. 益阳沧水铺新元古界板溪群宝林冲组火山岩剖面(国家级)

剖面位于益阳市沧水铺乡荐周屋村,岩性为一套不整合于冷家溪之上,平行不整合伏于板溪群横路冲组紫红色含火山角砾岩的陆源砂砾岩系之下的,由变安山质集块岩、英安质集块岩、安山质-英安质火山角砾岩、沉火山角砾岩、熔结凝灰岩构成的火山碎屑岩系,以纯火山岩的消失作为其顶界标志,总厚度247.5m。宝林冲组火山岩与上覆横路冲组地层中的变基性火山岩、紫红色含火山角砾岩的陆源砂砾岩系,相互构成一个火山岩套,是扬子陆块被动边缘扩张拉裂初始阶段,沿超壳深断裂上侵喷出的板内裂谷火山岩。经单锆石U-Pb一致性测年为933Ma,为新元古代早期侵入(图3-16)。

板溪群宝林冲组火山岩分布仅局限于益阳宝林冲—白羊庄一带。广州地球化学研究所研究后认为,“该套岩性是全球最早的地幔柱”,引起国内外高度关注。该剖面已成为华南新元古代裂谷起始年龄点剖面,具有重要的对比性意义。

6. 益阳玄武质科马提岩剖面(国家级)

剖面位于益阳市金山南路西侧朝阳公安分局旁,科马提岩火山岩出露面积约$2km^2$。1973年湖南省地质调查院在开展1:20万区域地质调查与区域矿产调查时首次在益阳石咀塘发现变质基性火山岩,定名为细碧玄武岩。1988年进行1:5万地质填图时,通过岩石学和岩石化学研究,发现了科马提岩典型的中空骸晶橄榄石、单斜辉石攥刺结构,与西澳大利亚西奥诺提科马提岩发育的攥刺结构基本相似,定名为玄武质科马提岩,将其划分为:①含橄榄石斑晶玄武质科马提岩;②含单斜辉石斑晶玄武质科马提岩。其岩石化学组成对比:$MgO>8\%$,$TiO_2<0.7\%$,$FeO/(FeO+Mg)<0.62\%$,$K_2O<0.5\%$,$CaO/Al_2O_3>0.7$,与加拿大的蒙罗、津巴布的贝林圭、俄罗斯的科拉半岛、库尔斯克等地的玄武质科马提岩甚为接近(图3-17)。该剖面为罗迪尼亚(Rodinia)超大陆裂解中起关键作用的825Ma地幔柱的首个岩石学证据,在地学研究中具有极其重要、独一无二的作用和意义。

图3-16 益阳板溪群宝林冲组火山岩

图3-17 益阳玄武质科马提岩

第二节　重要构造形迹

一、构造形迹特征概述

在漫长的地质发展演化历史中，湖南省经历了武陵期、雪峰期、加里东期、海西期、印支期、燕山期、喜马拉雅期等多期次构造运动，留下了众多重要的构造运动遗迹，主要有三大类型：不整合面、褶皱和断裂。

湖南省有很多不整合面，它们是鉴定地壳运动特征和时期的重要依据。湖南省最古老的武陵运动造成的不整合面主要分布在冷家溪群及板溪群出露的湘西雪峰山，见于岳阳临湘以北、古丈沙鱼溪、芷江鱼溪口、常德太阳山及湘潭以南、衡山以北的地区。雪峰运动造成的不整合面主要分布在震旦系及板溪群出露的地区，见于通道亚屯堡西南、新晃贡溪镇、常德太阳山以及安化至溆浦县之间的地区。加里东运动形成的不整合面出现在湘中、湘南古生代地层出露的地区，见于白马山-龙山东西向穹断带、雪峰山复背斜带南缘以及常宁、江华、麻阳县江口、邵阳县西寨口一带。海西运动形成的不整合面主要见于溆浦谭家湾、浏阳古港、桃江竹山湾、益阳牛轭湾、石门太清山、靖县李家团、会同坪村、黔阳油麻湾、芷江瓦盖桥、辰溪火马冲、澧县羊耳山、临湘团山、浏阳跨马塘、祁阳瓦子塘等地。印支运动造成的不整合面主要分布在上三叠统出露的地区，见于浏阳火烧辛、怀化花桥、辰溪水口山至石门毕家坡、洞口石下江、涟源青山冲、零陵、祁阳、浏阳、醴陵、攸县、茶陵、浏阳澄潭江等地。燕山运动形成的不整合面主要分布在白垩系及侏罗系出露的地区，见于长平、醴攸、长桃、沅麻、茶永及衡阳等红层盆地及零陵阳路口、浏阳跃龙、衡山拓塘铺、祁阳沙井等地。喜马拉雅运动形成的不整合面主要位于新生代地层出露地区，分布较为局限，仅见于常德河伏。

根据《湖南省区域地质志》(1988)，湖南省的断层及褶皱广泛发育于七大构造体系中。这七大构造体系分别为：纬向构造体系、经向构造体系、华夏构造体系(北北东向)、山字型构造、弧形构造、旋扭(卷)构造和北西向构造。其展布轮廓是：湘南属南岭巨型纬向构造带中段北部，湘中、湘北有 3 条区域性东西向构造带横贯全省；大体以石门—安化—武冈一线为界，东西两侧分别为新华夏系构造第二沉降带和第三隆起带，华夏系构造隐显其间；南部和中部发育有南北向构造带及弧顶朝西的山字型构造；同时，中间还发育有各类型的旋卷构造。这些组成了湖南的主要构造骨架，它们相互联合又互相制约，彼此联合、复合、迁就、利用，互存于统一的构造应力场中。就构造形态来看，全省大致可分为两个差异明显地区，湘西北以宽缓舒展的褶皱为主，断裂次之；湘中南多为箱形紧密褶皱，且断裂构造极为发育。

湖南省 2011—2013 年开展的地质遗迹调查共查明全省重要构造形迹 27 处，其中不整合面类 7 处，褶皱类 3 处，断裂类 17 处(附表，图 3-18)。它们在空间上的分布情况为：武陵山区 3 处，雪峰山区 15 处，南岭山区 3 处，罗霄山区 3 处，湘中丘陵区 2 处，洞庭湖平原区 1 处。

二、重要构造形迹例举

1. 芷江鱼溪口角度不整合面(武陵运动构造形迹)(国家级)

武陵运动是湖南省确知最早的一次地壳运动，由湖南省地质矿产局 413 队(1959)创名，相当于四

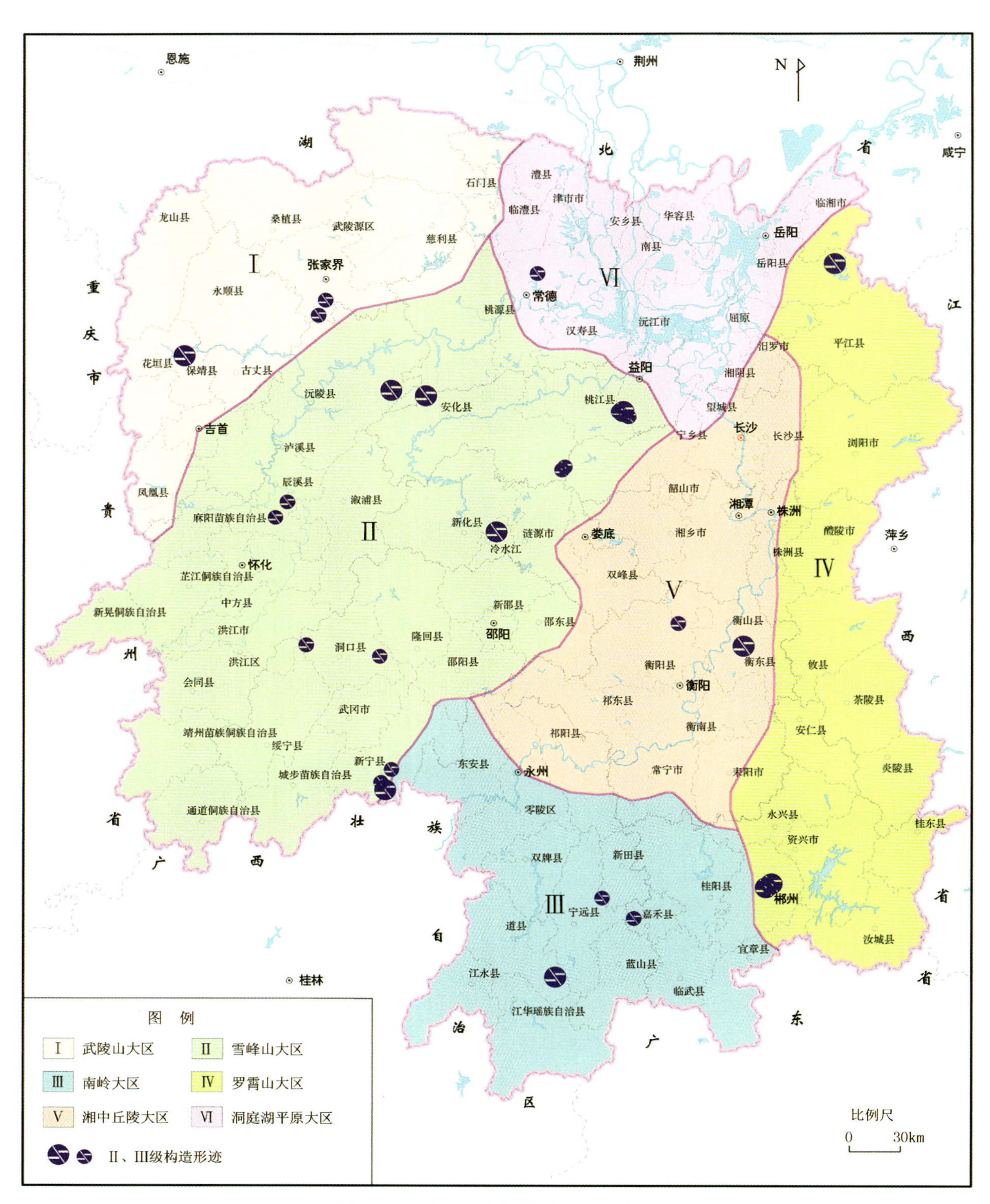

图 3-18 湖南省重要构造形迹分布图

堡运动(桂)、梵净山运动(黔)、东安运动(王鹤年)、神功运动(鄂)。武陵运动以造山为主,使冷家溪群和板溪群呈不整合接触,其形迹大致沿着武陵复背斜的东南侧、雪峰复背斜和安化复背斜北西侧出现,但发展不均衡,各地表现形式也有所不同。湘西、湘西北多为高角度不整合,如芷江鱼溪口、古丈沙鱼溪、永顺施容溪、沅陵齐眉界;湘中北部及湘东为中—低角度不整合-假整合,局部见高角度不整合,如宁乡夏泽铺金马桥;在岳阳、临湘一带冷家溪群与板溪群五强溪组呈中—低角度不整合,缺失马底驿组,呈超覆关系。地壳运动程度总的趋势是由西往东,由南而北,影响由强到弱。

芷江鱼溪口角度不整合面位于芷江县木叶坪乡地婆溪村,出露于地婆溪溪谷中。接触面上覆地层为板溪群马底驿组,岩性为厚层、中厚层紫红色砂岩,底部近接触面岩层含石英质砾石,砾径约2~5cm,厚约2m,岩层走向243°,倾向333°,倾角54°;接触面以下地层为冷家溪群,岩性为厚层、中厚层状青灰色板岩,岩层走向225°,倾向315°,倾角62°。两套地层走向夹角差值为18°,倾角差值8°(图3-19、图3-20)。该角度不整合面是湖南武陵运动的重要例证,具有重要的科学考察意义。

图3-19 板溪群马底驿组与冷家溪群不整合界线露头(一)
(以水面为界,以上为板溪群马底驿组底部的砾岩,以下为冷家溪群的板岩)

图3-20 板溪群马底驿组与冷家溪群不整合界线露头(二)
(左侧岩层近于直立者为冷家溪群板岩,右侧产状稍平缓者为板溪群马底驿组砾岩,两套岩层产状不同,为不整合接触)

2. 公田-新宁断裂带(国家级)

公田-新宁断裂带是一条规模巨大的复式断裂带,也是一条控铅锌矿、沉积岩相、地层厚度的区域性大断裂带。断裂带总体走向30°,斜贯湖南省中部,北东端入鄂消失于崇阳背斜中,南西端入桂与资源断裂相接,直奔两江才消失,全长600km,其中湖南省内500km。整个断裂带由若干条次级断裂组成,但单条断裂规模不大,呈舒缓波状断续延伸,其主要特征:①断裂带及其相伴生的次级断裂,截切错移新元古界冷家溪群至白垩系和加里东期至燕山早期侵入体。②断裂走向20°~40°,倾向一般北西,倾角30°~45°,局部陡立或平缓。沿断裂带出现一系列不规则的白垩纪盆地,如灰汤盆地、邵阳盆地、新宁盆地等,共计13个。③该断裂带小地震活动频繁,如1513年宁乡4级地震,1936年娄底5级地震,近几十年弱震较活跃。④断裂带多有温泉出露,如著名的宁乡灰汤超高温温泉。断裂带在新生代仍有活动,如在新宁扶夷江一带、宁乡灰汤、岳阳公田铁山水库等地截切古近系及第四系更新统等。

公田-新宁断裂岳阳铁山水库构造剖面位于岳阳县公田镇同心村,出露于铁山水库北西岸,公田镇—毛田镇公路旁。该处断裂走向70°,倾向50°,破碎带由数条次级破碎带组成,可见宽度约5m,呈现出强烈的挤压、揉皱、强硅化破碎现象,角砾岩、由角砾岩组成的透镜体、糜棱岩化、石英脉充填及矿化等现象也很明显(图3-21、图3-22)。

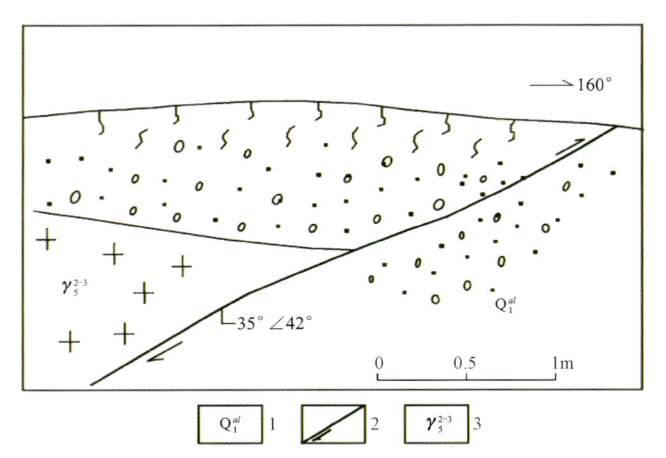

图 3-21 岳阳铁山水库断裂构造剖面示意图

1. 更新统砾石层；2. 断裂；3. 燕山早期花岗岩

图 3-22 公田-新宁断裂岳阳铁山水库次级破碎带

（呈现出强烈的挤压、揉皱、强硅化现象）

公田-新宁断裂宁乡灰汤赵家山构造剖面位于宁乡市灰汤镇赵家山村邓家组。断层上盘为第四系，岩性为河流相松散沉积物，可见5层砾石层，砾石层厚20～30cm，砾径2～6cm；下盘为燕山早期花岗岩，岩体表层风化严重，断层面走向35°，倾角约42°，为一正断层，破碎带未见，未见充填（图3-23、图3-24）。

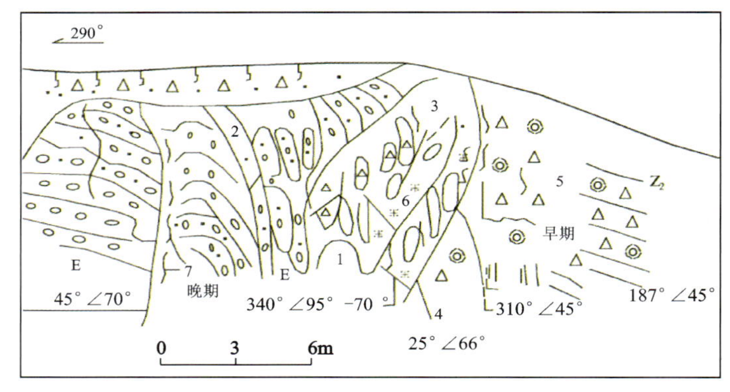

图 3-23 宁乡灰汤赵家山断裂剖面示意图

1. 紫红色砂砾岩；2. 棕黄色灰白色砾岩；3. 断层角砾岩及构造透镜体；4. 花斑状硅化角砾岩；5. 硅化角砾岩碎裂岩；6. 硅化硅质岩；7. 片理

图 3-24 公田-新宁断裂宁乡灰汤赵家山剖面

（左下侧为强风化花岗岩体，断层下盘；右下侧为第四系，断层上盘。红线指示主断面，未见破碎带，两盘上部遭受第四系覆盖）

3. 衡阳界牌韧性剪切带（省级）

界牌韧性剪切带位于衡阳县界牌镇水迹村，乡村公路旁。该韧性剪切带由逆断层挤压造成，出露处的断层左盘为上白垩统戴家坪组红层，右盘为南岳岩体，即燕山早期中粒斑状（角闪石）黑云母二长花岗岩。由于韧性剪切作用，两盘岩体长期处于高温高压环境下，其成分受到左右两盘地层强烈影响，发生混合并通过晶体滑移、定向拉长，形成了片麻状、条带状混合岩或韧性剪切带。出露处可见眼球状混合岩、条带状混合岩、片麻状混合岩、岩层片理化和揉皱现象，以及花岗伟晶岩脉和花岗质混合岩（图3-25、图3-26）。

图 3-25 衡阳界牌韧性剪切带条带状混合岩　　图 3-26 衡阳界牌韧性剪切带树枝状(脉状)混合岩

4. 张家界大坪倒转褶皱(省级)

大坪倒转褶皱位于张家界市永定区大坪乡大坪村,张(家界)-沅(陵)公路旁。该倒转褶皱出露于震旦系灯影组薄层硅质页岩中,轴面走向 80°,轴面倾角 45°,出露长度约 5.5m。褶皱出露清晰,形态完整,见有尖棱褶皱、箱状褶皱及层间的揉皱,因无植被及人工建筑物覆盖,故可视性及观赏性较好(图 3-27)。

图 3-27 张家界大坪倒转褶皱出露形态

第三节 重要化石产地

一、化石产地特征概述

湖南省古生物化石资源非常丰富，化石属种繁多，其中收入《湖南古生物图册》(1982)的就有蜓类、层孔虫、珊瑚、苔藓虫、腕足、双壳类、复足类口盖、鹦鹉螺、菊石、三叶虫、介形类、棘皮动物、笔石、牙形刺、古脊椎动物、古植物、轮藻、孢粉共18个门类、1 285个属和3 665个种，其中新属40个，新种758个。此后，有关资料又描述了有孔虫、海绵骨针、小壳类、腹足类、竹节石、藻类、微古植物7个门类的大量属种。湖南省化石多，化石产地也多，产地类型多样，从古生界到新生界均有分布。如湖南省已发现与恐龙相关的化石产地就有20多处，有恐龙骨骼化石产地，如桑植芙蓉桥、株洲天元；有恐龙蛋化石产地，如桃源木糖垸、安仁渡口；还有恐龙足迹化石产地，如麻阳吕家坪、辰溪桥头。

湖南省2011—2013年开展的地质遗迹调查共查明全省重要化石产地31处(附表，图3-28)，其中古人类化石产地1处、古动物化石产地23处、古植物化石产地2处、古生物遗迹化石产地4处。它们广泛分布于湘西北、湘中与湘南地区，且地质时代跨度大，除侏罗系与新近系外，其他系级地层单位中都有分布(图3-29)，其中，泥盆系化石产地最多。它们在空间上的分布情况为：武陵山区7处，雪峰山区9处，南岭山区2处，罗霄山区4处，湘中丘陵区9处。

二、重要化石产地例举

1. 桑植芙蓉桥三叠系芙蓉龙化石产地(世界级)

芙蓉龙化石产地位于湖南省桑植县芙蓉桥白族乡芙蓉村，化石埋藏于三叠系巴东组紫红色钙质泥质粉砂岩中，呈群体出现。1970年7月，湖南省地质局405队会同中国科学院古脊椎动物与古人类研究所专家，在此发掘出3具完整的芙蓉龙化石(图3-30)，其骨架长约3m，宽约0.7m，高约1.05m，重150多千克。经研究，芙蓉龙为恐龙始祖，属脊椎动物槽齿目原始初龙类，因产于桑植县芙蓉桥，故定名为“芙蓉龙”，因其上下颌均无牙齿，故又名“无牙芙蓉龙”。产地内已挖掘、清理的3具无牙芙蓉龙化石骨架个体，自20世纪70年代以来分别完整地陈列在中国地质博物馆、北京自然博物馆和湖南省地质博物馆。产地近年来通过保护性挖掘，又出露了大量的芙蓉龙骨骼化石(图3-31)。根据剥离化石层面统计，化石层厚20～40cm，平均约30cm，每平方米化石含量为60%，各部位骨骼化石杂乱堆积，分布无规律，但长条骨骼基本平行层面。通过分析研究，初步认为该处芙蓉龙动物群骨骼化石为短距异地埋藏。

该化石产地中，与芙蓉龙化石一同产出的还有植物化石——芙蓉木贼化石。芙蓉木贼是芙蓉龙的主要食物来源，其发掘样品有两种：一种为茎干印模化石，印模相当粗，直径约11cm，每轮小叶的数目可多到200枚左右，基部联合成叶鞘，全包于节上，每一小叶顶端尖锐，长0.4～0.5cm；另一种为长笋形，有六角型孢子囊托或称孢子囊、盾片，每一托生孢子囊5～6枚，囊托表面有许多放射状脊，向中心的一个向内凹陷的点痕发出，此点痕即为囊托的柄的着生点。

桑植芙蓉龙化石产地是我国目前唯一的恐龙始祖化石产地，在古生物(恐龙)演化方面是国内乃至全球具有重大对比意义的化石产地，在此发掘的芙蓉龙骨架化石，填补了我国古生物考古研究中的

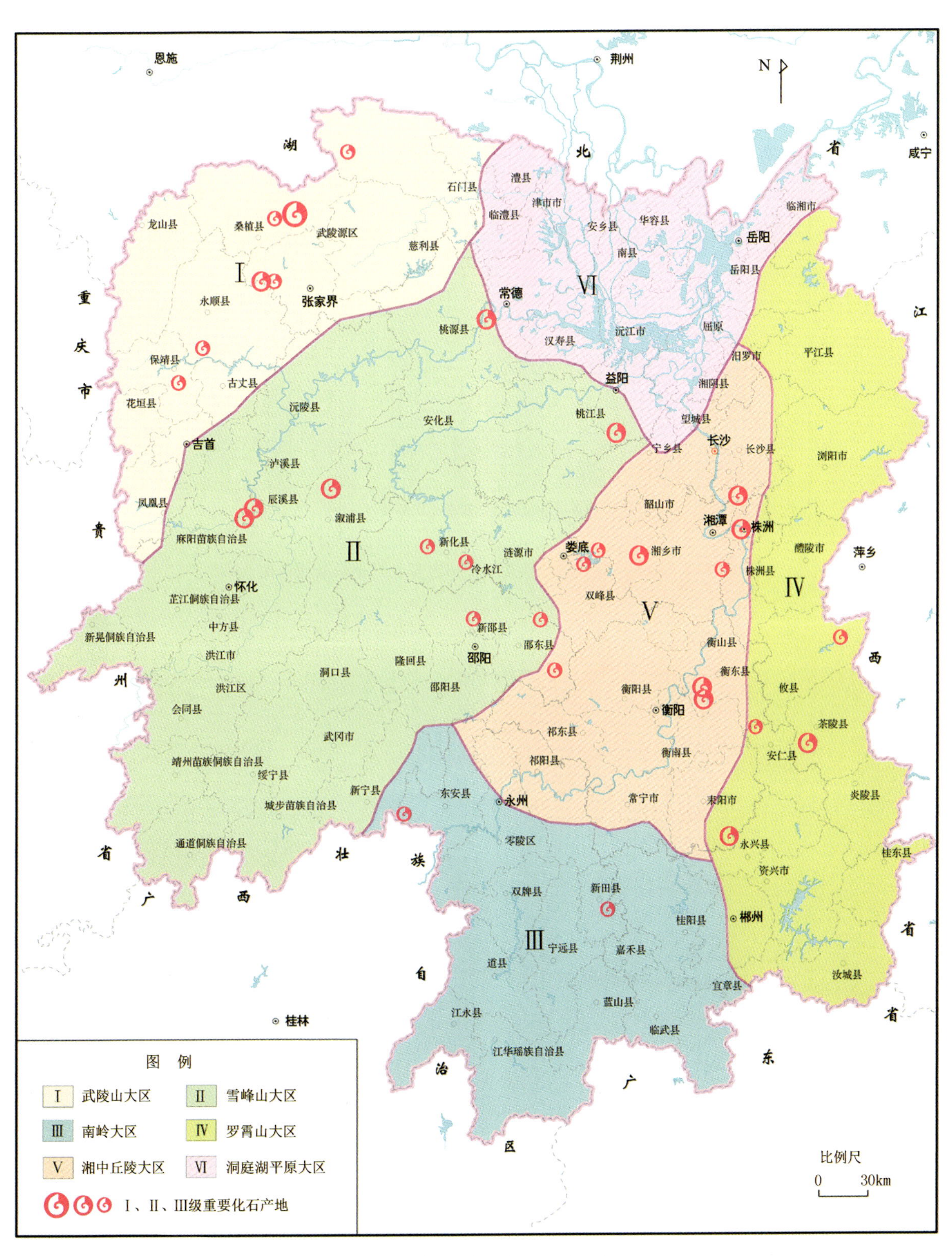

图 3－28　湖南省重要化石产地分布图

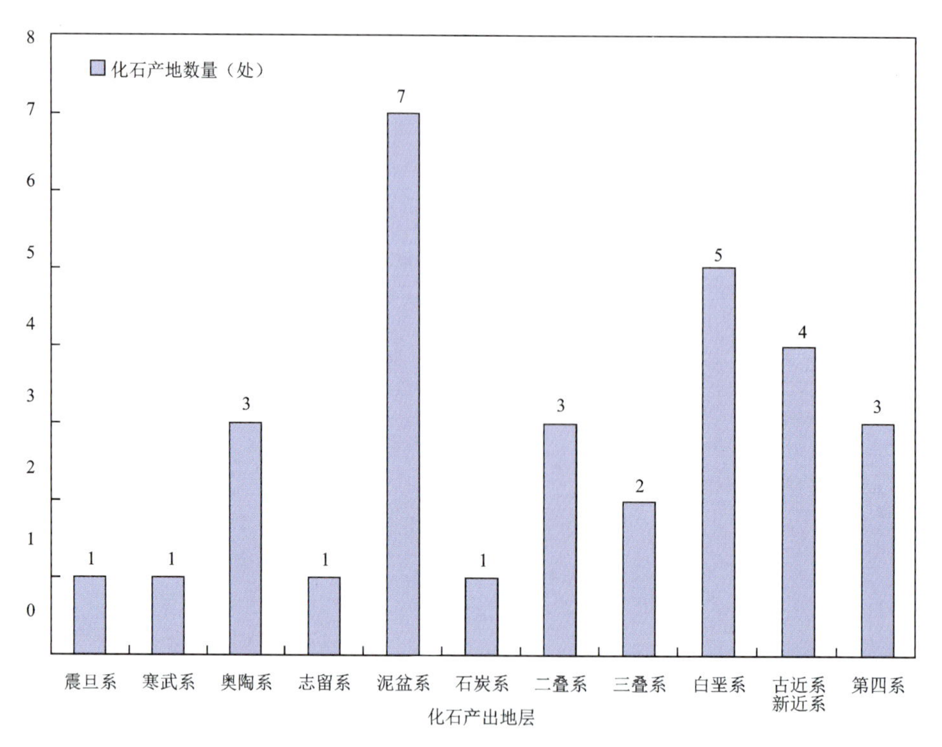

图 3-29 湖南省重要化石产出地层及产地数量统计图

图 3-30 陈列在湖南省地质博物馆内的无牙芙蓉龙化石骨架个体

一项空白。因此，芙蓉龙古动物化石和芙蓉木贼古植物化石及其所赋存的地层岩性组合，为我国乃至

图 3－31　桑植芙蓉桥化石产地出露的芙蓉龙骨骼化石

全球地学界和古生物学界研究恐龙生存环境和恐龙演化，提供了可靠的重要基础资料，具有极其重要的科学意义。

为保护桑植芙蓉龙化石产地，目前这里已建立了桑植芙蓉龙化石保护区，面积约 1.5km²。该保护区为张家界国家地质公园四大核心保护区之一。

2. 株洲天元白垩系恐龙化石产地(国家级)

恐龙化石产地位于湖南省株洲市天元区。化石产于上白垩统戴家坪组地层中，分布在 6 000～8 000m² 范围内、厚度为 13～18m 的 9 个岩层中。其中，含化石的层位有 6 个(编号分别为第 2、3、4、5、6、8)，厚度 7～13m。已采集可供鉴定的恐龙化石标本共计 226 块，另有 100 多块恐龙化石碎块。株洲天元恐龙化石于 2008 年 6 月意外地发现于原天元区东湖学校施工场地。自发现以来，中国科学院古脊椎动物与古人类研究所和中国科学院南京地质与古生物研究所等科研单位的多位专家均对化石产出现场进行了实地考察。这里的恐龙化石标本经鉴定有：霸王龙(*Tyrannosauridea*)、虚骨龙(*Coeluroidea*)、似鸟龙(*Ornifthomimoidea*)、兽脚类(*Suborder*)、鸟脚类(*Omithopoda*)、蜥脚类(*Sauropodomorpha*)、鸭嘴龙(*Hadrosaurus*)和龟鳖类(*Chelonia*)等，分属于两目、两亚目(类)，多于 4 个科属(图 3－32、图 3－33)。因该区出现有霸王龙、似鸟龙和鸭嘴龙等晚白垩世的标准和特有恐龙类群，故专家们一致认为该区是一个典型而丰富的晚白垩世恐龙动物群，恐龙化石出露层位和恐龙类别如此之多，分布如此之集中，在国内是十分罕见的，具有十分重要的科学研究意义。

此外，在含化石组合剖面的第 4 岩层和第 8 岩层，见有共生的松柏植物化石与恐龙化石，其中可供鉴定的植物化石，经送南京地质与古生物研究所鉴定，包含的种类有：穹孔假拟节柏(比较种)

图 3-32　株洲天元产出的霸王龙的肱骨化石

图 3-33　株洲天元产出的似鸟龙的细肋骨化石

Pseudofrenelopsis cf. ,*Tholistoma*(Chow et tsao)Cao et zhou,假拟节柏(未定种)*Pseudofrendlopsis* sp.等,时代为晚白垩世。这些植物化石在湘东南地区戴家坪组地层中首次被发现,具有重要的地层学意义。

为保护株洲天元恐龙化石产地,目前这里已建立了国家级重点保护古生物化石集中产地,保护区面积约 0.27km^2。

3. 桃源木糖垸白垩系恐龙蛋化石产地(国家级)

恐龙蛋化石产地位于湖南省桃源县木塘垸乡集民村。化石出露剖面地层为上白垩统分水坳组(图 3-34),厚 902m,岩性上部为棕色粉—细砂岩、泥岩及砂质泥岩互层,鲜红色泥岩、棕红色粉—细砂岩;中部为砖红色细砂岩夹泥质粉砂岩;下部为砖红色细砂岩、粉砂岩与泥岩互层,化石出露面积约 0.1km^2。产出的化石主要为恐龙蛋化石丛状蛋科中的湖南丛状蛋、长形蛋科中的大长形蛋、长形蛋未定种等(图 3-35)。同层产出的还有轮藻与介形类等化石。化石均保存在鲜红色泥岩、棕红色粉—细砂岩中,介形类等微体化石丰度极高。该处产出多个属种的恐龙蛋化石,环比全球、全国,均较为稀有,具有很高的科研、科普价值,并具有极强的观赏价值和收藏价值。

4. 永顺列夕奥陶系三叶虫化石产地(省级)

三叶虫化石产地位于湖南省永顺县列夕乡小溪村。化石赋存地层为下奥陶统分乡组,厚 32m,岩性上部为青灰色钙质页岩夹灰岩透镜体;中部为深灰色厚层白云质灰岩,夹青灰色钙质页岩和团块状、透镜状硅质岩;下部为深灰色厚层白云岩化泥质条带灰岩。化石丰度大,富含化石层厚约 15m,产

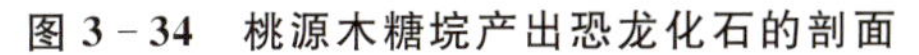
图 3-34　桃源木糖垸产出恐龙化石的剖面

图 3-35　桃源木糖垸剖面产出的恐龙蛋窝化石

出的化石主要为三叶虫化石，有未定种湘西虫、永顺湘西虫、四川小四川虫等(图 3-36、图 3-37)，其中永顺湘西虫是该层位发现的新种。同层产出的还有腕足类化石。该处的三叶虫化石个体大，最大个体达 32cm×28cm，且保存完整，如加工成工艺品，具有极高的观赏价值和收藏价值。在暴利驱使下，已发生掠夺性采挖，产地已遭严重破坏。

图 3-36　永顺列夕产出的永顺湘西虫

图 3-37　永顺列夕产出的未定种湘西虫

5. 溆浦金家洞震旦系水母化石产地(国家级)

水母化石产地位于湖南省溆浦县金家洞水库大门左侧，化石产出地层为震旦系金家洞组，岩性为浅灰—青灰色薄层硅质岩，岩石风化表面为灰白色。岩层表面可见到桃花状、直径 10～20cm 的水母化石，形如“石头开花”，这是中国最早发现的水母化石(图 3-38)。中国、美国、德国等国内外专家经实地考证，认为这些化石科学意义重大，影响深远，为达尔文的进化论提供了重要证据，为生物早期及“寒武纪生命大爆发”提供了新的解答。水母系软体动物，遗体很难保存和形成化石，或形成化石的条件非常苛刻，故此处保存的水母化石，尤显珍贵和意义重大。

图 3－38　溆浦金家洞水母化石及产出层位
（1、2、3. 水母化石；4. 水母化石产出地层）

第四节　重要岩矿石产地

一、岩矿石产地特征概述

湖南省成矿条件优越，矿产资源丰富，优势矿产突出，素称“有色金属之乡”和“非金属之乡”。湖南省已发现各类矿产 141 种，已探明储量矿产 101 种。在已探明储量的矿种中，居全国前十位的矿产有 57 种，居前 5 位的矿产有 34 种，居前 3 位的矿产有 25 种。其中钨、铋、细晶石、褐钇铌矿、独居石砂岩、萤石、石墨、海泡石、石榴子石、玻璃用白云岩、陶粒页岩 11 种矿产的保有储量占全国首位。具有国际优势的矿产有：钨、铋、锑、萤石、隐晶质石墨、重晶石等，在国内具有优势或潜在优势的矿种有锰、锡、铅、锌、铌、钽、水泥用灰岩、石膏、高岭土、芒硝。湖南省矿床分布呈明显的区域性和相对集中性，如钨、锡、钼、铋、铅、锌、石墨主要集中在郴州、衡阳地区，锑主要分布在娄底、益阳地区，汞主要集中在湘西地区，金、银主要集中在衡阳、长沙、怀化、岳阳和郴州地区。湖南省现有特大型矿床 8 处，大型矿床 97 处，中型矿床 231 处，小型矿床 865 处，矿点 5 000 余处。

除矿产资源外，湖南省还有丰富而珍贵的观赏石资源，包括造型石、图纹石、矿物晶体等。湖南省的造型石、图纹石石质较为细腻、坚硬、光滑，原岩岩性多为变质岩、硅质岩、灰岩、石英砂岩、凝灰岩，其分布具有明显的区域性，主要分布于“四水”中上游及次一级河流中，并大致以扬子和华南两个一级大区的分界为界而分成各具特色的两区：湘南区和湘西、湘西北区。湖南省矿物晶体主产于南岭和雪峰山两个成矿带，特别是地处南岭成矿带的郴州地区，其矿物晶体以种类多，形、色斑斓奇异，产地星罗棋布而扬名天下，这里已发现大型、超大型矿床 20 余处，尤以柿竹园超大型钨、锡、铋、钼多金属矿床和精美无比的矿物晶体瞩目于世界。此外，湘东北临湘的桃林铅锌矿及萤石矿、湘北石门的雄黄矿、湘中冷水江锡矿山的辉锑矿和湘西北的辰砂矿，以矿物晶体类石种少而精美为特色，多在国际上颇负盛名。此外，还有地处湘东、湘西各领风骚的浏阳、泸溪菊花石，也很有名。

湖南省2011—2013年开展的地质遗迹调查共查明全省重要岩矿石产地40处，其中典型矿床类露头13处，典型矿物岩石命名地2处，重要采矿遗址3处，重要观赏石产地22处(附表，图3-39)。它们在空间上的分布情况为：武陵山区12处，雪峰山区9处，南岭山区4处，罗霄山区9处，湘中丘陵区4处，洞庭湖平原区2处。

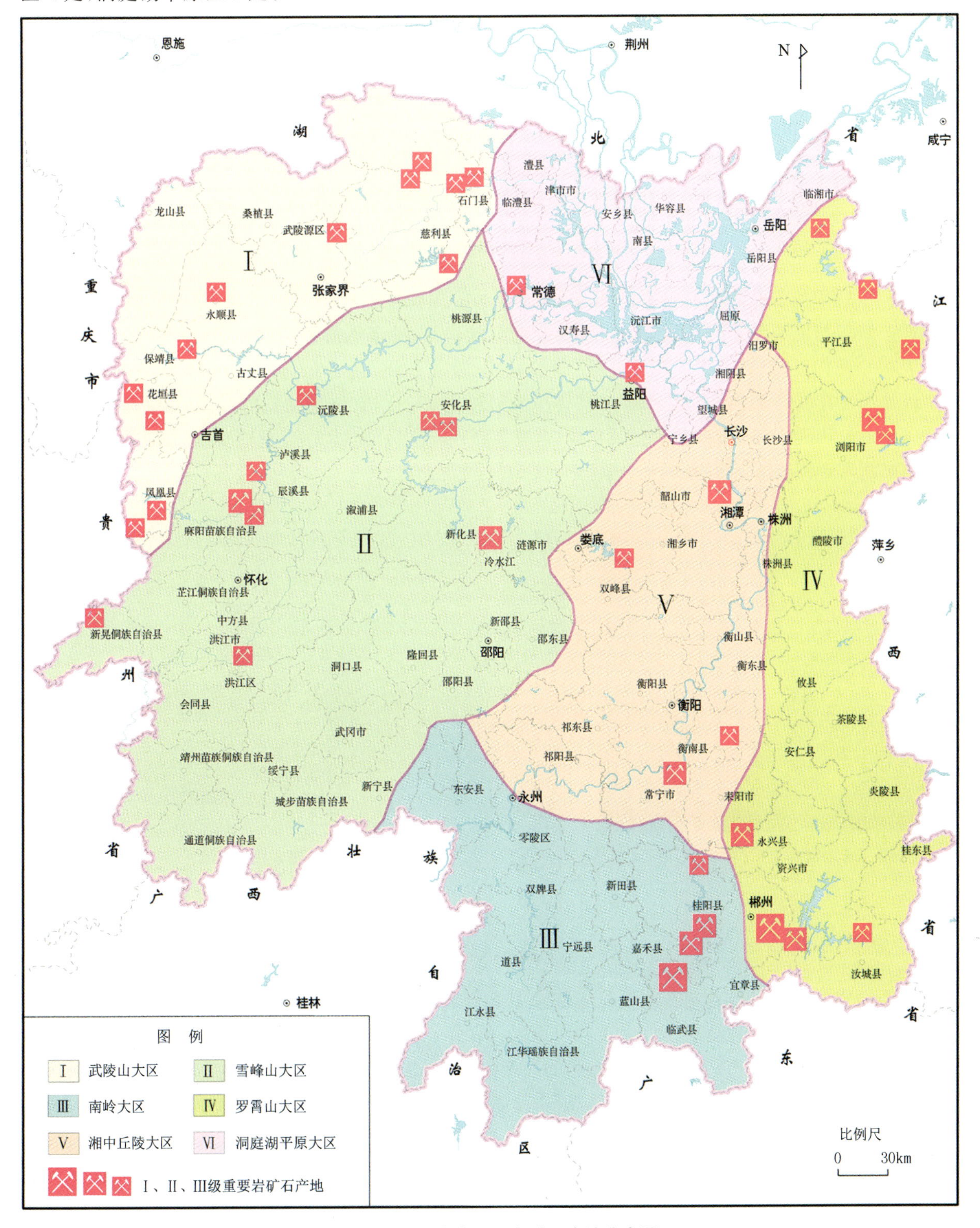

图3-39　湖南省重要岩矿石产地分布图

二、重要岩矿石产地例举

1. 郴州柿竹园钨多金属矿床(世界级)

柿竹园钨锡铋钼多金属矿床位于郴州市苏仙区，地处南岭山脉中段，素以矿种多、规模大、共生组分丰富、成矿条件复杂而闻名于世，为世界罕见的超大型钨多金属矿床。矿体自上而下分为以下4种类型：网脉型大理岩锡矿、矽卡岩钨铋矿、云英岩网脉-矽卡岩钨钼铋矿和云英岩型钨锡钼铋矿，总称矿床的“四层楼”。其中云英岩网脉-矽卡岩钨钼铋矿是柿竹园矿床中分布最广、规模最大的矿体，其矿体主要表现形式为密集发育在矽卡岩上的复杂的“云英岩网脉”系统。矿床以钨、钼、铋为主矿种，并伴生丰富的锡、萤石、铍、钽、铌、铜、铅、锌、金、银、硫、铁等多种矿种(图3-40)。钨、铋、萤石规模之巨大，世界第一；矿床发现的矿物之多，世所罕见，是世界独一无二的特大型钨多金属矿床，被誉为“世界有色金属博物馆”。2010年，这里被国土资源部批准为国家矿山公园。

2. 冷水江锡矿山辉锑矿及方解石、重晶石晶簇产地(国家级)

锡矿山锑矿位于冷水江市锡矿山镇，赋矿层位为上泥盆统佘田桥组硅化灰岩，中低温热液成因。矿体产于背斜与断裂的复合部位，多呈层状，次为脉状，为举世罕见的巨型锑矿床，享有“世界锑都”的美誉。矿化受构造影响，围岩蚀变有硅化、碳酸盐化、重晶石化、萤石化等，且分布面广。矿区所产辉锑矿以晶形发育良好而举世闻名，辉锑矿晶体单晶最长达47cm。辉锑矿为斜方晶系，多呈双锥长柱状，板状、针状、矢状，色铅灰，常映蓝锖色氧化膜，金属光泽；晶簇多呈放射状、束状；且多有方解石、重晶石共生。该矿所产辉锑矿结晶极佳，观赏性极强，无论矿石资源储量，还是晶体观赏性都享誉世界(图3-41)。

图3-40 柿竹园共生矿(黑钨矿、萤石、水晶)

图3-41 锡矿山辉锑矿

3. 临武香花岭锡多金属矿与香花石产地(世界级)

香花岭锡多金属矿与香花石产地位于临武县香花岭，燕山期花岗岩体为成矿母岩。香花岭矿石类型多，矿物组合复杂，种类繁多。主要矿产为锡、钨、锌，并伴生有萤石、方解石等。香花石是我国首次发现，唯香花岭独有，并以香花岭地名命名的一种矿物，被国人誉为“国宝”。香花石产于泥盆系灰岩与花岗岩接触带内，属架状硅酸盐矿物，等轴晶系，晶体无色或乳白色，透明度高，玻璃光泽，硬度6.5，具脆性(图3-42)。香花岭矿所产萤石晶体呈立方体和八面体，颜色有艳绿、黄绿和灰绿，偶见绿色萤石晶体上有紫色斑块。立方体萤石晶体透明、半透明，少部分不透明，一般透明度较好，表面光滑。八面体萤石晶体表面好似粗糙的磨砂玻璃，透明度较差，半透明—不透明。一般萤石单晶大小 2～8cm（长轴），少数达 16cm，与方解石、石英等共生。立方体萤石晶体与八面体萤石晶体共生者，当属精品（图 3-43）。

图 3-42 临武香花岭香花石

图 3-43 临武香花岭翠绿色透明萤石

4. 浏阳菊花石产地（国家级）

浏阳菊花石产于浏阳市永和、古港镇及附近大溪河域，赋存于二叠系栖霞组上段灰黑色灰岩、碳质板岩中。浏阳菊花石以其奇美享誉国内外，其基质灰黑色，灰白色图案看似美丽的菊花，“花瓣”为天青石被交代形成的方解石，“花蕊”为燧石、玉髓。“花瓣”圆润，弯曲自然，叠置有序；“花体”洁白无瑕，盛开怒放状，形栩栩如生，其花之形神细腻如工笔素描（图 3-44）。就花之个体大小而言，古港所产较永和的大（图 3-45）。浏阳菊花石产地为我国第二个菊花石原料基地，是我国最早开发、雕琢菊花石的工艺品基地，其菊花石发掘始于乾隆年间，绽放百世至今。早在 1915 年，浏阳菊花石即在巴拿马万国博览会上被评为“全球第一”，荣获金奖。目前，浏阳菊花石产销产业颇具规模，人们或收藏品赏，或作赠品。

图 3-44 浏阳永和菊花石

图 3-45 浏阳古港菊花石

5. 桂阳宝山采矿遗址（国家级）

桂阳宝山是我国著名的有色金属矿床和湖南“有色金属之乡”的重要组成部分，其矿产主要有铜、钼、钨、铋、铅、锌、硫等，并伴生有金、银、铼、硒、碲等；其采矿业始自汉代，历史之悠久在全国乃至全球有色金属采矿业中是极为少见的。桂阳宝山悠久的采矿历史，留下了丰富的矿业遗迹资源，包括国内有色金属矿山中规模罕见的露天单体采空区（椭圆形，上部长 550m，宽 500m，底部长 98m，宽 35m，环绕整个露采场，从上到下，共有24个台阶，每个台阶高约10m，如图3-46所示）、中南地区屈指可数的现代化竖井以及选矿能力在亚洲曾名列第二的大型选矿车间，并拥有纵横交错、多层重叠、四通八达、规模巨大的井下巷道网络。特别是在已停止生产的井下巷道中，保存了十分系统完整的井下矿业生产遗迹、特殊的矿物自然景观以及极富历史文化价值的古窿洞，窿洞内部较为完好地保存着唐、宋、清等朝代人们采矿时所用的各种工具，如背篓、灯具、铁锤、钢钎、竹水管、木制溜槽等（图3-47），且有较完整的开拓、通风巷道，是宝山悠久采矿历史和代表当时先进采矿技术的见证。

图3-46　桂阳宝山露天采场

图3-47　桂阳宝山古窿洞

第五节　重要岩溶地貌

一、岩溶地貌特征概述

湖南省是岩溶地貌较为发育的地区，岩溶地貌分布面积约 56 686km^2，约占全省总面积的 26.77%。湖南省发育岩溶地貌的地层有震旦系、寒武系、奥陶系、泥盆系、石炭系、二叠系、三叠系，岩性主要为以灰岩、白云岩为主的碳酸盐岩。根据气候、岩性、构造与新构造运动等发育因素以及发育强度与特征的差异，湖南省岩溶地貌分为三大类型，即湘西型、湘中型和湘南型（表 3－2，图 3－48）。

表 3－2　湖南省不同类型岩溶地貌特征对比表

类型	发育条件	典型特征	典型实例
湘西型	山原山地区，中亚热带季风湿润气候（山原区具北亚热带性质），岩溶地层以寒武系、奥陶系、三叠系为主，岩溶地层裸露	以台原型或台地峡谷型岩溶地貌为主，台地多与峡谷相间分布，岩溶形态多样，石林较为突出，洞穴规模较大，溶洞型瀑布较多	张家界天门山、龙山洛塔、凤凰天星山一带
湘中型	丘陵低山区，中亚热带季风湿润气候，岩溶地层以石炭系、二叠系、三叠系为主	宏观形态以溶蚀丘陵为主，微观形态丰富多样，单体规模不大，洞穴多为中、小型	涟源湄江、攸县酒埠江、安化云台山
湘南型	丘陵山地区，中亚热带季风湿润气候，岩溶地层以泥盆系、石炭系、二叠系为主	发育古热带残留峰林和承继古热带残留峰林的现代热带型峰林，峰间溶洼、漏斗及脚洞等发育，洞穴多为中、小型	宁远九嶷山、江永夏层铺、道县寿雁

湘西型岩溶地貌分布于湖南省西北部武陵山区，包括张家界和湘西自治州地区，其发育类型主要有中山台原型、台地峡谷型、峰脊峡谷型、峰丛谷地型，较有特色的地表岩溶形态主要是岩溶峡谷和石林。该区著名的峡谷有凤凰天星山峡谷群、吉首德夯峡谷群、桑植澧水源峡谷群、花垣古苗河峡谷、古丈坐龙溪峡谷、永顺猛洞河峡谷、龙山乌龙山峡谷等，这些峡谷常与崖壁、峰林、溪流、飞瀑等，构成一幅幅壮丽的峡谷胜景。该区石林分为青石林和红石林两种，青石林有龙山洛塔石林、花垣石栏杆石林、桑植官地坪石林等，红石林有古丈红石林、永顺不二门红石林、龙山比溪红石林等。

湘中型岩溶地貌分布于湖南省中部的安化、涟源、新化、双峰、冷水江、新邵、邵东、邵阳、隆回等地，攸县酒埠江岩溶地貌也可归入湘中型，其发育特征是石芽、石沟较为普遍，多峰丛洼（谷）地、溶丘洼（谷）地及丘陵谷地等组合类型。

湘南型岩溶地貌分布于湖南省南部的道县、江华、江永、宁远、临武、零陵和嘉禾等地，其特征是发育有低矮的峰林、孤峰、溶蚀洼地、溶蚀平原，峰林高度多在 100m 以内，多呈锥状、塔状、联座状，具有古热带残余峰林的特点。此外，道县、江永、宁远等部分地区，还有承继古热带残余峰林而发展的现代热带峰林。

湖南省岩溶洞穴十分发育，大大小小的溶洞数不胜数，因岩性、构造、地下水运动等综合因素的影响和控制，各地区溶洞在规模和形态等方面又表现出不同的特征。湘西北地区的溶洞主要分布在海

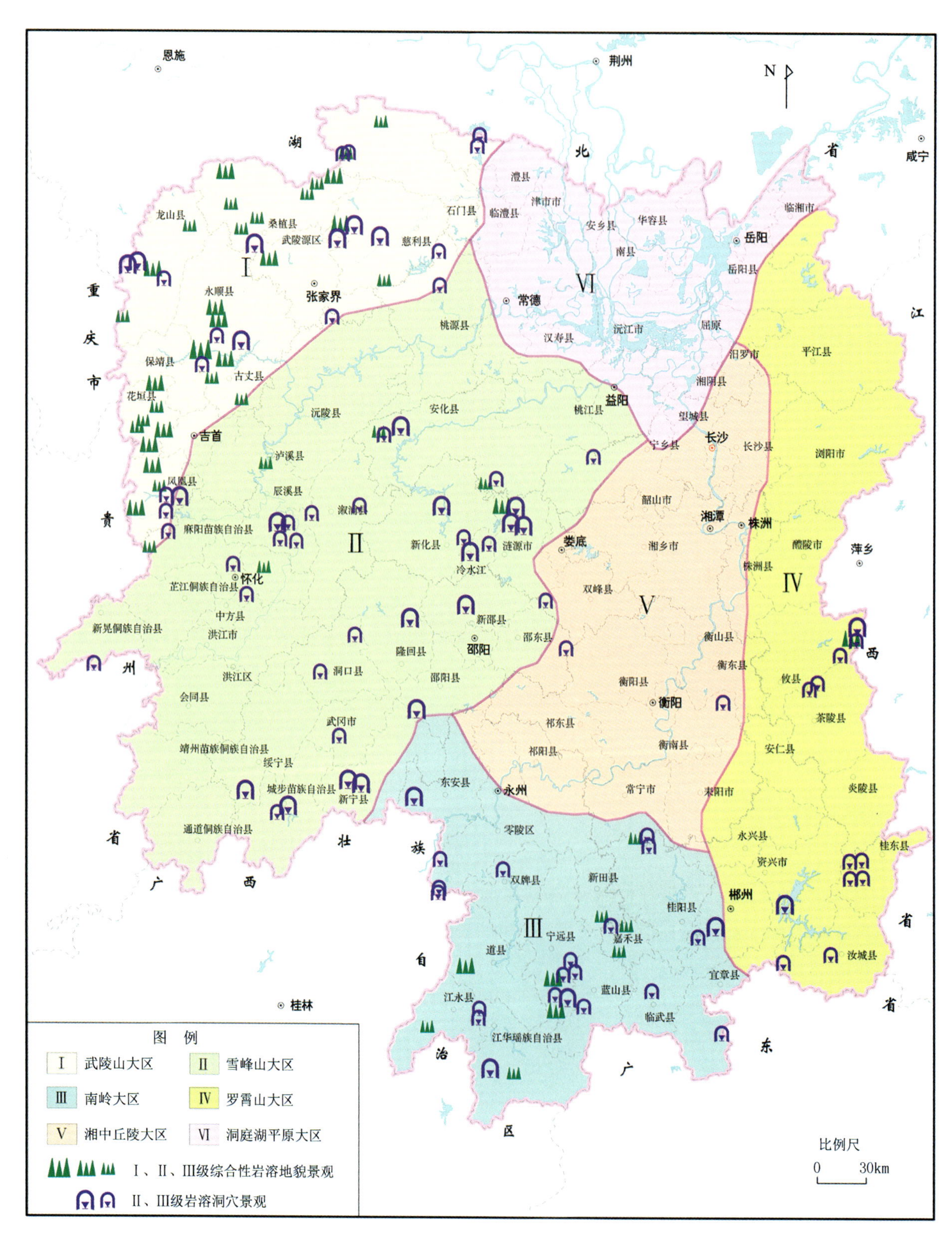

图 3-48 湖南省重要岩溶地貌分布图

拔 500～600m、700～800m、1 000m、1 200m、1 500m 的地带，规模以巨型、大型为主(巨型：主洞长度大于 5 000m；大型：主洞长度 500～5 000m)。湘中地区的溶洞主要分布在海拔 500m 以下的地带，规模以中型、小型为主(中型：主洞长度 50～500m；小型：主洞长度小于 50m)。湘南地区的溶洞主要分布在海拔 180m、200～210m、250m、350m、410m 的地带，规模以中型、小型为主。

湖南省 2011—2013 年开展的地质遗迹调查共查明全省重要岩溶地貌 136 处，其中综合性岩溶地貌区 48 处，岩溶洞穴 88 处(附表)。它们在空间上的分布情况为：武陵山区 53 处，雪峰山区 38 处，南岭山区 30 处，罗霄山区 13 处，湘中丘陵区 2 处。

二、重要综合性岩溶地貌例举

(一)湘西型综合岩溶地貌

1. 张家界天门山岩溶台原地貌(世界级)

天门山位于张家界市永定区，张家界市区南侧。天门山属武陵山脉南支，海拔 1 518.6m，整个山体基本上由寒武系灰岩、白云岩构成，地质构造上主要为天门山向斜，向斜两翼被数条北东东向的断层所切割。天门山为典型的岩溶台原地貌，台顶面积 2.2km²，屹立于澧水河畔，相对高差 1 300 多米，以其高、雄、险、陡，控制着城市南面的天际线，并成为方圆百里的制高点，视野所及可达邻近七县。天门山从平川拔地而起，巍然矗立，山体形态孤立，台顶四周是高差 200～300m 的悬崖峭壁，故给人以雄壮险峻、一山独尊之势。台顶以下环立的十六峰高矮错致，远近有序，峰峰各异，如一群清新秀丽的亭亭玉女，环立其周，更加烘托了天门山至尊之地位(图 3－49～图 3－51)。覆盖其上的森林植被，随着季节而替换颜色，给雄壮的天门山增添了几分俏丽和俊秀。

图 3－49 张家界天门山远景

天门山令人神往之处还不在于山之高峻，而在于洞之奇绝。天门山因千古神奇、举世罕见的天门洞而闻名遐迩(图 3－52)。

天门洞，又名天门、天门眼，它的奇特之处主要有四点：一是其高。天门洞位于海拔 1 264m 以上的高度，似明镜镶于巨峰，如天窗开于绝壁，横空出世，凹入苍穹，的确举世罕见。二是其大。天门洞

图 3－50　天门山台顶四周高差 200～300m 的悬崖峭壁

图 3－51　天门山台顶以下高矮错致的岩溶石峰

图 3－52　天门洞（洞高 131.5m，宽 20m，深 37m）

高 131.5m，宽 20m，深 37m。浮云片片，远观银光刺目，灿若星斗；天门洞如此之大，甚至飞行员可驾驶一架轻型飞机自由出入。三是其“梅花雨”。因天门洞上方有两个岩溶漏斗，聚集着四面八方岩隙中的水，然后再沿裂隙渗透到天门洞顶岩壁上，并分散开来。于是，天门洞顶岩壁上，一天到晚，一年到头，总是在飘着稀稀散散的“梅花雨”。四是其景观的风云变幻。天门洞在天文、气象等因素的组合下，构成了许多奇特的景观，如“天门吞云”“天门透光”“月照天门”“天门落日园”等。天门洞在云雾缭绕之下，恍若梦幻中的通天之门。

天门山于 2000 年被国土资源部批准为张家界国家地质公园四大景区之一。

2. 凤凰天星山台地峡谷型岩溶地貌（国家级）

凤凰天星山台地峡谷型岩溶地貌位于凤凰县北部禾库镇、火炉坪乡、两头羊乡、腊尔山镇和大田乡境内，面积约 $120km^2$，2005 年被国土资源部批准为国家地质公园。

该区地处云贵高原东侧的武陵山脉南段，海拔 400～1 100m，地势自西北向东南呈三级台阶递降，出露地层以寒武系碳酸盐岩为主，褶皱和断裂构造均较发育，尤以断裂最为发育，其中有 3 条北北东向的大断裂带：保（靖）铜（仁）玉（屏）断裂带、乌巢河断裂带、古（丈）吉（首）断裂带，它们构成了区内主要构造骨架（图 3－53）。该区发育有典型的台地峡谷型岩溶地貌，其岩溶地貌发育总体特征为：岩溶台地与峡谷相间分布，台地边缘即峡谷两侧发育有峰丛、峰林，台地上发育有溶丘、溶沟、石芽、石林、溶蚀洼地、漏斗、落水洞、天窗等，地下则发育有地下河、溶洞，地下河出口一般在峡谷两侧，故往往在峡谷两侧形成很多岩溶泉和瀑布（图 3－54）。

峡谷密集是该区岩溶地貌最为突出的特征。在 $120km^2$ 的范围内，共发育峡谷 30 多条，总长度约 110km，峡谷发育密度为 $0.9km/km^2$。峡谷发育形态有四种：一是呈裂隙扩张状的“一线天”，即峡谷地貌发育的雏形形态（图 3－55）；二是在“一线天”基础上扩张的嶂谷，即峡谷地貌发育的青年形态，如三门洞峡谷叭果咱石巷段（图 3－56）；三是嶂谷进一步发育而形成的 V 型谷或 U 型谷，即峡谷地貌发育的壮年形态，如三门洞峡谷、天星山峡谷、猫岩河峡谷、屯粮山峡谷（图 3－57、图 3－58）；四是晚年阶段的宽谷形态，如乌巢河峡谷（图 3－59）。

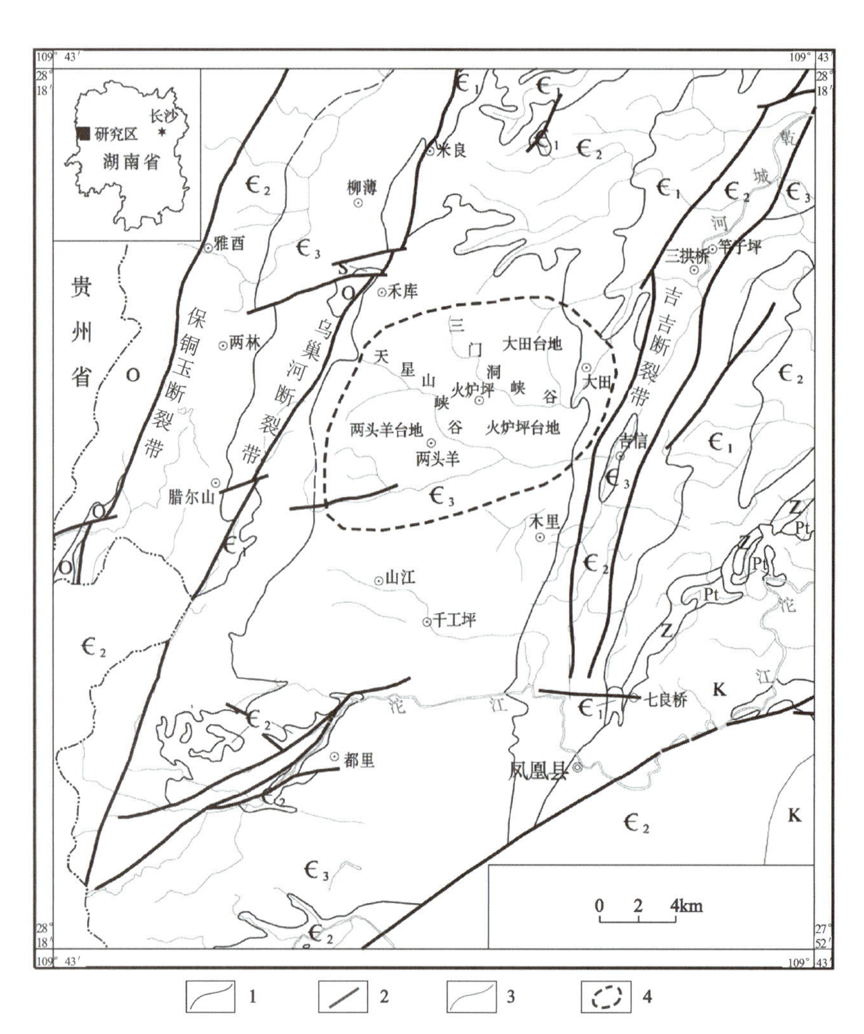

图 3-53 凤凰天星山区域地理位置及地质背景

1. 地质界线；2. 断层；3. 河流、溪沟；4. 台地峡谷型岩溶地貌区界线

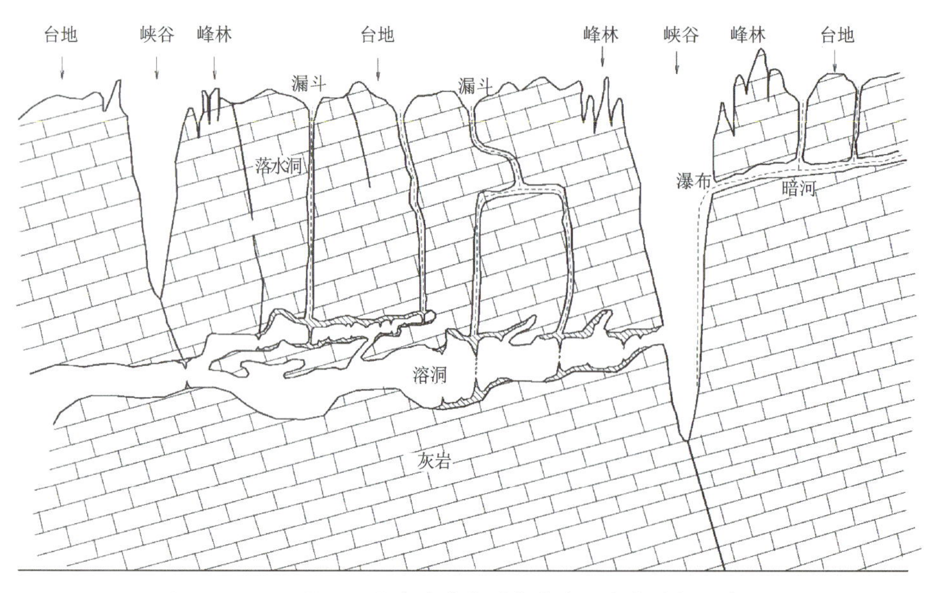

图 3-54 凤凰天星山台地峡谷型岩溶地貌发育特征示意图

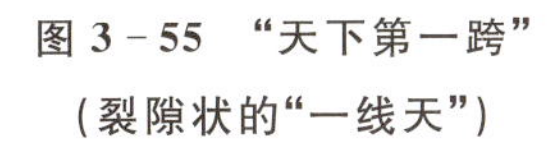

图 3－55 “天下第一跨”
（裂隙状的“一线天”）

图 3－56 天龙峡
（嶂谷）

图 3－57 三门洞峡谷
（V 型谷）

图 3－58 猫岩河峡谷（U 型谷）

图 3－59 乌巢河峡谷（宽谷）

该区共有岩溶峰柱 800 多个，它们大多分布在台地边缘，即峡谷两侧。峰林也有 4 种发育形态，即萌芽阶段的峰体雏形、形成阶段的峰丛、成熟阶段的峰林以及消亡阶段的孤峰，其中以成熟阶段的峰林最为发育。800 多个峰柱，800 多种形态，有的似四兄护妹，有的似夫妻私语，有的似群狮聚会，有的似蛇王出洞……拟人拟物，惟妙惟肖，奇妙无比（图 3－60、图 3－61）。如天星山（图 3－62），一座矗立在峡谷中的碳酸盐岩孤峰，海拔 761m，相对高差约 300m，从山脚仰望，有如泰山压顶，气势磅礴，雄伟壮观。再如象鼻山（图 3－63），从风景如画的麻冲村西行 1km，可见屯粮山东部的一堵峭壁上，赫然出现一个高 30 余米，宽 5～20m 的天然穿洞，一条瀑布从穿洞中飞流直泻，远远望去，围绕穿洞的整个山体酷似象鼻饮涧，故名象鼻山，其形态之逼真、规模之宏伟、配景之奇妙，胜过桂林的象鼻山，可谓国内一绝，极为珍贵。台地峡谷型岩溶地貌是湘西特有的岩溶地貌，它是在特定地理位置、特定岩性构造、特定地壳运动等特定地质环境条件下形成的特殊地貌，其内容和规模具有国内乃至国际对比意义，其形成过程和表观现象保存系统而完整，具有重要的科学价值。同时，峡谷胜景、峰林美景、台地风光、瀑布流泉、洞府奇观等共同构成一幅幅绚丽多彩的天然画卷，具有极高的美学价值。

图 3－60　麻冲峡谷及其两侧峰林

图 3－61　屯粮山峡谷及其两侧峰林

图 3－62　凤凰天星山

图 3－63　凤凰象鼻山

3. 古丈红石林岩溶地貌(世界级)

古丈红石林位于古丈县红石林镇和断龙山乡境内，地处云贵高原东侧的武陵山脉中段，面积 $30km^2$，是中国面积最大的红色石林岩溶地貌区(图 3－64)，2005 年被国土资源部批准为国家地质公园。

红石林岩溶地貌区出露地层主要为寒武系、奥陶系的碳酸盐岩，其中奥陶系十字铺组与大湾组紫红色泥质灰岩及白云质灰岩是红石林的构景岩层。红石林构景岩层中含有较多的铁锰物质，它们的

图 3-64　古丈红色石林

氧化物呈红色，这是红石林表面呈红色的主要原因，而氧化物在碳酸盐岩中的含量差异，则导致红石林表面红色深浅不同，从而使得石林颜色异彩纷呈。

红石林形态多样，主要有剑状、柱状、蘑菇状、藻墙状、塔状、棒槌状和锥状等(图 3-65、图 3-66)。石林造型各异，有的似总统头像、巨人伫立；有的似神龟赴海、鹰翔长空；有的如紫荆怒放、海洋冰川；还有的像城堡方塔、大厦高楼。丰富的形态，奇特的造型，展现了红石林的造型美。石林色彩变化多端，晴红雨黑，阴转褐红，晨昏有别，季节变幻，反映了独特的色彩美。如色彩最美的一个区段称为“七彩石林”，在阳光的照射下呈绚丽多彩的“赤、橙、黄、绿、蓝、靛、紫”七色，这种绚丽多彩的彩色红石林是较为罕见的。古丈红石林是我国乃至全球红色喀斯特石林的杰出代表，具有重要研究价值。

4. 龙山洛塔岩溶地貌(国家级)

洛塔岩溶地貌位于龙山县洛塔乡，云贵高原东北与湘鄂西山地结合部，出露岩层为三叠系、二叠系的碳酸盐岩。洛塔是一个典型的向斜构造盆地，坐落在低山丘陵之上，四周悬崖峭壁，有似一艘巨轮乘风破浪行驶于波涛万顷的海洋之中。洛塔地区的地形、构造及水文地质条件，极有利于岩溶地貌发育，地表溶丘、溶洼、漏斗星罗棋布，簇簇石林千姿百态，峡谷幽深，瀑布高悬，石林中还隐藏着许许多多溶洞，地下水极为丰富。经统计，区内有大小溶洞 340 多个，溶洼、漏斗近千个。专家们认为，洛塔是我国南方裸露型岩溶地貌的典型代表和岩溶地质“百科全书”，早已开辟为中国地质科学院岩溶科研基地，2009 年被国土资源部批准为国家地质公园。

图 3-65　古丈蘑菇状红石林

图 3-66　古丈塔状红石林

洛塔岩溶台地较发育，由北向南依次有和尚堡、亚不寺、五座亭和谢家台 4 个独立的台地，台面高程 1 000～1 060m，与洛塔河谷高差近 400m。台面较平缓，发育石芽、峰丛、溶丘、洼地，台地北、东、南三面为悬崖，崖壁上洞穴密布，景观奇特。其中五座亭台地，上面建有湘西最早的部落区域——“吴著厅”。传说五代时期的土著民族首领吴著曾在这里修筑了金銮宝殿，设王宫于此，有“内洛城外洛城”之称。这里至今还保留着当时建造宫殿的石基和残损石墙，部分防御关卡也保存得较好。

洛塔石林极为发育，石林分布面积达 $62km^2$，分为裸露型、掩埋型和埋藏型 3 种，其中裸露型石林占石林分布面积的 90%；按其出露部位又可分为山顶石林、山坡石林和谷底石林。其形态多样，造型奇特，错落有致，如塔状、柱状、锥状、剑簇状、帷幕状、墙状等，淋漓荟萃，蔚为壮观。洛塔石林集中分布区有杉湾、五虎赶六羊、溪沟 3 处（图 3-67、图 3-68）。杉湾石林：面积约 $2.2km^2$，石林高大密集，

图 3-67　龙山洛塔杉湾石林

单体石柱最高可达30m以上，一般10m以上；石林造型各异，有如火箭待发、兄妹相会、海豹观天，似人似物，栩栩如生。五虎赶六羊石林：面积约2km²，石林单个石柱高一般15m以上，最高者高于30m，直径大者大于20m，因有6处双石柱像羊的头部，羊群像被老虎追赶在奔跑，故得名为“五虎赶六羊”。溪沟石林：面积约3km²，单株式与连株式石林均有，单个石柱高一般10～20m，最高可达25m以上，形态有剑簇状、帷幕状、锥状、柱状等，似人似物，千姿百态，群集如林，组合优美；在簇状或单株状石林顶部，常有藤条植物生长，宛如身披绿袍的春姑娘，造景独特。

图3－68　龙山洛塔五虎赶六羊石林

5. 桑植白石岩溶地貌（国家级）

白石岩溶地貌集中区位于湖南省西北部桑植县白石镇及与西莲、人潮溪、官地坪、长潭坪等乡镇交界地带。该区岩溶地貌位于桑植-官地坪向斜东南端西北翼，物质基础主要为三叠系灰岩夹白云岩，岩溶形态以峡谷和崖壁为主，有规模巨大的白石崖壁群（表3－3，图3－69）。白石崖壁群由120条崖壁组成，分布区域长18.5km，宽6.5km，面积约120km²。其中，崖壁长超过1 000m的有42条；崖壁高超过100m的有63条；长超过1 000m，高超过100m的有35条。白石崖壁平均长度1 158.07m，最长的是金藏河崖壁二，长8 907.45m，沿红花湾、串洞沟、金藏河左岸及娄水右岸延伸至金鸡岭；崖壁高平均130.97m，最高的是麻池河崖壁一，高444.7m。崖壁形态各异，组合形式多样，造型别致、千姿百态，具有重要的科考价值及美学观赏价值。

表3－3　白石崖壁统计表　（单位：m）

序号	名称	崖长	崖高		崖顶高程		崖底高程	
			最大	最小	最大	最小	最大	最小
1	麻池河崖壁一	1 595.12	444.7	60	1 044.7	740	890	570
2	麻池河崖壁二	1 670.09	430	50	1 228	950	1 100	730
3	麻池河崖壁三	1 995.58	370	30	900	710	650	530
4	关山垭崖壁	4 755.43	370	10	800	480	430	250
5	伊士格崖壁	2 405.39	355	25	1 305	775	1 250	725
6	黄世和沟崖壁	5 151.82	340	35	1 300	850	1 250	855
7	杜家河崖壁	4 899.92	320	50	1 000	700	800	160
8	四方洞崖壁	3 339.37	310	30	1 200	550	1 050	500

续表 3-3

序号	名称	崖长	崖高		崖顶高程		崖底高程	
			最大	最小	最大	最小	最大	最小
9	芭蕉山崖壁	1 776.12	310	50	710	550	600	400
10	老界尖崖壁	2 887.01	280	8	1 300	840	1 245	800
11	五里溪崖壁	2 262.04	260	50	940	450	750	250
12	娄水崖壁一	1 581.71	260	20	640	300	400	200
13	陡登垭崖壁一	1 920.79	250	40	1 278	790	1 100	750
14	金家沟崖壁二	1 913.44	250	30	850	450	760	330
15	金藏河崖壁三	1 829.23	250	180	630	350	450	220
16	孙家湾沟崖壁一	1 590.22	240	50	1 340	1 010	1 270	890
17	金家坪崖壁	2 319.29	226	40	1 336.1	1 100	1 290	950
18	金藏河崖壁二	8 907.45	220	40	1 220	380	1 250	200
19	娄水崖壁二	3 525.43	200	80	380	260	180	180
20	红花湾崖壁一	1 943.28	200	130	730	660	530	530
21	娄水崖壁三	1 293.8	200	50	225	100	130	50
22	黄家台崖壁	4 866.55	190	10	1 250	530	1 020	500
23	万家峪崖壁	1 556.05	175	30	1 200	955	1 125	890
24	李儿坡崖壁	2 494.5	170	10	1 180	650	1 170	600
25	松树凸崖壁	1 520.54	170	20	680	520	550	490
26	灰岭崖壁	2 973.42	160	10	800	460	710	300
27	红花湾崖壁二	2 970.54	160	50	800	550	700	350
28	孙家湾沟崖壁二	1 064.57	160	50	650	500	580	440
29	张家河崖壁	4 200.78	150	30	470	300	330	170
30	洪水泉崖壁	1 118.69	150	70	1 026.5	850	850	650
31	蒋管池崖壁	2 183.41	140	60	410	230	300	170
32	桃树垭崖壁	1 688.15	130	50	650	350	580	340
33	娄水崖壁四	1 165.09	130	40	300	210	170	170
34	大茂村崖壁一	3 010.09	120	10	350	260	300	180
35	骡子岩崖壁	2 389.03	100	50	660	200	572.5	179.5

注：本表统计长≥1 000m，高≥100m 的崖壁。

6. 永顺不二门红石林岩溶地貌(国家级)

不二门红石林岩溶地貌位于永顺县境内，距永顺县城 1km。该区红石林形成条件和景观特征类似于古丈红石林，红石林构景岩层为奥陶系的紫红色瘤状泥灰岩、泥质灰岩，红石林形态有剑状、尖状、柱状、锥状、塔状、墙状等，石柱高度一般 15～25m，最高达 35m，胜过古丈红石林。著名景点有不二门、八阵图和观音岩(图 3-70、图 3-71)。

图 3－69　桑植白石崖壁一角

图 3－70　永顺“不二门”

图 3－71　永顺观音岩

不二门由两列方形石柱与左侧靠山的一面崖壁并列，从正面看形似石门双扉。其中左侧崖壁与中间柱上部相依，下部裂开一道石罅，游人至此，崖断路绝，须从石罅中穿入，古称“石门开凿”。步入石门，左边为绝壁，右边为方柱状石林，形成一道长 200m，宽 2.4～4m，高 20～25m 的石廊。不二门是地表流水沿岩层中两组裂隙长期溶蚀、侵蚀的结果，景观奇特，绝无仅有，自古称为“不二门”。不二门的神奇，吸引了古今无数的文人墨客，从清嘉庆十五年起，共有两百余首诗词雕刻在不二门崖壁上，形成了人称“文化长廊”的不二门摩崖石刻。

“八阵图”是一片组合别致的石林群落景观，红石林组合与分布特征有如古代打仗布阵的八阵图，阵内怪石嶙峋，石柱错落有致，狭道交织而通断无常，有人到此，迂回千拐，爬岩钻洞而不得其出，仿佛进入迷宫，妙趣横生。这种别具一格的组合石林景观，具有极高的观赏价值。

观音岩是一独立象形的红色碳酸盐岩石柱，柱高约 30m，直径约 10m，形态像观音菩萨。它高高耸立在古木参天、遮天蔽日的万绿丛中，头顶白云，下临碧波，素有“湘景名峰第一岩”之美称。

7. 其他湘西型综合岩溶地貌

除上述岩溶地貌外，代表性湘西型岩溶地貌还有吉首德夯、花垣古苗河和保靖吕洞山等，它们均位于湘西武陵山脉中段，岩溶地貌景观各有特色。

吉首德夯(国家级)：位于吉首市西郊24km处。德夯，苗语意为“美丽的峡谷”。这里分布有新寨峡、玉泉峡、九龙峡和夯峡4条巨大峡谷及10余条小峡谷(图3-72)，峡谷边缘多峰脊，故属于典型的峰脊峡谷型岩溶地貌，峡谷深幽，群峰竞秀，溪流纵横，瀑布飞泻，古木奇花，珍禽异兽，各种自然美景，皆在其中。

图3-72　吉首德夯玉泉峡

花垣岩溶地貌：较有特色的有两处，一是古苗河峡谷，二是石栏杆石林。古苗河峡谷蜿蜒曲折，峰回路转，悬崖峭壁，山险石怪，给人以神奇、险峻、壮丽、幽深、古朴的美感。石栏杆石林总面积达1万m^2，其内数百天然高耸的石柱，有的高40～50m，恰似巨笋，宛如栏杆(图3-73)，神奇迷人的景观，把云南石林浓缩得精巧而别致。

保靖吕洞山(国家级)：位于保靖县夯沙乡，主峰海拔1 227.3m，属岩溶中山地貌。吕洞山是苗族人民的圣山，一大一小两个大穿洞竖立在一堵陡峭的崖壁中间，呈一个半倒的“吕”字，故名吕洞山，绘就出一道湘西奇景(图3-74)。

(二)湘中型综合岩溶地貌

1. 涟源湄江岩溶地貌(国家级)

湄江岩溶地貌区位于湖南省中部涟源市西北部，面积约55km^2，2009年被国土资源部批准为国家

图 3-73 花垣石栏杆石林

图 3-74 保靖吕洞山

地质公园。

公园地处湘中丘陵北部边缘，属雪峰山余脉构成的低山丘陵区，地势西北高，东南低，海拔最高864.0m，最低180.0m。主要河流为湘江二级支流——涓水（也称涓江），其贯穿公园的源头段又称涓塘河。构造上，公园位于雪峰山弧形构造带东南侧、祁阳弧形构造北翼及其北东向延伸部位，属涟源盆地坳陷区，褶皱和断裂构造均很发育。与公园关系较大的褶皱主要有车田江向斜、桥头河向斜和蔡家边-双塘背斜；断裂主要有观音洞-王家桥断裂带、石陶坪推覆断裂和猫公老逆断层。公园出露地层有石炭系、二叠系和三叠系，岩性为一套以碳酸盐岩（含灰岩、白云质灰岩、含燧石团块灰岩、白云岩、泥灰岩、硅质灰岩等）夹少量砂岩、页岩、煤系、膏盐的海相为主的沉积岩层（图3-75），其中赋存了蜓类、有孔虫、珊瑚类、腕足类等化石。

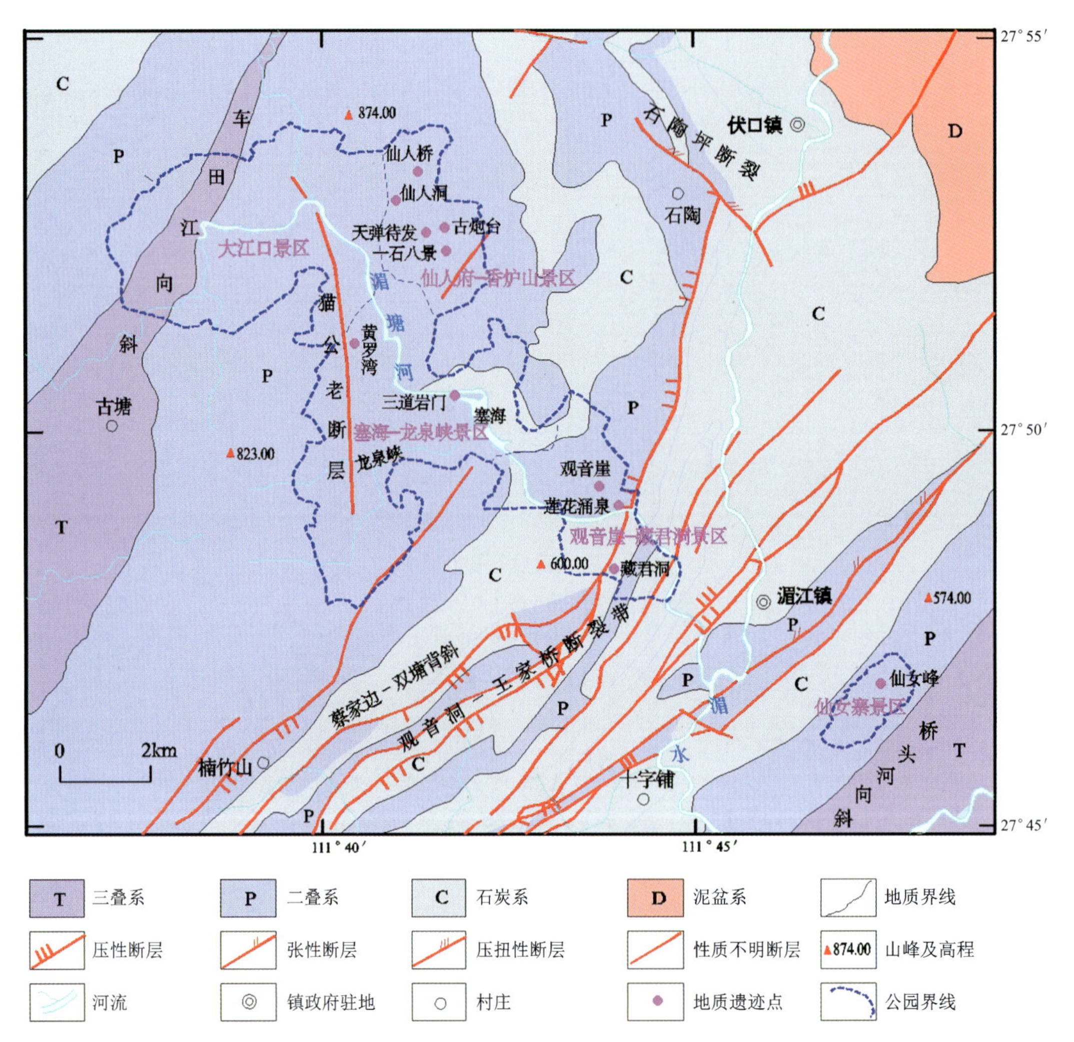

图3-75　湄江国家地质公园区域地质简图

湄江岩溶地貌属于湘中型岩溶地貌，其岩溶形态众多，景观丰富，地表岩溶形态主要有溶沟、石牙、石林、峰丛、峰林、落水洞、漏斗、天坑、岩溶洼地、岩溶谷地、岩溶湖、天生桥等；地下岩溶形态主要有溶洞和地下河。湄江独具特色的岩溶地质地貌景观特征可归纳为5个方面。

（1）峭崖。公园分布有众多的岩溶断块山地，其周边则分布有众多陡峭如削的崖壁，崖壁形态多种多样，有平直的，也有弧形（半圆形）的。经统计，公园内壁高、壁长均在100m以上的崖壁共有20多处，其中最著名的是观音崖、三道岩门和黄罗湾绝壁（图3-76～图3-78）。

观音崖是一个半圆形的岩溶峭壁，崖高约300m，崖顶为岩溶台地，崖底为湄江河谷，崖壁上则发育有盘蛟洞、观音洞、罗汉洞、藏佛洞等多个不同标高的溶洞。在成因上，观音崖可能是由岩溶天坑经崩塌演变而来。

三道岩门包括6堵崖壁，每两堵相对的崖壁组成一道岩门。第一道岩门叫“东天门”，宽约80m，深约180m，两侧崖壁高约65m；第二道岩门叫“中天门”，宽约110m，两侧崖壁高约32m；第三道岩门

图 3-76 湄江观音崖

图 3-77 湄江三道岩门

叫“西天门”，宽约120m，两侧崖壁高约60m。第一、第二道岩门相距约95m，第二、第三道岩门相距约65m。

黄罗湾绝壁属于断层崖，位于湄江河谷右岸，崖壁长约3.5km，最大壁高376m，宛若巨大的长城屏障。崖壁上因层理、节理裂隙及受差异侵蚀作用和生物化学风化作用影响，出现深浅不一的色斑，形成许多变幻多姿的奇异画面，故又称“十里画壁”。

图 3-78 湄江黄罗湾绝壁

(2)秀水。公园内分布有众多的地下河、伏流、岩溶泉和岩溶湖，故岩溶泉水异常丰富，且水质清澈，为优良的饮用水源。勘测表明，公园内规模较大的地下河有4条，其中规模最大的莲花涌泉地下河，长约12.55km。公园内仅塞海湖周边出露的岩溶泉就有34处，其中岩溶大泉4处，其流量均在0.2m^3/s以上。塞海是著名的岩溶湖，自古以秀美著称，平水期湖面面积约15万m^2。莲花涌泉是特大型的岩溶上升泉，其出露于观音崖脚，出口处为一水潭，水面面积约2 400m^2。走近水潭，只见潭中5眼涌泉，从地底冒出，沸沸扬扬，似朵朵莲花，涌泉平均流量约2.13m^3/s(2012年4月笔者测量的数据)，历史最高流量约5m^3/s。

(3)奇洞。公园属国内罕见的溶洞密集区，目前已探明溶洞130多个，比较著名的有藏君洞、仙人洞、古神州、神农田等。

藏君洞是公园壮年期溶洞的典型代表。该洞发育于石炭系壶天群灰岩、白云质灰岩中，主要沿岩层层面发育，呈近南北向“之”字形延伸，已探明主洞长约4km，大部分洞段洞高2～5m，洞宽3～8m，局部洞段洞高10～20m，洞宽6～8m。该洞结构较为简单，大部分洞段为单层溶洞，局部为双层溶洞，但上下层溶洞已被流水蚀穿。洞内石钟乳、石笋、石柱等化学沉积物极为丰富，石锅、边槽、悬吊岩等溶蚀地貌也很发育，并有特殊的铁锰质沉积物，形成惟妙惟肖的天然壁画“西天取经图”。

图3-79 湄江天生桥

仙人洞是公园晚年期溶洞的典型代表。该洞发育于二叠系茅口组灰岩中，沿北东向断裂构造发育，主洞长约280m，宽11～32m，大部分洞段高8～15m，最高处34m，有2个支洞。洞内化学堆积物较少，仅见洞顶、洞壁上残留有部分石钟乳。主洞前部有地下岩溶湖，后部有一个天窗，尽头有一个落差达20m的瀑布，瀑布之上为一条深窄的峡谷，峡谷之上有2座天生桥，一座为单拱，高40m，跨度10m；一座为双拱，高50m，跨度40m(图3-79)。该两座天生桥视觉上扭曲连成一体，形似三拱“立交桥”。

(4)巧石。公园内的巧石，包括石牙、石林、岩溶石柱和石峰等。公园内石牙分布普遍，沟谷底部、山脚、山腰、山顶，均发育有各种形态的石牙。石林主要有两处：一处位于塞海东侧的半山腰上，以“百兽岭”为代表；一处位于仙女峰山麓，即仙麓石林。香炉山上发育有峰丛峰林地貌，这里的石峰、溶柱、石丘，基本上成群或分散分布在3条峰脊上。石峰相对高度大多在50～100m，石峰形态各异，有的似古城堡、烽火台、雄狮守寨，有的似石旗、石鼓、石钟，均成为一个个引人注目的景点，特别是“一石八景”(由3个高低错落的溶柱组成，从8个不同的角度可看成“慈母背子”“严母教子”等8种不同的景观)(图3-80)、“古炮台”(高约40m的倾斜石峰，顶部参差不齐，酷似古代的一架炮座)和“天弹待发”(高约5m，重约1.0×10^4kg的炮弹形巨石斜立于峭壁之顶)(图3-81)，令人称奇叫绝。

(5)幽峡。公园内岩溶峡谷共有10多条，包括不同发育形态的隙谷、嶂谷和峡谷等。香炉山上发育有2条隙谷，它们远远望去，好像一扇门，两条壕；走近一看，实际是由两条裂缝组成的隙谷，裂缝宽不到1m，深却达25m左右，一条横向往里，一条纵向往里，当地人称为“伏兵壕”。龙泉峡是公园内最长的岩溶峡谷，长约3.5km，根据其发育形态可划分为各具特色的4段：源头段(长约30m)为萌芽期形态的隙谷(图3-82)，好似顶部可见一线天光的一段洞穴；上游段(长约2km)为幼年期形态的嶂谷，谷宽2～5m，壁高约100m；中游段(长约1.5km)为壮年期形态的V型峡谷；下游段为老年期形态的宽谷。

图3-80 “慈母背子”(岩溶石柱)

图3-81 “天弹待发”(残余石丘)

图3-82 龙泉峡(源头段隙谷)

2. 攸县酒埠江岩溶地貌(国家级)

酒埠江岩溶地貌位于攸县中部，湘赣交界的罗霄山山脉中段西侧，面积约 193km^2，2005 年被国土资源部批准为国家地质公园。

公园属罗霄山山脉中段西侧的中低山区，海拔 200～1 000m。区内出露地层简单，主要为石炭系与二叠系，属滨海-浅海相碳酸盐岩类沉积，岩性为灰白—白色厚层、巨厚层灰岩、白云岩。该套地层厚度大，分布面积广，产状较平缓，垂直节理发育，有利于形成迂回曲折、多层结构的岩溶洞穴地貌。地质构造上，公园地处澧攸盆地之东、茶永盆地之北的北东向狭长褶皱带，其西侧和南侧均被断层切割。该褶皱带由一系列轴向为 20°～30°的褶皱、断层及少数北西向横断层构成，狮古塘背斜、天子山向斜和新漕泊断裂、老漕泊断裂、泉塘山-老漕断裂、杨滨断裂等是褶皱带内的主要构造，它们总体构成了一个向北倾伏的复式背斜，控制了公园地层的分布及岩溶地貌的发育与展布方向。如新漕泊断裂控制了禹王洞-白龙洞、七里峡-桃源谷以及仙人洞-太阳山等地岩溶地貌的展布。

公园岩溶地貌形态多样，主要有溶丘、峰丛、洼地、漏斗、天坑、峡谷、天生桥、溶洞、地下河等。

溶洞是公园内最为引人注目的景观。在长 48km、宽 6km 的狭长地带内共发现有 156 个溶洞，较为著名的有白龙洞、海棠洞、禹王洞、仙人洞、皮新洞等，洞内景观极为丰富。溶洞深处，分布着众多地下河流，把多个溶洞连成一体，形成错综复杂的洞穴系统。有的地下河或溶洞顶部部分崩塌陷落，则形成了公园内的天坑。

白龙洞洞长 7km，3 层结构，上、中层为旱洞，下层为水洞，内藏 18 个大厅。洞内石钟乳、石笋、石柱、鹅管、石瀑、石幔、石旗、月奶石、石花、石珊瑚、石葡萄、石田、边石坝等化学沉积物应有尽有，琳琅满目，美不胜收，尤以帷幕状的洞顶和洞壁沉积物最为发育。洞顶有一条碳酸钙白色条带，酷似白龙，由富含碳酸钙的岩溶水沿洞顶裂隙流淌蒸发凝固而成，为洞中特色景观之一，白龙洞因此而得名。

海棠洞-禹王洞是由同一条地下河贯穿的洞穴系统，全长约 11km，其中旱洞长约 3km，水洞长约 8km。上下分 4 层，1 层水洞，3 层旱洞，垂直高差 170m。洞穴系统复杂，洞体宏伟，支洞发育，沉积物丰富，钟乳石景观分布有密有疏，有大有小，似人似物，千姿百态，观赏性极高。海棠洞-禹王洞沿途地表有 8 个天坑、4 个竖井。其中，最大的天坑为大湖里天坑，长 250m，宽 130m，深近 100m，坑壁陡峭，坑体深邃，空间浩大，坑内树木参天，鸟雀低旋，古藤盘缠，阴森幽险，极具探险及科考价值。

峡谷和天生桥是公园地表岩溶地貌中引人注目的景观(图 3－83、图 3－84)。峡谷有七里峡、桃源峡、太阳山峡、姊妹谷、天蓬岩峡等，以七里峡最具特色。

七里峡因七里江流经其间而得名，峡谷长约 4km，深 50～150m，谷底宽 5～10m。峡谷内终年水流不绝，或飞流奔泻，或悠然潺缓。峡谷壁陡林密，浓荫蔽日，险峻幽深，天然美景，目不暇接，其中最为壮观的，乃是横跨在峡谷上的天生桥，桥长 20m，高 50m，宽 0.5～1.5m，桥面最薄处只有 2m，桥身雄奇伟岸，桥下流水潺潺，天造地设，鬼斧神工，奇险无比。经实地考察，初步认为，七里峡原是沿新漕泊断裂发育的地下溶洞，七里江则是流经其中的地下河，在地表水和地下水沿构造裂隙对碳酸盐岩长期进行溶蚀、侵蚀以及重力崩塌作用下，洞顶岩块逐步崩落。加上地壳间歇性抬升，地下河流向下侵蚀、溶蚀以及洞顶重力崩塌加剧，经过漫长地质年代，洞顶岩块崩落殆尽，溶洞出露成为峡谷，地下河出露成为七里江，而残留下的那段坚硬的顶板就成了气势恢宏的天生桥。

(三)湘南型综合岩溶地貌

1. 宁远-道县-江永峰林型岩溶地貌

宁远—道县—江永一带地处湘西南南岭山脉中北段，地貌结构特征表现为四周高中间低，潇水、

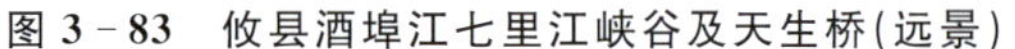

图 3－83　攸县酒埠江七里江峡谷及天生桥(远景)

图 3－84　攸县酒埠江天生桥(近景)

灌江等构成东、西大小不等的盆地辐聚式水系，周围山地最高峰为都庞岭的韭菜岭(海拔 2 009.3m)、紫金山的九狮岭(1 299m)和九嶷山的癞子岭(1 834.6m)，分别构成区内东、西部的分水岭。海拔 1 000m 以下的山体大都是泥盆系的碳酸盐岩地层，最大厚度 1 600m，发育多种岩溶地貌。岩溶地貌格局表现为北东向山地与山间盆地、谷地相间排列，依次为岩溶中—低山、丘峰或峰丛-洼地、峰林-洼地或谷地、溶盆，以及中部的岩溶平原，垂向分带明显，水平分布为丘峰与峰林石山镶嵌排列，呈南北过渡的特征。

湘南峰林型岩溶地貌根据峰林比高和峰、洼面积比值的差别可分为两类：一类是古热带残留峰林，另一类是承继古热带峰林发育的热带型峰林。

(1)古热带残留峰林：零散分布在道县的寿雁、牛路口、上螺海、下螺海，宁远的仁和圩和东安、蓝山、嘉禾、临武等地(图 3－85)。这种峰林原是古近纪时形成的古热带峰林，后因地壳抬升，气候转变，古峰林受到破坏，逐渐向亚热带岩溶丘陵方向发展，成为残留峰林。峰林高出“老洼地面”仅 20～30m，比高在 100m 以下，洼、峰面积比值大于 1，一般 2～5。这种峰林通常分布于河谷或边缘盆地附近，其演化的区域性条件：一是发育于宽缓向斜的翼部(或倾覆端)和背斜翼部，岩层倾角大，容易破坏成“老人峰”；二是挽近期构造运动相对稳定，古热带峰林趋向稀疏峰林发育；三是在均匀状纯碳酸盐岩层组之下，埋藏较浅的隔水底板下，充分发育了短小的暗河系，岩溶潭、泉和脚洞层；四是峰下 2～5m 具有统一的地下水面，水动力平衡稳定，现代洼地面已接近地下水面，峰体再向深处发育受到限制。因此，残留峰林有向孤峰发展的趋势。寿雁、乐福堂等地更为显著，大部峰体成为低矮单斜式的残留峰林，麓坡基岩裸露、破坏形迹彰然。

(2)承继古热带峰林发育的热带型峰林：分布于道县清塘、江永夏层铺、宁远冷水铺—下灌—九嶷山等地(图 3－86)。该类峰林在现代亚热带气候和区域条件下，外营力过程以溶蚀作用占优势，峰林

图 3-85　道县寿雁古热带残留峰林景观

拔地而起，锥形轮廓清晰，大多保存古地形或承继古地形（古热带峰林）而发展，具有现代热带岩溶地形的特征，洼、峰面积比值小于1，比高大于100m，分布趋向均匀。热带型峰林承继发育的区域性条件：①地貌发育部位高于残留峰林，地势较高；②隔水底板埋藏较深，地下水位埋深在8～10m或10多米；③均匀状碳酸盐岩产状平缓，锥状石山不易受破坏；④挽近期构造运动较不稳定，水循环和水力平衡条件能使脚洞、伏流、漏斗、洼地等负地形向深处发展。

图 3-86　宁远冷水铺-下灌热带型峰林景观

2. 道县月岩岩溶地貌(国家级)

月岩位于道县清塘镇,东距道江镇(县城)20km,属道县八景之一。月岩所在地区属岩溶地貌,山峦叠嶂,石峰林立,属热带型峰林地貌。从成因上来说,月岩原是一个穿山溶洞,一条东西流向的伏流流经其间,后因洞顶塌陷,地壳抬升,伏流改向,于是成了具有东、中、西 3 个洞口的穿洞(图 3-87)。东洞长 28m,宽 29m,高 40m(图 3-88);西洞长 180m,宽 166m,洞壁上残留少量的钟乳石(图 3-89);中洞长 85m,宽 72m,高 90m,洞顶为天窗,日光直射洞内,酷似月亮。且"月亮"的形状随着游人的步伐变化而变化:自东边看像上弦月,自西边看像下弦月,从天窗底下看,又宛如满月悬空(图 3-90、图 3-91)。"月岩"由此得名。

图 3-87 道县月岩远眺景观

图 3-88 月岩东洞口

图 3-89 月岩西洞口

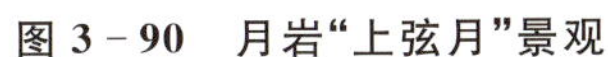

图3-90　月岩“上弦月”景观

图3-91　月岩“满月”景观

三、重要岩溶洞穴例举

1. 武陵源黄龙洞(国家级)

黄龙洞位于武陵源区索溪峪镇境内,洞穴发育于二叠系白云质灰岩中,总长度30km以上(已探明长度11km),属全球超长溶洞之一。全洞由5层上下贯通的洞穴组成,是规模宏大、错枝盘根的地下迷宫。洞内有1个地下湖、2条暗河、3处瀑布、4个水潭、13个洞穴大厅和96条洞穴走廊,形成了错综复杂的“洞中水”“水中洞”“洞中山”“山中洞”结构。洞中最宽处200余米,最高处51m。有5个结环式厅堂,层层相叠,总面积5万m^2(图3-92)。其中的龙宫(约15 000m^2),宽敞如穹隆广厦,立有1 700多根石柱,形同一片茂密的地下石林(图3-93)。洞中地下河,长2 000余米,最宽处50m,最深

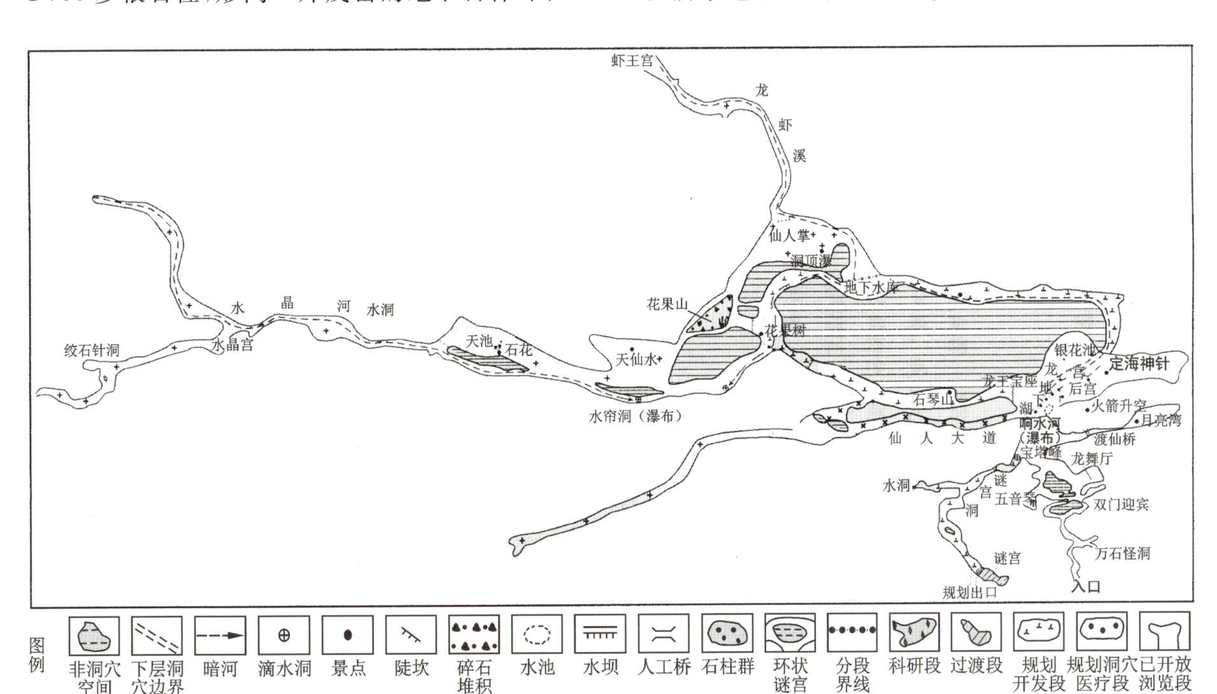

图3-92　武陵源黄龙洞洞穴平面分布示意图

处 30m(图 3－94)。洞中形成有天仙水大瀑布,飞泻悬空 60m。洞中窟穴、边槽、悬吊岩及次生化学堆积物十分发育,有石钟乳、石笋、石柱、石幔、石旗、石帘、石梯田、石枝、鹅管、云盆(莲花盆)、穴珠等。其中“定海神针”(石笋),高 19.2m,两端粗,中间细,平均直径约 0.4m,最细处约 0.1m,为世界著名景观。还有“石金花”“石华表”等为国内罕见。可以说,黄龙洞几乎包含了碳酸盐岩洞穴的全部内容,是我国目前钟乳石类最齐全、造型最为奇特的岩溶洞穴之一,号称“中华最佳洞府”。黄龙洞的多层结构反映了湘西北地区自新近纪喜马拉雅运动以来地壳间歇性抬升的特征,具有重要的科学研究价值。

图 3－93　武陵源黄龙洞龙宫一角

图 3－94　武陵源黄龙洞地下河

2. 桑植九天洞(国家级)

九天洞位于桑植县南部的利福塔乡境内,因有 9 个天窗与地面相通而得名。该洞发育于三叠系白云质灰岩中,总面积约 250 万 m^2,比号称“世界第一洞”的利川溶洞大 3 倍,比南斯拉夫的波斯托依的大溶洞、美国的巴哈马大溶洞、古巴的贝拉雅马尔大溶洞等世界著名的溶洞都要大许多。经国际溶洞协会 17 个国家 20 多位专家 3 次实地考察、探险,认定为“亚洲第一洞”“国际溶洞会会员”“国际溶洞协会探险基地”。全洞分上、中、下 3 层,最底层低于地表 420m。有 3 条地下河、12 条瀑布、15 个深潭、2 口深井、5 座自生桥、6 块石梯田、3 个地下河湖、5 个水池、10 余座洞中山、36 个大厅。洞内石笋、石柱林立,石帘、石幔遍布,堆珍叠玉,千姿百态(图 3－95、图 3－96)。

图 3－95　桑植九天洞钟乳石类沉积物

图 3－96　桑植九天洞地下河

3. 龙山飞虎洞(国家级)

飞虎洞位于龙山县西部的桂塘镇境内，主要发育于奥陶系碳酸盐岩地层中。飞虎洞是我国十大最长溶洞之一，洞长至今未探明(已探明20km)。因飞虎洞一洞连三省，从湖南飞虎洞口，直通湖北的卯洞和磨刀溪，与重庆的大溪口相连。洞内支洞发育，迂回曲折，险象横生。已探明的20km内，有20多个支洞(图3-97)。洞内有众多的大厅，洞口大厅面积达3 500m²，中部有一个更大的厅，据科考队测量，面积达3万m²，高度340m；如此大的岩溶洞厅，在国内外非常罕见(图3-98、图3-99)。该洞为"4层楼"式结构，每层之间高差80m左右。洞内钟乳石类沉积物较发育，有石笋、石幔、石瀑、石柱、石花等，有的呈黑色油漆光泽，有的洁白晶莹，它们交相辉映构成特殊的地下景观；特别是由淤泥形成的众多树林般的"泥林"景观，更为其他洞穴所少见。

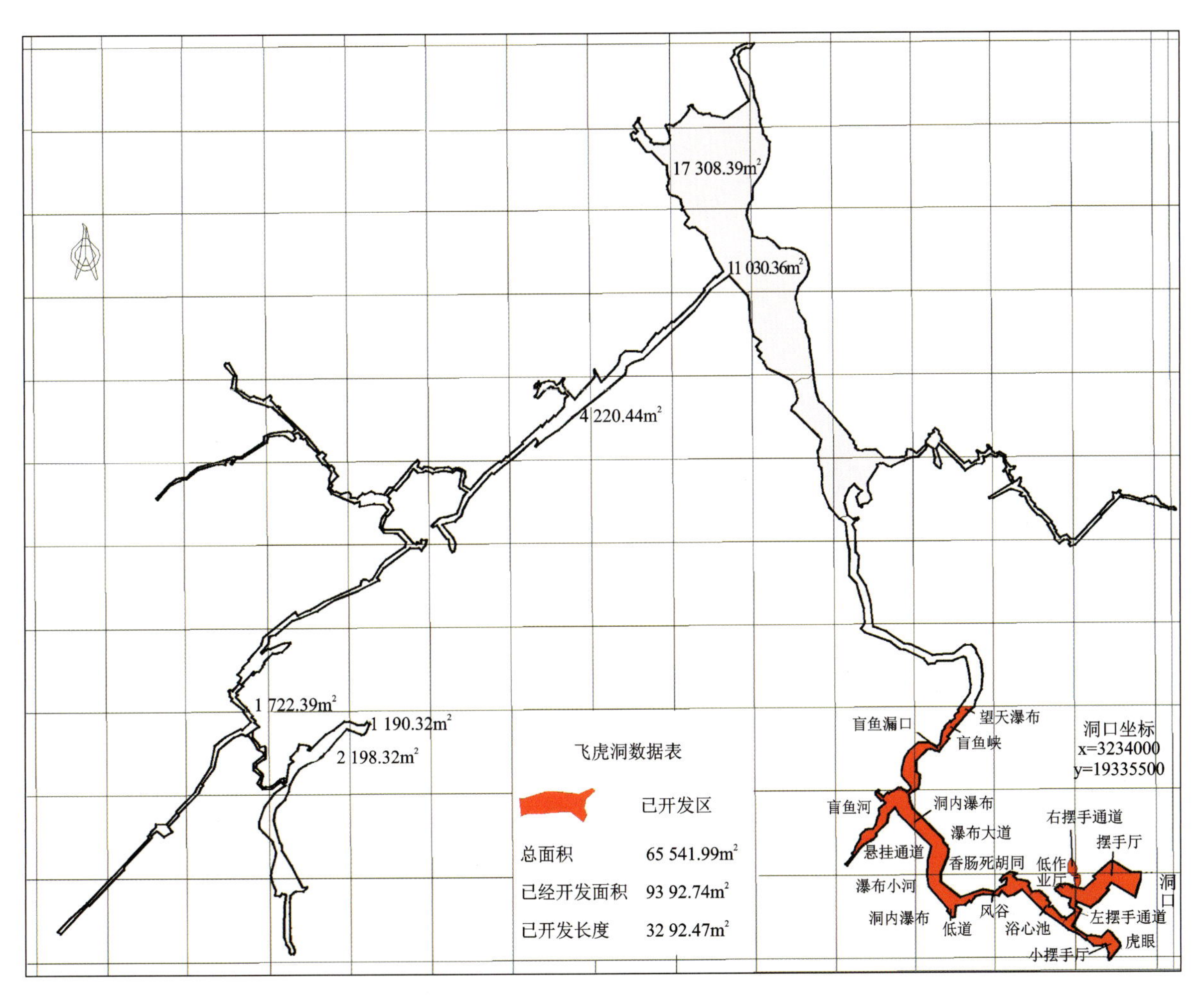

图3-97　龙山飞虎洞洞穴平面图

(据1993年湘西洞穴考察及1995年中法联合洞穴考察资料整理)

4. 新化梅山龙宫(国家级)

梅山龙宫位于新化县油溪镇高桥村，发育于中石炭统的中厚层状灰岩与白云质灰岩中，已探明长度有2 876m。该洞系地表河桃溪下游段的伏流型洞穴，属"峡谷式层楼"洞穴系统，水平成层性极为显著，约可分为5个层次(图3-100)。顶层(第五层)以"梅山风情"景区为代表，是地下河峡谷的最高

图 3-98 龙山飞虎洞洞口

图 3-99 龙山飞虎洞洞口大厅

层，该层洞底高出水面 39m；第四层以“天宫仙苑”景区为代表；第三层以“玉皇天宫”大厅为代表；第二层以“天宫后花园”景区为代表；底层（第一层）为现代地下河水道。

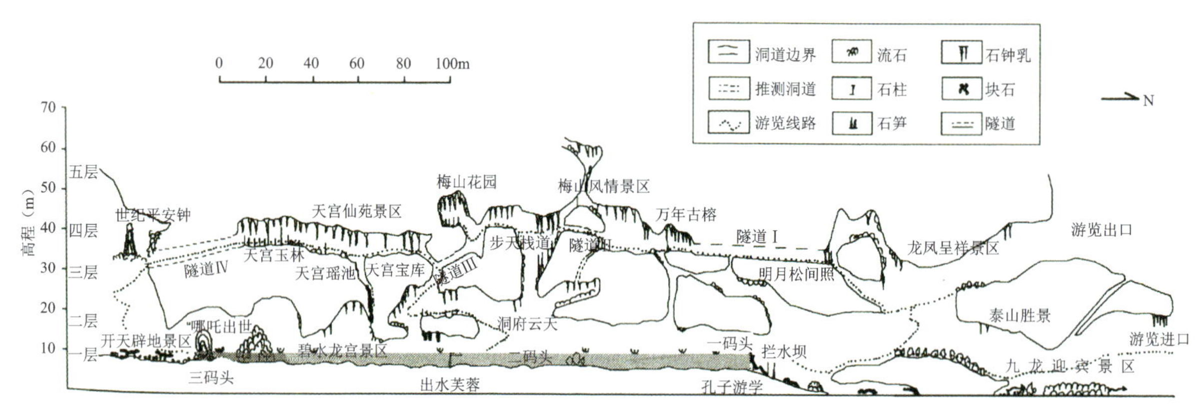

图 3-100 新化梅山龙宫出口段洞穴结构纵剖面图（据朱学稳等，2008）

梅山龙宫的洞穴堆积物主要有 3 类：崩塌堆积、冲积层及钟乳石类沉积物。崩塌堆积物主要为松散的源自洞顶的坠落块石与峦石。冲积物可分为现代河床中的粗砂砾石堆积和多层洞穴中残留的砂砾层堆积，后者在“天宫仙苑”景区分布广泛，几乎遍布该区平坦的洞底。该洞的钟乳石类沉积物十分丰富，特别是滴石类和流石类，分布广，密度大；此外池水沉积、非重力水沉积和叠置沉积也有典型的表现。滴石类有石钟乳、石笋、石柱等，其中悬垂在高差达 40m 的地下峡谷最高洞顶上的石钟乳群，非常壮观，其长度多在 4～5m 之上，而且个体硕大。流石类有石瀑、石幕、石旗和一般的石幔，池水沉积主要是方解石晶花、水下石葡萄和边石；非重力水沉积主要是洞壁皮壳、石珊瑚、卷曲石和雾凇，以皮壳、石珊瑚分布最广。

梅山龙宫自开发以来因景观规模大、分布集中、造型奇特而吸引了无数的游客，人们把洞内景观之精华概括为五大奇观，分别为“峡谷云天”“哪吒出海”“玉皇天宫”“天宫仙苑”“远古河床”。在全国已开发上档次的洞穴评比中，全国溶洞专家一致认为：梅山龙宫的自然景观在全国著名溶洞中首屈一指。国家旅游局卢存岳教授称梅山龙宫是“亚洲最美丽的地质博物馆”（图 3-101、图 3-102）。

5. 冷水江波月洞（国家级）

波月洞位于冷水江市禾青镇，由波月、清泉、长纱三洞组成，全长 2 500m，已开发长度 1 800 余米。

图 3-101　新化梅山龙宫碧水莲宫(钟乳石及水中倒影)

图 3-102　新化梅山龙宫钟乳石类景观

溶洞发育在石炭系大埔组白云质灰岩中，有上、中、下 3 层，各层相互联通，洞中有洞，曲径通幽。洞形以厅堂型为主，共有 27 个大厅。洞内沉积物基本上分渗滴水沉积、片状流水沉积和毛细水作用沉积(图 3-103、图 3-104)。洞内边石坝曾为世界第三，其中一处边石坝高(内高)1.98m；鹅管长度曾为世界第二，鹅管面积分布之密集、数量之多，世所罕见，其中曾有最长的一根鹅管长达 2m，现被桂林岩溶博物馆作标本收藏；网络状石槽曾为世界之最，石槽最深处达 1.6m。洞中钟乳石类沉积物类型多样，形态奇特，被中外岩溶专家誉为“世界岩溶博物馆”和“天然的地下艺术宫殿”。因洞内景观丰富，1983 年 4 月，中央电视台《西游记》剧组在洞内拍摄了《猴王初问世》和《三打白骨精》剧情片段。因波月洞开发较早，保护措施不力，部分景观已失去了往日的光华。

图 3-103　冷水江波月洞丰富多样的沉积物

图 3-104　冷水江波月洞规模巨大的石帘

6. 凤凰奇梁洞(国家级)

奇梁洞位于凤凰县城北 4km 的 209 国道旁，发育于寒武系敖溪组泥质条带灰岩中，洞长 6 000 余米，共分 3 层(图 3-105)。第一层以别具一格的地下河、天下罕见的“雨洗新荷”“海底世界”等景点为特色。奇梁洞地下河，从前洞流进，从后洞流出，全长 6 000 余米，其中有 500m 河段水深不到 5m，水面平静，水质清澈，洞顶千姿百态的倒挂石芽、倒挂石林、石钟乳等倒映水中，好似海洋中的海岭、海沟、洋脊等海底地形，故形成一个奇特美丽的“海底世界”(图 3-106)。而“雨洗新荷”，乃是一个巨形的石钟乳，长5.6m，最大直径约2.5m，形似一朵含苞欲放的倒挂荷花，在含有丰富碳酸钙的地下水滋润下慢慢地舒展伸长（图3-107）。第二层以洞厅高大（高73m）为特色。第三层以古河道以及密集、壮观、形状怪异的石钟乳、石笋为最大特色，该层洞穴堆积物达15种以上，特别是以古河道冲积砂砾为沉淀核心而形成的葡萄状石钟乳、石笋、石幔等，为其他溶洞所罕见。总之，该洞以“奇、秀、阔、幽”四大特色著称，它集奇岩巧石、流泉飞瀑于一洞，石钟乳、石笋、石柱、石华、石幔、石帘、石刀、石珊瑚、石葡萄、石瀑、石潭、石球、边石坝、鹅管等洞内堆积物应有尽有，千姿百态，构成了一幅幅无比瑰丽的画卷。自1986年开放以来，已吸引了许许多多的国内外游客，人们赞颂它为“奇梁归来不看洞”，世界著名地质学家B·D埃德曼考察奇梁洞后有感而发：“这是世界上罕见的最美的溶洞，应该好好地保护起来。”

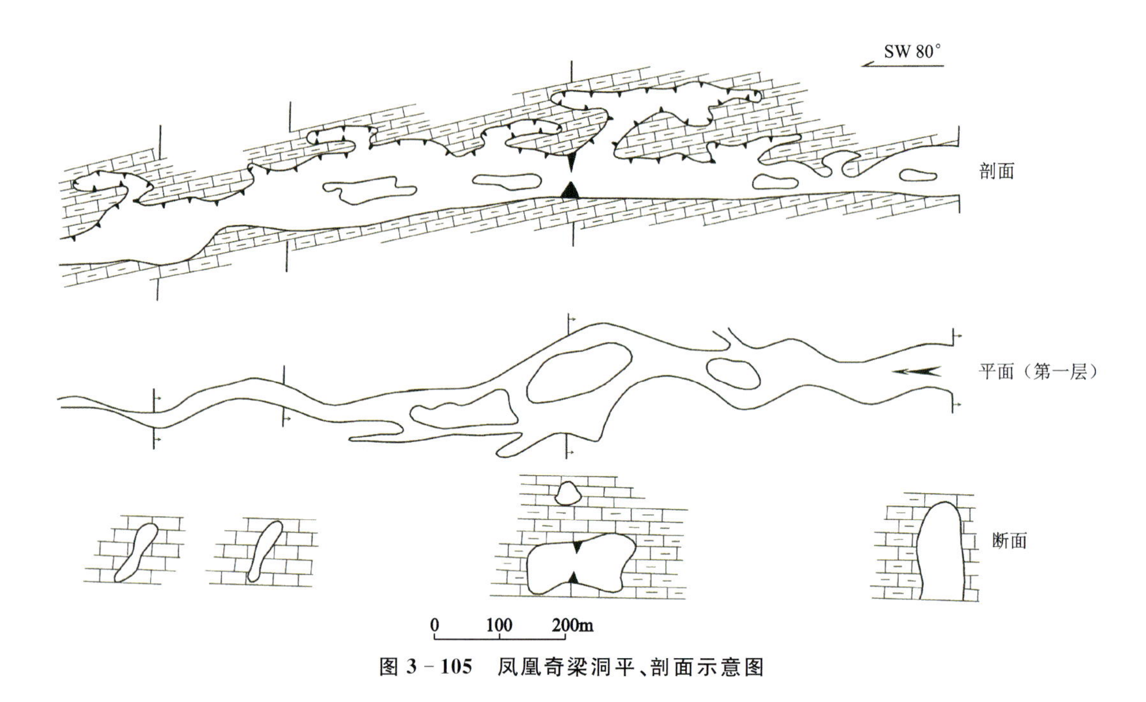

图3-105 凤凰奇梁洞平、剖面示意图

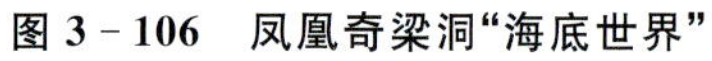
图3-106 凤凰奇梁洞“海底世界”

图3-107 凤凰奇梁洞“雨洗新荷”

7. 新邵白龙洞（白水神宫）（国家级）

白龙洞（白水神宫）位于新邵县严塘镇。该洞发育于泥盆系棋梓桥组灰岩中，沿断裂带西侧北东向构造裂隙及层间裂隙发育，长度约500m，面积约4 000m^2，属于中小型、结构简单（双层）的壮年期溶洞。洞内化学沉积物共有4种类型,10多种形态,其中滴水沉积物有石钟乳、石笋、石柱、石球、鹅管等,流水沉积物有石幔、石帘、石瀑、石梯田等,渗流水沉积物和飞溅水沉积物有石花、石葡萄等。由于滴水或溅水条件的差异或发生变化,形成了千姿百态、造型奇异的钟乳石类化学沉积物,造就了一幅幅绚丽多彩的天然画卷。其中,"群龙擎天柱"是一规模巨大的石柱,高28.8m,围径16.9m,形态奇异;"海底龙宫"是一气势恢弘、壮观的石钟乳大厅,洞顶密密麻麻的石钟乳清清楚楚地倒映在地下湖中,其规模之大、景象之美,为国内所少见(图3-108);"钟乳石钩"和"天下第一帘"均为特殊滴水、流水条件下形成的石钟乳、石帘奇观,更为罕见(图3-109)。除此以外,洞内还有悬吊岩、边槽等溶蚀地貌以及大量古河道机械沉积物,均具有较高的科研价值。

图3-108　新邵白龙洞石钟乳大厅

图3-109　新邵白龙洞"天下第一帘"

8. 郴州万华岩(国家级)

万华岩位于郴州市北湖区境内,主要发育于下石炭统灰岩中。万华岩属规模庞大的现代地下河洞穴系统,由长约2 245m的主通道和长度大于5km的支通道,以及连接它们的负地形,如地面进水洞、竖井、落水洞、天窗和洼地等组成的洞穴系统。其中主通道规模大,一般宽5～20m,最宽70m;一般高10～20m,最高处大于30m,洞底河床一般宽3～5m,洞内遍布大型花岗岩砾石;支通道一般宽3～6m,高5～10m,其剖面形态以峡谷形和锁孔形为主。主通道内共有13处各具特色的大厅,最大可容纳数千人。洞内化学堆积物类型多种多样,石钟乳、石笋、石柱、石幔、石帘、石梯田密布,形态各异,气象万千(图3-110)。洞中的"水下晶锥"(图3-111),是由滴水在水下沉积而成,仅在美国和中国万华岩各发现1处,其稀有性与珍贵性无与伦比。还有"石蛋生笋",是在溶洞中出现的花岗岩大砾石(石蛋),在其砾石上生长长1m多的石笋,称之为"石蛋生笋",属世界首次出现的奇珍异宝。1998年3月美国洞穴考察队鉴定万华岩可与世界上任何一个最壮丽的溶洞媲美;2000年万华岩被吸收为中国风景溶洞协会成员;2002年万华岩加入国际风景溶洞协会(ISCA)组织,成为国际风景溶洞协会会员单位。

9. 江华秦岩(国家级)

秦岩位于江华县白芒营镇秦岩村,相传为秦始皇开疆屯兵之遗址。该洞发育于泥盆系锡矿山组灰岩中,洞长3.3km。分为两段,一段干洞,一段水洞,水洞可乘船游览。干洞洞体宽大,进口即可见到宽约80m、高约24m的洞厅,尽头可见到一个天窗和一条水流从天窗流下的瀑布(图3-112)。洞内化学沉积物较为发育,以边石坝和石梯田发育最好,洞底长约80m、宽60余米的范围内全为边石坝和石梯田,堪称一绝(图3-113)。只见那一层一层的"梯田",错落有致,"田埂"弯弯曲曲,"田块"大小

图 3-110　郴州万华岩洞顶石钟乳和洞底地下河

图 3-111　郴州万华岩"水下晶锥"

不一,"田水"一如平镜。潺潺流水,自上而下,沿着层层"梯田"洒下,在"田埂"上挂起道道水帘,让人目不暇接,眼花缭乱。

图 3-112　江华秦岩天窗与瀑布

图 3-113　江华秦岩石梯田

10. 其他代表性溶洞

湖南省其他代表性溶洞还有:龙山惹迷洞、慈利龙王洞、永顺兰花洞、安化龙泉洞、涓江藏君洞、攸县白龙洞、城步白云岩、新宁八音岩、玉女岩、宁远紫霞岩、东安舜皇岩和资兴兜率岩等,择取几例简介如下。

（1）龙山惹迷洞（国家级）：位于龙山县拉卡吾山腰，发育于寒武系碳酸盐岩中。洞口开阔，洞厅宽广，化学堆积物极为丰富，类型众多，粗大的石钟乳、石笋与石柱十分壮观，纤纤精细的石花、石笋与石钟乳玲珑别致，密集的钟乳石及其水中倒影水天一色，令人流连忘返（图 3-114）。此外，洞内还有罕见的溶洞“天坑”和大面积分布的珊瑚状石花。

图 3-114 龙山惹迷洞密集的钟乳石及其水中倒影景观

（2）慈利龙王洞（国家级）：位于慈利县江垭镇岩板田村，发育于下三叠统大冶组—嘉陵江组灰岩中，已开发长度 3.5km。该洞为“4 层楼”式结构，洞中支洞多，洞中有洞，洞洞相通，并发育有众多高大的洞厅。洞内次生化学沉积物发育，类型众多，以粗大石柱、石笋、大型石幔、大面积石钟乳洞厅为特色（图 3-115）。

（3）永顺兰花洞（国家级）：位于永顺县芙蓉镇保坪村，发育于下奥陶统红花园组灰岩中，洞内石钟乳、石笋、石柱等化学沉积物丰富，特别是洞口段，景观异常丰富，洞口前为长径约 150m、短径约 50m 的天坑，进洞约 50m 有一天窗，有地表水从天窗跌落洞内，形成落差达 40m 的瀑布，瀑布底下为水潭，天窗与天坑之间则形成天生桥。天窗、天坑、天生桥与瀑布、水潭连成一体，组合美妙（图 3-116）。

（4）安化龙泉洞（国家级）：位于安化县马路镇。洞内钟乳石琳琅满目，景观独特，尤以一般溶洞难以见到的“倒挂金钩”（弯钩状的石钟乳）、细长鹅管（最长的一根长 2.08m，堪称“世界第一长”）、放射状石钟乳以及珊瑚状石花、石针为最大特色（图 3-117）。篆刻于龙泉洞口的对联“洞中有洞洞连洞洞洞百态，景上有景景胜景景景千姿”，淋漓尽致地表述了溶洞中的美丽景色。

图 3 - 115　慈利龙王洞密集的钟乳石及粗大的石笋景观

图 3 - 116　永顺兰花洞洞口段景观

图 3 - 117　安化龙泉洞鹅管

第六节 重要丹霞地貌

一、丹霞地貌特征概述

丹霞地貌在国外称为红层地貌。20 世纪 30 年代，我国地质学家、中国科学院院士陈国达教授以广东丹霞山为名，将以丹霞山为代表的红色陆相碎屑岩地貌定名为丹霞地貌。据初步统计，我国共有丹霞地貌上千处。根据丹霞地貌形态特征、气候、植被等方面的差异，我国丹霞地貌划分为三大区：东南区、西北区、西南区，其中，东南区是丹霞地貌数量最多、地貌形态最丰富的区域，湖南省丹霞地貌均属于东南区。

目前，湖南省内共发现丹霞地貌 30 多处，它们均分布在白垩纪红层盆地中，因此白垩纪红层是湖南丹霞地貌形成的物质基础。湖南省白垩纪红层均属陆相沉积，分布面积约占全省总面积的 1/4，且多以盆地形式展布，如衡阳盆地、沅麻盆地、常桃盆地、茶永盆地、株洲盆地、湘潭盆地、长平盆地、醴攸盆地、溆浦盆地、通道盆地、资新盆地、坪石盆地等，但并不是所有红层盆地中都发育有丹霞地貌（图 3－118）。

湖南省发育较好且规模较大的丹霞地貌主要分布于湘西南的资新盆地、通道盆地和湘东南的茶永盆地，这些盆地多呈北东—北北东向带状展布。纵观湖南丹霞地貌分布规律，可以发现，湖南丹霞地貌发育强度为南强北弱，东西强中间弱，大体上呈马蹄形，与湖南省地形轮廓特征基本上一致。

虽然湖南丹霞地貌物质基础均为白垩系红色碎屑岩，但不同丹霞地貌集中区物质成分存在较大的差异。根据物质成分的差异，湖南丹霞地貌分为四大类：①杂砂砾岩类丹霞地貌。该类丹霞地貌最为普遍，物质成分较为混杂，砾石颗粒较为粗大，以崀山、万佛山为典型代表。②灰质砾岩类丹霞地貌。该类丹霞地貌物质成分中含有大量的灰岩砾石，溶蚀现象显著，以崀山（局部）为典型代表。③砂岩类丹霞地貌。该类丹霞地貌物质成分较为单纯，以砂岩为主，以飞天山为典型代表。④花岗质砂砾岩类丹霞地貌。该类丹霞地貌物质成分以花岗岩物源为主，石英含量高，胶结物硅质成分高，以石牛寨为典型代表。不同地区丹霞地貌物质成分等方面的差异，导致不同地区丹霞地貌各有特色。

湖南丹霞地貌形态类型多样，景观造型丰富。根据形态特征，湖南丹霞地貌分为正地貌、负地貌两类；其中，正地貌包括丹霞崖壁、石寨、石墙、石柱、石峰、崩积岩块等，负地貌包括线谷、巷谷、峡谷、丹霞洞穴等，几乎国内所有丹霞地貌景观类型，湖南均有发育。不仅如此，湖南很多丹霞地貌单体规模异常巨大，或为国内外少见，如新宁崀山的“天下第一巷”（一线天）、“亚洲第一桥”（汤家坝天生桥），通道万佛山的三十六湾峰丛峰林、郴州飞天山的“天下第一门”（穿坦）、永兴便江的“天下第一缝”（一线天）、石牛寨的“十里绝壁”，等等。此外，湖南还是全国丹霞造型景点最丰富的省份之一，单是崀山就有造型景点 100 多处。

湖南省 2011—2013 年开展的地质遗迹调查共查明全省重要丹霞地貌 23 处（附表）。其中，武陵山区 2 处，雪峰山区 7 处，南岭山区 1 处，罗霄山区 12 处，湘中丘陵区 1 处。

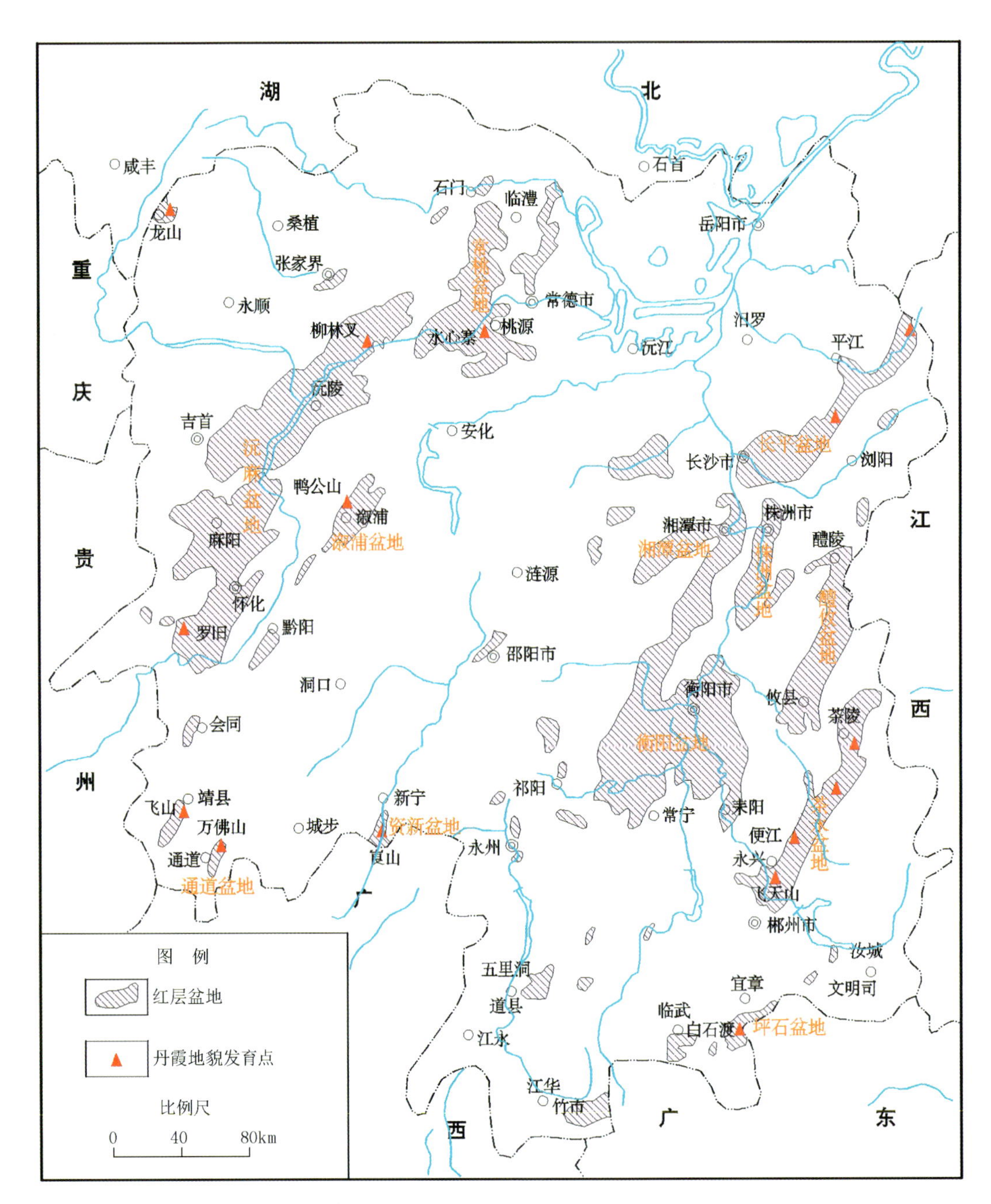

图 3-118 湖南白垩系红层及丹霞地貌分布图

二、重要丹霞地貌例举

1. 新宁崀山丹霞地貌(世界级)

崀山位于湖南省西南部的新宁县，地处南岭山区越城岭西侧的资新盆地，面积 108km^2，2001 年被国土资源部批准为国家地质公园，2010 年被批准列入世界自然遗产名录。崀山所在资新盆地是一个由白垩系红层构成的断陷盆地，盆地内地势南高北低，海拔最高 831.8m，最低 302.2m，断裂构造及地层产状控制下的单斜构造十分明显，资源-新宁大断裂控制了整个盆地的展布，崀山丹霞地貌的发育亦与之有着密切的关系。

崀山是中国面积最大的丹霞地貌区之一，这里丹霞地貌类型丰富，发育阶段完整，以壮年期丹霞地貌为主，辅以青年期和老年期丹霞地貌；有块状、墙状、线状、柱状、拱状、楔状、螺状等多种结构类型；有石寨（方山）、崖壁、石墙、石柱、石峰、单面山、孤峰、崩积巨石等多种正地貌和一线天、巷谷、峡谷、崖壁洞穴和天生桥等多种负地貌。在崀山，中国东南部丹霞地貌所有景观类型均有分布。

崀山是世界壮年期密集峰丛峰林型丹霞地貌的典型代表，如八角寨拔地而起的奇峰异石，气势磅礴，恢宏壮观，它们在云海峡谷中似千龙游动，万马奔腾，其巨浪排空之势又酷似万条巨鲸飞腾戏耍，这一被人们称为"鲸鱼闹海"的崀山绝景（图 3－119），曾被中国科学院院士、丹霞地貌学术创始人陈国达教授誉为"丹霞之魂、国之瑰宝"。崀山共有象形景点 100 多处，是国内外象形景点分布最集中的丹霞地貌区之一，最为著名的有崀山"六绝"中的"鲸鱼闹海"、辣椒峰、将军石、骆驼峰（图 3－120、图 3－121）。此外，崀山丹霞地貌形态规模巨大，"天下第一巷"之长（长 239m，图 3－122）、汤家坝天生桥跨度之大（跨度 64m，曾被称为"亚洲第一桥"）、蜡烛峰之峭（峰高 199m）、八角寨龙头香之险（从绝壁前伸 50 余米，图 3－123）等，均为天下罕见。

图 3－119　崀山"鲸鱼闹海"（丹霞峰林地貌）

崀山丹霞地貌还有一个特色，即丹霞喀斯特地貌。因崀山丹霞地貌的物质基础——白垩系红色砂砾岩底部，含有大量灰岩砾石及较多碳酸钙胶结物，故崀山红色砂砾岩中形成较多的溶洞、溶积地貌及地下河，并产生规模颇大的漏斗、洼地等地貌，甚至形成巷谷或深窄一线天式的漏斗。众多专家认为，这种特殊的丹霞喀斯特地貌，具有重要的科研价值（图 3－124）。

2. 通道万佛山丹霞地貌（国家级）

万佛山位于湖南省西南部的通道县，地处南岭西段北侧的万佛山盆地，面积 73km^2，2013 年被国土资源部批准为国家地质公园。万佛山盆地是一个北北东向、长近 40km、平均宽 2.6km 的线状盆地，盆地内地形以低山为主，石峰耸立，溪沟纵横交错，峡谷深切。盆地出露地层为早白垩世红色砾岩、砂砾岩，其不整合覆盖在青白口系、震旦系等老地层之上。盆地受中团深大断裂（通道-安化深大断裂南段一部分）的控制，该断裂后期产生的断裂、节理和裂隙，对万佛山丹霞地貌的形成，起着重要的控制作用。

图 3 - 120 崀山辣椒峰

图 3 - 121 崀山骆驼峰和蜡烛峰

图 3 - 122 “天下第一巷”

图 3 - 123 崀山八角寨及龙头香(绝壁前缘突出 50 余米的尖端)

万佛山丹霞地貌类型多样,景观丰富,主要分为丹霞群山、丹崖赤壁、峡谷地貌及丹霞洞穴等。丹霞群山包括雄伟壮观的石寨、造型各异的石柱、拔地而起直插云霄的石峰与峰丛峰林。独岩峰是典型的丹霞石寨(石堡),峰顶平缓,面积约 300m^2,海拔 606.6m,相对高度 207m(图 3 - 125);螺狮峰、海螺峰是典型的螺状石峰;将军山峰林、三十六湾峰林则是典型的峰丛峰林地带(图 3 - 126、图 3 - 127)。这里有大面积的锥状、柱状、宝塔状峰丛峰林,特别是尖锥状峰丛峰林最为突出,是我国壮年早期尖锥状密集峰丛峰林型丹霞地貌的典型代表,如三十六湾有长达 5km、由 60 余座尖锥状丹峰组成的连绵起伏的丹霞峰丛峰林带,其形态规模在全国丹霞地貌区极为罕见。万佛山的峡谷多与峰丛峰林地貌伴生,显示出典型的峡谷-峰丛峰林地貌组合。如三十六湾,里面林木茂密,石峰密集,峡谷(巷谷、线谷)纵横交错,深入其中,仿佛置身于迷宫幻境,是中国乃至世界少见的丹霞峡谷-峰丛峰林迷宫(图 3 - 127)。万佛山的丹霞洞穴包括水蚀洞穴、岩槽、崩塌洞穴、穿洞、扁平洞、额状洞、蜂窝状洞等,它们

图 3-124　崀山地层岩性与地貌组合关系示意图

大小不一，成因各异，形态不同，造型丰富多彩，构成了引人入胜、独具特色的丹霞洞穴景观。神仙洞是由于风化和崩塌作用形成的大型洞穴，洞口底部高出峰脚 50m，洞口高 20～25m，宽约 35m，洞深约 23m，洞顶有 4 个直径为 1.5～2m 的大型蜂窝状洞穴，洞壁有数十处直径为 10～20cm 的小型蜂窝状洞穴。万佛山造型地貌众多，它们大多形象逼真，栩栩如生，拟人拟物，惟妙惟肖，如"南海神龟"、玉玺峰、将军岩、望夫岩、磨盘石等，它们以优美的形态，奇特的造型，充分体现了丹霞地貌的造型美。

3. 郴州飞天山丹霞地貌（国家级）

飞天山位于郴州市苏仙区，面积 48km^2，2001 年被国土资源部批准为国家地质公园。园区属低山丘陵区，海拔最高 331.6m，最低 144m，构造上处于茶陵-永兴断陷盆地南西端，区内出露的上白垩统紫红色巨厚层—厚层状含砾细粒钙质长石石英砂岩是丹霞地貌的构景岩层。由于岩石中存在钙质及

图 3－125　万佛山独岩峰(丹霞石堡)

图 3－126　万佛山将军山丹霞峰林

图 3－127　万佛山三十六湾丹霞峰林

长石等不稳定成分，岩石粒度细小均匀，抗风化侵蚀及溶蚀能力极差，极易形成穹顶(球状风化)、光面、洞穴及褶纹(图 3－128)，甚而在一些台寨的顶部形成浑圆的溶蚀坑。

飞天山丹霞地貌类型主要为寨(堡)，其间点缀有峡谷、岩洞、崖壁、孤峰、石柱等，形成以寨(堡)为中心，两江河水(东江和郴河)为纽带，并具红岩绿水、赤壁丹霞、峡谷奇洞、古木竹海特色，“四面青山列翠屏”、“草木花儿尽是香”的奇妙丹霞景观。寨(堡)即为丹霞石寨(方山)，形态上多为桌状、馒头状山体(图 3－129)。飞天山共有 9 寨：神仙寨、猫王寨、喻家寨、鲤鱼寨、老虎寨、首家寨、铁鼎寨、狗头寨及凤形山。其中猫王寨寨顶海拔 228m，寨高 60 多米，寨身如刀切，寨前有一直径 20 多米、高 30 多米之石柱，通体褐红，状似蜡烛，号称“湘南第一柱”(图 3－130)。飞天山的岩洞，当地称为坦，穿坦则为穿洞、石门或天生桥。飞天山有 4 坦，较为著名的是黑坦和穿坦。黑坦宽 120m，深 50m，高 35m，可容纳数千人。黑坦西南约 80m 处为穿坦，当地人称之为“天门”或“美人照镜”，穿坦门呈拱形，高 35m，宽 95m，是我国跨度最大的天生桥，号称“天下第一门”(图 3－131)。

图 3－128　飞天山丹霞地貌易形成穹顶、光面及褶纹

图 3－129　飞天山典型的寨(堡)地貌

图 3－130　飞天山猫王寨“湘南第一柱”

图 3－131　飞天山穿坦(天生桥)

4. 平江石牛寨丹霞地貌(国家级)

石牛寨位于平江县东北部，湘赣交界地带，面积约 78km²，2011 年被国土资源部批准为国家地质公园。石牛寨地处汨罗江上游，北连幕阜山，南倚连云山，地形以低山丘陵为主。形成石牛寨丹霞地貌的地层主要为白垩系戴家坪组，因靠近幕阜山花岗岩体，其沉积碎屑物以花岗岩物源为主。

石牛寨丹霞地貌类型多样，正地貌包括丹霞崖壁、石寨、石墙、石柱、石峰、崩积岩块等，负地貌包括线谷、巷谷、峡谷、丹霞洞穴等。石牛寨是壮年早期密集丘峰型丹霞地貌的典型代表，只见石牛寨寨脚连绵起伏的丹霞丘峰，犹如群牛耕耘在绿色的田野中，又似万千条海豚在绿色的海洋中飞腾戏耍。石牛寨也是球状弧形风化剥蚀型丹霞地貌的典型代表。因石牛寨丹霞地貌物质基础(红色碎屑物)以花岗岩物源为主，石英含量高，胶结物硅质成分高，致使石牛寨丹霞地貌兼有花岗岩地貌的某些特性，如“花岩”(崖壁上凸出的球状风化体)、“馒头山”、“牛背山”、“蘑菇石”等均具有花岗岩地貌的球状风化特性(图 3－132、图 3－133)。此外，还有围椅状地貌、壶穴地貌等，均与花岗岩地貌类似。与国内其他著名丹霞地貌区对比，石牛寨丹霞地貌在形态规模和造型上较为突出的有：①“十里绝壁”，长约 3.5km，平均高 400m，是国内规模最大的丹霞崖壁之一(图 3－134)。②气势恢宏的“石牛犁田”(“万豚闹海")景观(图 3-135),可与崀山著名景点"鲸鱼闹海"相媲美。③规模巨大的丹霞石墙。石牛寨丹霞石墙众多,其长度最长可达 1.5km,顶面最窄处宽仅 1～2m,国内少见。④密集奇特的一线天群。大茅寨上沿一组平行节理发育着 5 条一线天,有直立的,有倾斜的,条条各具特色,国内少见。

图 3-132 石牛寨"花岩"(球状风化体)

图 3-133 石牛寨"蘑菇石"

图 3-134 石牛寨"十里绝壁"(规模巨大的丹霞崖壁)

5. 其他重要丹霞地貌

湖南省其他代表性丹霞地貌集中区有茶陵浣溪、永兴便江、沅陵柳林汊、桃源水心寨、溆浦思蒙、安仁渡口、宜章白石渡、浏阳达浒等,选取几处简要介绍如下。

茶陵浣溪(省级):地处茶陵-永兴断陷盆地北部,丹霞地貌集中区面积 35km²,2010 年被湖南省国土资源厅批准为云阳山地质公园的三大景区之一。区内丹霞地貌构景岩层主要为上白垩统戴家坪组的砾岩、砂砾岩和砂岩,类型有丹霞崖壁、石堡、石柱、石峰、石墙以及丹霞洞穴、天生桥、穿洞等。如石梁桥是一座景观独特的丹霞天生桥(图 3-136),桥拱呈喇叭状,拱高 12m,跨度 54m,桥梁厚 14m,宽 15m。再如,日月岩是一组景观独特的丹霞穿洞(图 3-137),在该处丹霞石墙上,出现一大一小两个穿洞。大者高 10～15m,深 10m,宽 20m,称为日洞;小者高 1.5m,宽 5m,深 3m,称为月洞。此外,还有众多似人似物、惟妙惟肖的造型地貌景观,如玉兔峰、阳元峰、马蹄峰、钟峰、鼓峰、金字塔峰,杯子岩等。

图 3-135　石牛寨“石牛犁田”(密集丘峰型丹霞地貌)

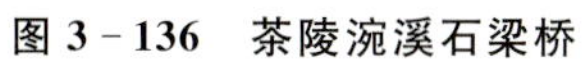

图 3-136　茶陵浣溪石梁桥

图 3-137　茶陵浣溪日月岩

永兴便江(国家级)：地处茶陵-永兴断陷盆地南部，丹霞地貌主要分布在便江两侧，面积约 $20km^2$，造景岩层主要为白垩系肉红色巨厚层粉砂岩、细砂岩、含砾砂岩、砂砾岩等，类型有石寨、石堡、石峰、崖壁、峡谷、一线天、洞穴等，以丹霞崖壁、一线天最具特色(图 3-138)。区内高耸崖壁众多，其中较典型的有蜂窝岩、蛋子岩、黄坦及黑坦等，崖壁高 50～150m，宽 100～300m；崖壁下均有一个较大的洞穴，高 7～20m，宽 33～100m，深 18～100m。蜂窝岩崖壁上，还分布有无数个蜂窝状洞穴，大小不一，近似圆形，直径 3～10cm。区内有著名的一线天，呈南北走向，全长 356m，深 50m，最宽处 0.6m，最窄处 0.2m，平均宽度不足 0.4m，仅容一人侧身而过，堪称“天下第一缝”。

图 3-138　永兴便江丹霞地貌

沅陵柳林汊（省级）：位于沅陵县五强溪镇，地处沅麻盆地，丹霞地貌集中区面积约 $4km^2$，造景岩层主要为白垩系车江组砂砾岩、含砾砂岩夹砂岩、粉砂岩。丹霞地貌类型主要有丹霞峰丛、石峰、石堡等，撑锅岩、明月山、张家岩均为较有特色的丹霞景观。撑锅岩为丹霞石峰，高约 100m，顶部呈圆形，四周陡峭，独立高耸，较为壮观。明月山为丹霞山峰，高 120m，顶部呈三角形、浑圆，周边为陡崖，北西侧临沅江，山顶建有一寺庙。张家岩为一片丹霞峰丛，峰高 50～150m，以锥状为主，高低错落有致。区内丹霞地貌与沅江水体景观组合较好（图 3-139），具有较高的美学观赏价值及科考价值。

桃源水心寨（省级）：亦名夷望山、水心岩，位于桃源县境内沅江与夷望溪交汇之处，主要由白垩系紫红色砂岩构成，属丹霞石寨，寨顶高出水面约 150m。石寨耸立水流中央，四围峻绝，旁有一座丹峰，两者对峙，有如黄河上的中流砥柱，激流环绕。寨顶原为南宋洞庭湖区农民起义军首领杨幺驻军之所，并有小观，自古香火不断，现有 3 座相连的小观，为当地群众自发募捐修建。寨顶视线通达，视野开阔，四周山水绵延，美景无限（图 3-140）。

图 3-139 沅陵柳林汊丹霞地貌景观

图 3-140 桃源水心寨丹霞地貌景观

第七节 重要张家界地貌

一、张家界地貌特征概述

张家界地貌是由泥盆系石英砂岩构成的碎屑岩地貌，以塔柱状峰林为特色，过去称之为砂岩峰林地貌，且认为仅分布在张家界武陵源区。2010 年 11 月 9—11 日，砂岩地貌国际学术研讨会在张家界举行，本次大会上，张家界石英砂岩峰林地貌被命名为“张家界地貌”。根据 2011—2013 年开展的湖南省地质遗迹调查，除张家界武陵源区外，张家界范围内至少还发育有5处张家界地貌，当然，武陵源张家界地貌是其中的佼佼者。

构成张家界地貌的地层是中、上泥盆统云台观组和黄家磴组，它们属于地台型沉积，岩层产状平缓，岩性为巨厚层或厚层细粒石英岩状砂岩夹薄层粉砂岩等，石英含量高达90%以上，且其胶结物多为铁质、硅质等。石英和铁、硅质胶结物的化学性质在表生环境下十分稳定，具较强的抗蚀性，它们构成砂岩峰柱的坚固基座。黄家磴组顶部铁质胶结的紫色厚层石英砂岩（铁矿层）构成峰柱的顶盖，就像给峰柱戴上了坚固的安全帽，形成名符其实的"铁帽"。所有这些，都是张家界地貌得以形成并保存至今的物质基础。在巨厚层石英砂岩中夹含的若干层薄层粉砂质软弱层，因易于风化剥蚀，故一方面降低了峰柱的坚固程度，另一方面，也有利于单个峰柱的雕塑造型，形成众多栩栩如生的、拟人拟物的造型地貌。此外，纵横交错的断裂与高角度近垂直节理的发育，也是张家界地貌发育的重要条件。

张家界地貌最显著的特征是：群峰如林，形态多样，造型奇特，峭壁直立，沟壑幽深。其形态类型有柱状单峰、片状峰林、带状峰墙、峰丛、方山、平台，及峡谷、嶂谷、天生桥、石门等，以峰林最为典型，它们代表着张家界地貌不同的发育阶段。在湖南6处张家界地貌中，武陵源和永定罗塔坪的张家界地貌已处于成熟阶段，其他4处（桑植峰峦溪、慈利五雷山、四十八寨、剪刀寺）张家界地貌整体上还处于形成发展阶段。

二、重要张家界地貌例举

1. 武陵源张家界地貌（世界级）

武陵源张家界地貌位于湖南省西北部的张家界市武陵源区，地处云贵高原东部的武陵山脉腹地，面积398km^2。该区于1992年被联合国教科文组织列入世界自然遗产名录，于2000年被国土资源部批准为首批国家地质公园，于2003年被联合国教科文组织批准为首批世界地质公园。

武陵源张家界地貌发育于武陵山脉的中低山区，区内海拔300～1 200m，西部地势以天子山为中心，向四周降低，形成放射状水系，最高峰海拔1 282m；东部地势以东西向的索溪河谷为轴，南北两侧山地向河谷倾斜，河谷地带海拔300m左右。发育地层为泥盆系云台观组和黄家磴组，构造格局为东西相邻的两个向斜：西部为天子山短轴向斜，东部为索溪峪向斜。张家界地貌集中分布于两大区域，一是天子山向斜翼部的泥盆系地层区，二是索溪峪向斜的南东翼泥盆系地层区。

武陵源张家界地貌形态类型多样，最主要的形态为砂岩峰林，其分布密度之大、造型之丰富、无与伦比的自然之美，深深地震撼着无数中外游客。因峰林发育区通行困难，视野受限，加上气象变幻无穷，常规野外调查无法查明峰林的数量、高度和分布等情况，故调查时利用航片和高分辨率卫片，宏观上圈定峰林发育地层和分布范围，了解总体发育特征和分区概貌等；微观上判读峰柱个体数量、分布位置、形态特征和高度差异等。同时结合1∶1万地形图和部分实地验证，确定峰林的相对高度级别（图3-141）。经调查统计，峰林密集发育区面积82.8km^2，共发育峰林3 100多个，平均发育密度为37.5个/km^2。峰林相对高度从几十米到数百米不等，其中100m以下的占2/3，100～200m之间的占1/4，两者合计占92.1%；300m以上的峰林有40多个，最高的达到440m（表3-4）。从区域差异来看，天子山周围峰林发育面积占64.3%，峰林数量占77.6%，平均发育密度为45.2个/km^2；索溪峪南部峰林发育面积占35.7%，峰林数量占22.4%，平均发育密度为23.5个/km^2。天子山南部的I_1区（杨家寨、黄石寨、金鞭溪一带）是峰林发育最密集、高度最大的区域，峰林平均发育密度达59.2个/km^2，100m以上的峰林超过一半。张家界300m以上的峰林几乎都集中在该区，特别是金鞭溪两侧高大峰林众多，如金鞭岩高380m。根据峰林发育密度和相对高度组合，可划分不同的发育期和发育区（表3-5）。

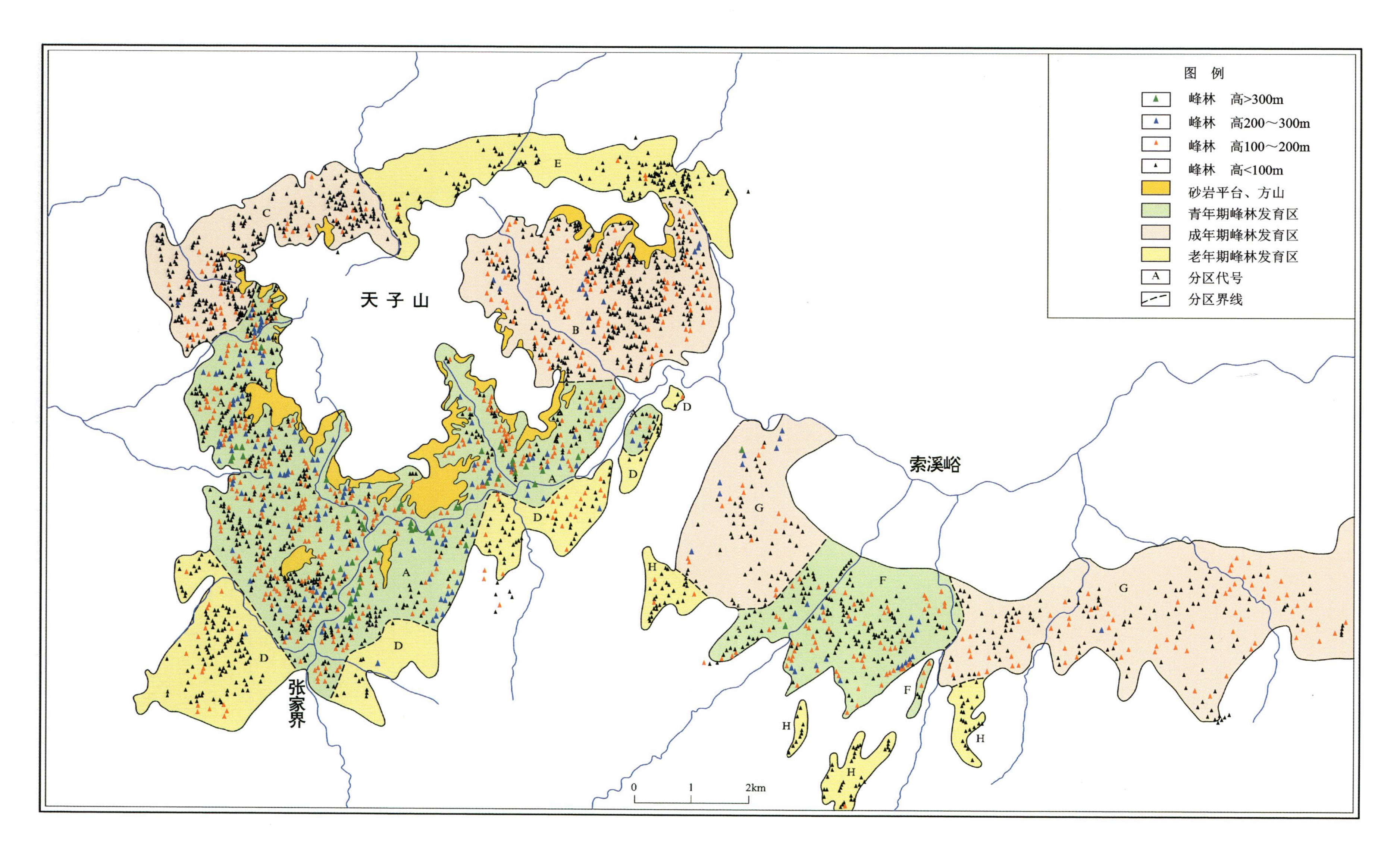

图3-141　武陵源砂岩峰林分布示意图

表 3-4　武陵源砂岩峰林统计一览表

区域		天子山周围					索溪峪南部			总计	占比(%)
分区	地段	杨家寨/黄石寨/金鞭溪	十里画廊/西海	黑峪/黑儿堰	琵琶溪/花溪峪/龙尾溪/落马峪	黄龙泉/穿心岩/覃家檐	插旗峪/宝峰湖	王家峪/阳雀沟/黑草沟	脚迹岩/宝峰山/黄鼠岩		
	代号	Ⅰ$_{1}$	Ⅱ$_{1-1}$	Ⅱ$_{1-2}$	Ⅲ$_{1-1}$	Ⅲ$_{1-2}$	Ⅰ$_{2}$	Ⅱ$_{2}$	Ⅲ$_{3}$		
面积(km^2)		19.7	12.5	5.8	9.4	5.9	7.2	19.5	2.8	82.8	
		53.3					29.5				
峰林相对高度分级及数量(个)	＜100m	579	417	239	193	145	170	216	102	2 061	66.4
		1 573					488				
	100～200m	391	135	52	38	8	79	90	6	799	25.7
		624					175				
	200～300m	153	13	1	3		19	9		198	6.4
		170					28				
	＞300m	43					1	1		45	1.5
		43					2				
	合计	1 166	565	292	234	153	269	316	108	3 103	100
		2 410					693				
	占总数%	37.6	18.2	9.4	7.5	4.9	8.7	10.2	3.5	100	
		77.6					22.4				
发育密度(个/km^2)		59.2	45.2	50.3	24.9	25.9	37.4	16.2	38.6	37.5	
		45.5					23.5				

表 3-5　武陵源不同发育期峰林特征表

发育期			青年期	成年期	老年期
峰林发育特征	密度特征		密集	较密集	较稀
	相对高度及组合	总体	高大、雄伟	较高大	矮小
		100m 以下峰林	相对较少	大多数	绝大多数
		200m 以上、300m 以下峰林	较多	较少	很少
		300m 以上峰林	占一定比例	基本没有	没有
代表区域及统计指标	区域代号		Ⅰ$_{1}$	Ⅱ$_{1-1}$、Ⅱ$_{1-2}$	Ⅲ$_{1-1}$、Ⅲ$_{1-2}$
	密度(个/km^2)		59.2	45.2～50.3	24.9～25.9
	相对高度	100m 以下峰林	49.7%	73.8%～81.8%	82.5%～94.8%
		200m 以上、300m 以下峰林	16.8%	0.3%～2.3%	0%～1.3%
		300m 以上峰林	3.7%	0	0

武陵源砂岩峰林的个体形态受构造节理和岩性组合等因素的影响，有方柱状、棱柱状、针状、棒槌状、檐状或蘑菇状、片状、板状、锥状、塔螺状、掌状、屏状、城堡状等数十种（图 3-142）。御笔峰是典型的细长方柱状峰林（图 3-143），它位于素有“峰林之王”之称的天子山东端。只见深谷中 6 根石柱突起，遥冲蓝天，每柱高约百米，方正如削，下粗上细，参差自如，仿佛是随意插在笔筒中的 6 根毛笔。砂岩峰林造型景体，几乎达到完美无缺的程度，若人、若神、若仙的景体有“夫妻岩”“将军岩”“千里相会”“望郎峰”“采药老人”“寿星迎宾”“仙女献花”“五女拜观音”等；若禽若兽的景体有“神鹰护鞭”“古猿教子”“雾海金龟”“老鹰咀”“金鸡报晓”“狗熊作揖”等；若物的景体有“天桥”、插旗峰、花瓶峰、“石悬棺”“天书宝匣”、“南天一柱”、金鞭岩、海螺峰、手掌峰等。此外，还有无名景体数不胜数。

图 3-142 造型各异的砂岩峰林个体形态

除成熟阶段的峰丛、峰林外，武陵源张家界地貌的形态类型还有形成与发展阶段的平台、方山、峰墙，以及峡谷、嶂谷、天生桥、石门等。调查利用航片和高分辨率卫片，同时结合 1∶1 万地形图和部分实地验证，对武陵源的平台、方山（由平台分割而成）进行了统计（图 3-144）。天子山边缘出露泥盆系砂岩平台 21 处，总面积 3.44km^2，主要分布在南部和西部。最大的平台为天子山南部的松子岗，面积为 1.03km^2，出露宽度（后缘到前缘的距离）700m。其次是西部的刘家堰平台，面积 0.67km^2，东部的石家檐-向家湾平台 0.57km^2，南部的腰寨平台 0.26km^2、袁家界平台 0.25km^2。天子山周围面积 400m^2 以上的方山（含顶部平坦并有一定宽度的长条形岩墙）121 个，总面积 89.1 万 m^2，平均每个方山面积 7 364m^2，主要分布在南部和西部（表 3-6）。最大的方山为黄石寨，面积 18.1 万 m^2，北东长 700m，南东宽 350m，海拔 1 000～1 080m，边缘高差 220m；其次是腰子寨，面积 11.3 万 m^2，南北长 1 000m，东西宽 100～200m，海拔 950～1 000m，边缘最大高差 380m。

图 3-143　武陵源御笔峰

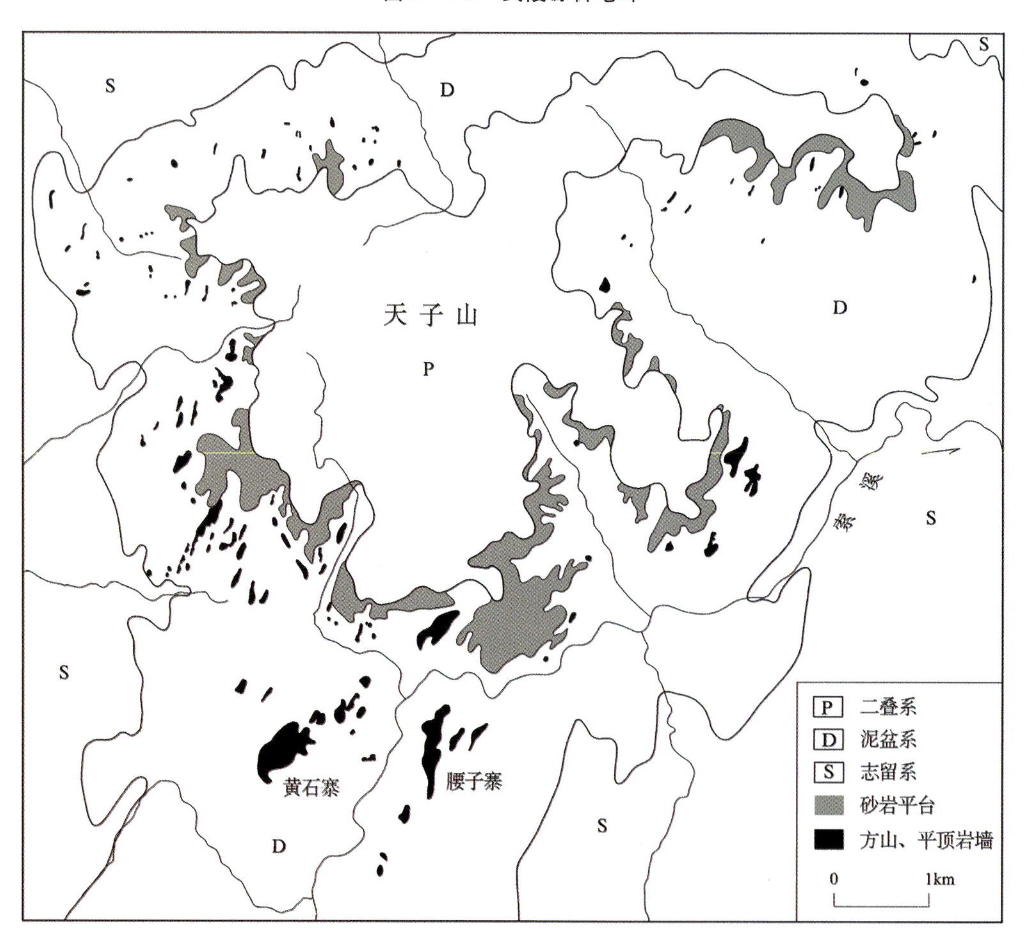

图 3-144　武陵源砂岩峰林地貌区平台、方山及岩墙分布图

表 3-6　武陵源砂岩峰林地貌区方山统计表

面积分级(m^2)	统计项	分区				合计	占比(%)
		Ⅰ$_1$	Ⅱ$_{1-1}$	Ⅱ$_{1-2}$	Ⅲ$_{1-2}$		
400～1 000	数量(个)	5	5	11	1	22	18.2
	面积(m^2)	3 800	2 500	6 200	800	13 300	1.5
1 000～2 000	数量(个)	18	8	10		36	29.8
	面积(m^2)	27 500	11 000	14 500		53 000	5.9
2 000～5 000	数量(个)	21	3	9	1	34	28.1
	面积(m^2)	70 300	9 100	25 400	4 200	109 000	12.2
5 000～10 000	数量(个)	12		1		13	10.7
	面积(m^2)	92 300		6 200		98 500	11.1
10 000～20 000	数量(个)	7	1			8	6.6
	面积(m^2)	98 200	10 400			108 600	12.2
20 000～50 000	数量(个)	5				5	4.1
	面积(m^2)	149 000				149 000	16.7
50 000～100 000	数量(个)	1				1	0.8
	面积(m^2)	66 000				66 000	7.4
>1 000 000	数量(个)	2				2	1.7
	面积(m^2)	293 600				293 600	33.0
合计	数量(个)	71	17	31	2	121	100
	占比(%)	58.7	14.0	25.6	1.7	100	
	面积(m^2)	800 700	33 000	52 300	5 000	891 000	
	占比(%)	89.9	3.7	5.9	0.6	100	
平均每个方山面积(m^2)		11 277	1 941	1 687	2 500	7 364	
方山高度分级统计							
方山相对高度分级及数量(个)	<100m	2	8	20	1	31	25.6
	100～200m	26	8	11	1	46	38.0
	200～300m	32	1			33	27.3
	>300m	11				11	9.1
	总计	71	17	31	2	121	100

武陵源张家界地貌区还分布有天生桥和石门。著名的天生桥“天下第一桥”(图 3-145)，凌空飞架于袁家界两峰之巅，桥宽 2m，厚 5m，跨度约 40m，桥拱高出谷底达 400 余米，气势非凡，奇伟绝伦。著名的拱形石门“南天门”(图 3-146)，属峰体基部的一个穿洞，高约 10m，基部宽约 15m，大有“一夫当关，万夫莫开”之势。

2. 其他重要张家界地貌

除武陵源外，湖南省张家界地貌区还有 5 处，分别为永定罗塔坪、桑植峰峦溪、慈利五雷山、慈利

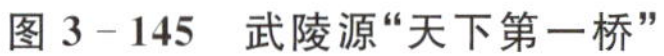

图 3－145　武陵源“天下第一桥”

图 3－146　武陵源“南天门”

四十八寨、慈利剪刀寺，选取几处简介如下。

永定罗塔坪（国家级）：位于张家界市永定区罗塔坪乡，张家界地貌面积约 $10km^2$。区内地层岩性为泥盆系云台观组厚层至巨厚层石英砂岩，产状平缓，张家界地貌形成条件及地貌形态均与武陵源区类似，峰林单体形态有方柱状、棱柱状、针状、棒槌状、堡状等，局部地区峰林分布密集，几乎可与武陵源媲美，故称之为“小张家界”（图 3－147）。

桑植峰峦溪（省级）：位于桑植县利福塔乡，地层岩性为泥盆系云台观组厚层至巨厚层石英砂岩，产状平缓。张家界地貌分布范围长约 5.5km，宽约 1.1km，其形成条件与武陵源区类似，但峰林形态的多样性和峰林密度均不及武陵源区，峰林单体形态主要有石柱、石墙、石寨等（图 3－148），峰柱相对高度最大 250m，平均 150m。区内水系呈树枝状分布，主水系下切强烈，形成峡谷；次级水系切割形成不同规模和形态的石林、石墙、石寨。

慈利四十八寨（国家级）：位于慈利县广福桥镇三王村、老棚村、双云村、太平村，张家界地貌发育面积约 $40km^2$。区内山峰高耸，峡谷深幽，沟壑纵横，植被丰富，共有 120 多座气势磅礴，拟人似物，神态各异的奇美山峰。区内出露地层为泥盆系云台观组厚层至巨厚层状石英砂岩，岩层产状平缓，张家界地貌发育条件类似于武陵源区，但形态类型不及武陵源区丰富，主要为方山、石寨、带状峰墙（图 3－149），局部发育有砂岩峰柱（图 3－150），整体上处于张家界地貌发育的发展阶段。

图 3-147　永定罗塔坪张家界地貌

图 3-148　桑植峰峦溪张家界地貌

图 3-149 慈利四十八寨张家界地貌(以方山为主)

图 3-150 秤砣石

第八节 重要花岗岩地貌

一、花岗岩地貌特征概述

花岗岩是湖南省最为发育的岩浆岩，广泛分布在雪峰山及其以东广大地区，出露面积大于 $0.1km^2$ 的花岗岩区域 175 个，面积约 17 417km^2，约占湖南省总面积的 8.3%。花岗岩形成时期有武陵晚期、雪峰期、加里东期、印支期、燕山期，其中以加里东期、印支期及燕山期岩体出露最多。湖南省花岗岩山地众多，在省内较为知名的就有 20 多处，在全国也不乏影响力的有南岳衡山、宜章莽山、城步南山、宁远九嶷山、浏阳大围山等数处，它们大都因花岗岩地貌而成为著名的风景旅游区。湖南省花岗岩地貌类型多样，景观丰富，主要有花岗岩山峰、花岗岩峡谷、花岗岩崩塌堆积地貌、花岗岩流水侵蚀地貌以及花岗岩石墙、石锥、石柱、石蛋，等等。

湖南省众多的花岗岩地貌中，有两类最具代表性，一类是以南岳衡山为代表的“衡山式”花岗岩地貌，另一类是以宜章莽山为代表的“三清山式”花岗岩地貌。前者地貌景观特征，一是圆顶状花岗岩山峰密集成群，二是条形岭脊富有特色。后者是一种典型的花岗岩峰峦-密集峰柱组合型峰林地貌，其景观类型多样，主要有峰峦、峰墙、峰丛、石林、峰柱、石锥、崖壁、峡谷和造型石。此外，浏阳大围山的花岗岩球状风化体和石蛋、城步南山浑圆状的花岗岩丘峰、桂东齐云山的花岗岩巨型天生桥和宁远九嶷山的三峰石，等等，也很有特色。

2011—2013 年开展的湖南省地质遗迹调查共查明全省重要花岗岩地貌集中区 18 处(附表)，其中罗霄山区 6 处，南岭山区 5 处，湘中丘陵区 4 处，雪峰山区 3 处(图 3-151)。

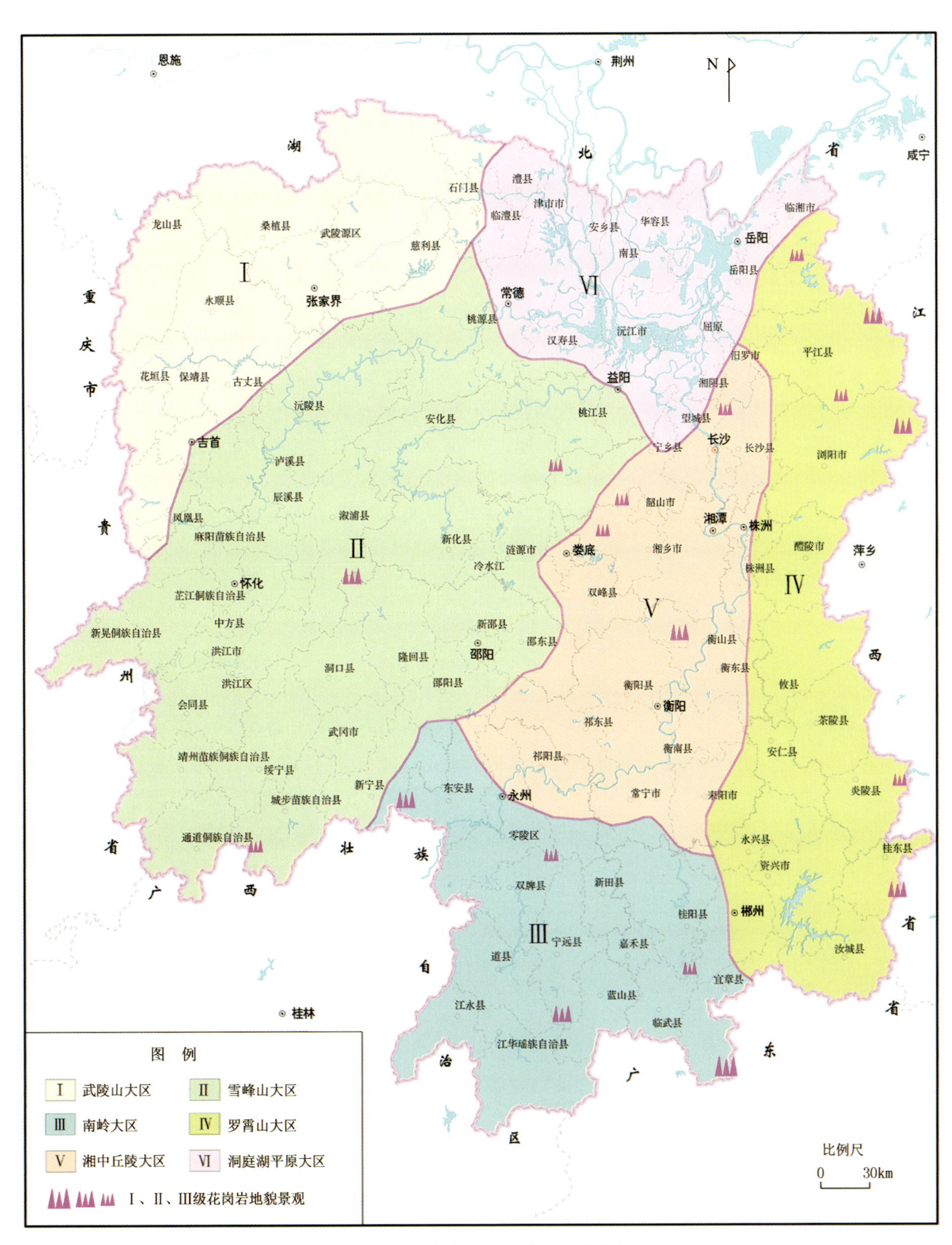

图 3－151　湖南省重要花岗岩地貌分布图

二、重要花岗岩地貌例举

1. 宜章莽山花岗岩地貌(世界级)

莽山位于湘粤交界的湖南省南端宜章县南部，地处南岭山脉中段南侧，主体由燕山期花岗岩构成，地势总体为东高西低，南北高中部低，海拔最高 1 902m(湘粤峰)，最低 436m(兑子冲)，相对高度 1 496m。区内 1 000m 以上的山峰 126 座，1 500m 以上的山峰 33 座，地形切割强烈，沟谷溪流十分发育。莽山以奇特壮美的花岗岩地貌和原始优越的生态环境而惊艳天下，登临莽山，世人无不发出“莽山壮美惊天下、中国原始生态第一山”之感叹。早在 1957 年，莽山即成为全国 14 个自然景观区之一，是湖南省第一个自然景观区；2018 年，莽山被国土资源部批准为国家地质公园。

莽山花岗岩地貌以花岗岩峰峦-密集峰柱组合型峰林地貌为特色，可与江西三清山花岗岩峰林地貌媲美，其景观类型多样，主要有峰峦、峰墙、峰丛、石林、峰柱、石锥、崖壁、峡谷和造型石等。莽山之所以能形成花岗岩峰林地貌景观，主要原因有三：一是有坚硬而具有原生节理的花岗岩作为物质基础；二是经历多次构造运动，发育多组密集节理；三是地处多雨及暴雨中心，雨水的淋蚀和片状、线状流水冲蚀、侵蚀作用显著。当然，花岗岩峰林地貌的形成，也与重力崩塌、风化剥蚀以及生物根劈等作用有关。莽山丰富多样的花岗岩景观类型，较为系统、完整地展现了花岗岩峰林地貌的形成演化过程。这一过程大致可划分为花岗岩岩体、花岗岩峰峦、花岗岩峰墙、花岗岩峰丛、花岗岩峰林-峰柱、花岗岩造型石 6 个阶段(图 3-152)。

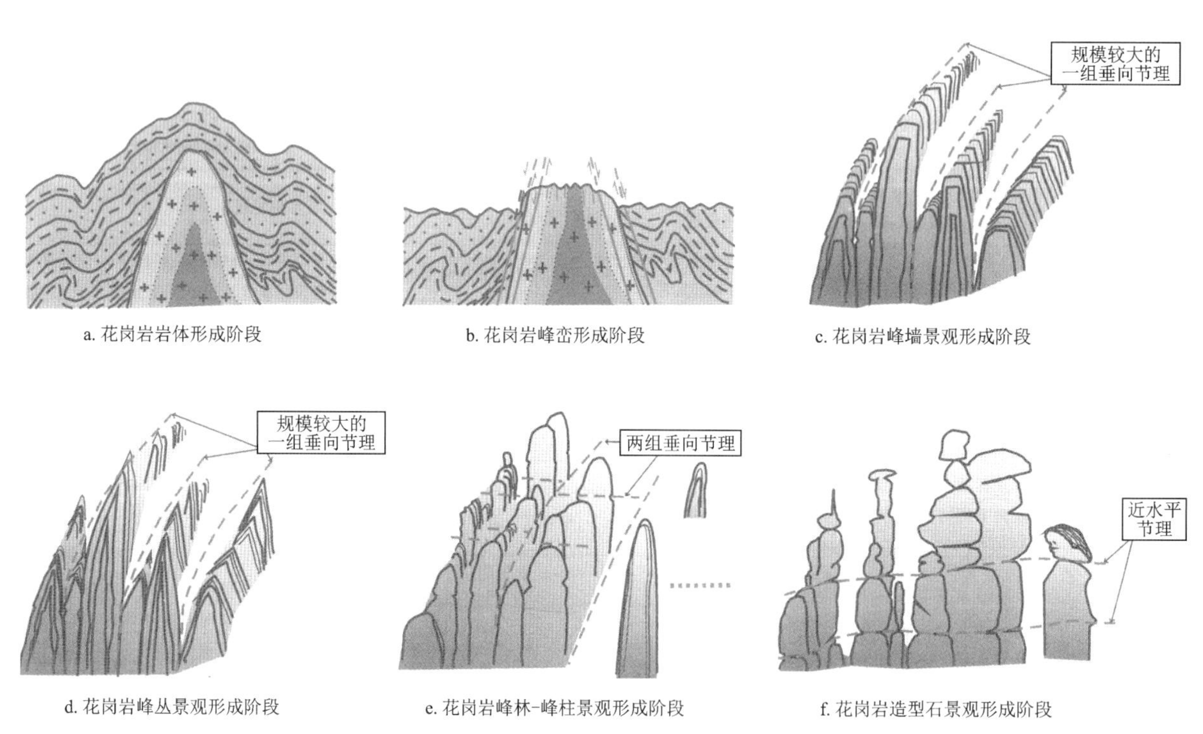

图 3-152 莽山花岗岩峰林地貌形成演化模式图(据尹国胜等，2007)

天台山是莽山花岗岩峰柱最为密集、壮观的地方。“不上天台山，不识莽山貌”，其花岗岩峰林之壮美，足可与武陵源张家界地貌相比拟。这里 5 座海拔分别为 1 785m、1 671m、1 560m、1 506m、1 589m 的花岗岩山峰突兀林立，险峻异常；周围又有多层叠垒的矮峰相簇拥，峰与峰之间是一条条幽深的峡谷，峡谷中竖立着一个个石锥、石柱。峰柱形态各异，有方柱状、尖锥状，也有似圆状；远远望去，层层叠叠，疏密有致，形成了气势磅礴的奇峰林立图（图 3－153）；而变幻莫测的云雾在山峰间萦绕，或浓或淡，或高或低，若即若离，形似奇妙的雾都城堡。天台山主峰附近的大峡谷，称为金鞭大峡谷。峡谷中峰柱众多，其中最引人注目的是矗立于峡谷中央的"金鞭神柱"（图 3－154）。峰柱高 110m，直径约 10m，上部近方形，下部似圆形，顶部锥状，表面平整如刨，气势雄伟，险峻异常，令人惊诧不已。2001 年全国第一次征集地方风光图片作为邮票封面图案，"金鞭神柱"作为选中的 8 幅风光图之一，在全国广为发行。"金鞭神柱"周边还有许多栩栩如生的峰柱和造型石，如仙掌峰、童子峰、"叠罗汉""伟人会观音""八戒拜仙""十二金钗""仙猴探海"……无不令人感叹大自然的鬼斧神工。

图 3－153　莽山花岗岩峰林

将军寨是莽山第二处花岗岩峰林区，以将军石为核心。将军石为一高大的花岗岩峰柱，挺立于将军寨大峡谷中，立面呈方形，高约 150m，宽约 15m，形如一位头戴盔帽、身披铠甲，昂首挺胸的古代武士；左侧耸立一块斜方石，恰似盾牌；右侧长着一颗参天古松，犹如方天长戟，整体造型恰如一位威风凛凛的大将军（图 3－155）。将军石旁边，另并立着一个底扁顶尖的长条形石柱，如一根能刺破苍穹的神针，称为"镇山神针"。

2．南岳衡山花岗岩地貌（国家级）

南岳衡山位于衡阳市南岳区，是湖南省中部衡阳盆地中耸立的一座花岗岩中山，主峰祝融峰海拔 1 300.2m。衡山山顶脊线自东北部紫盖峰（海拔 1 028m）起，向西南经祝融峰、天柱峰（海拔 1 061m）、祥光峰（海拔 1 145m）、观音峰（海拔 1 052m）、石廪峰（海拔 1 189m）等，止于佝嵝峰（海拔 951m），呈北北东-南南西走向，中部略为向北拱曲成弧形，成为一条天然分水岭（图 3－156）。人们习惯上依此，把衡山分为后山（西侧）和前山（东侧），后山大部分为一面坡的形态缓缓下降，前山则表现出明显的阶梯性（共有 4 级阶梯）。

衡山主体由燕山期花岗岩构成，包括两大岩体，即南岳岩体（东部）和白石峰岩体（西部）。南岳岩体主要为燕山早期第二阶段侵入的斑状二长花岗岩，属硅酸过饱和弱碱性岩石；白石峰岩体主要为燕山早期第三阶段侵入的二云母二长花岗岩，属硅酸过饱和过碱性岩石，岩体西部为典型的混合岩化岩

图 3-154 莽山“金鞭神柱”

图 3-155 莽山将军石

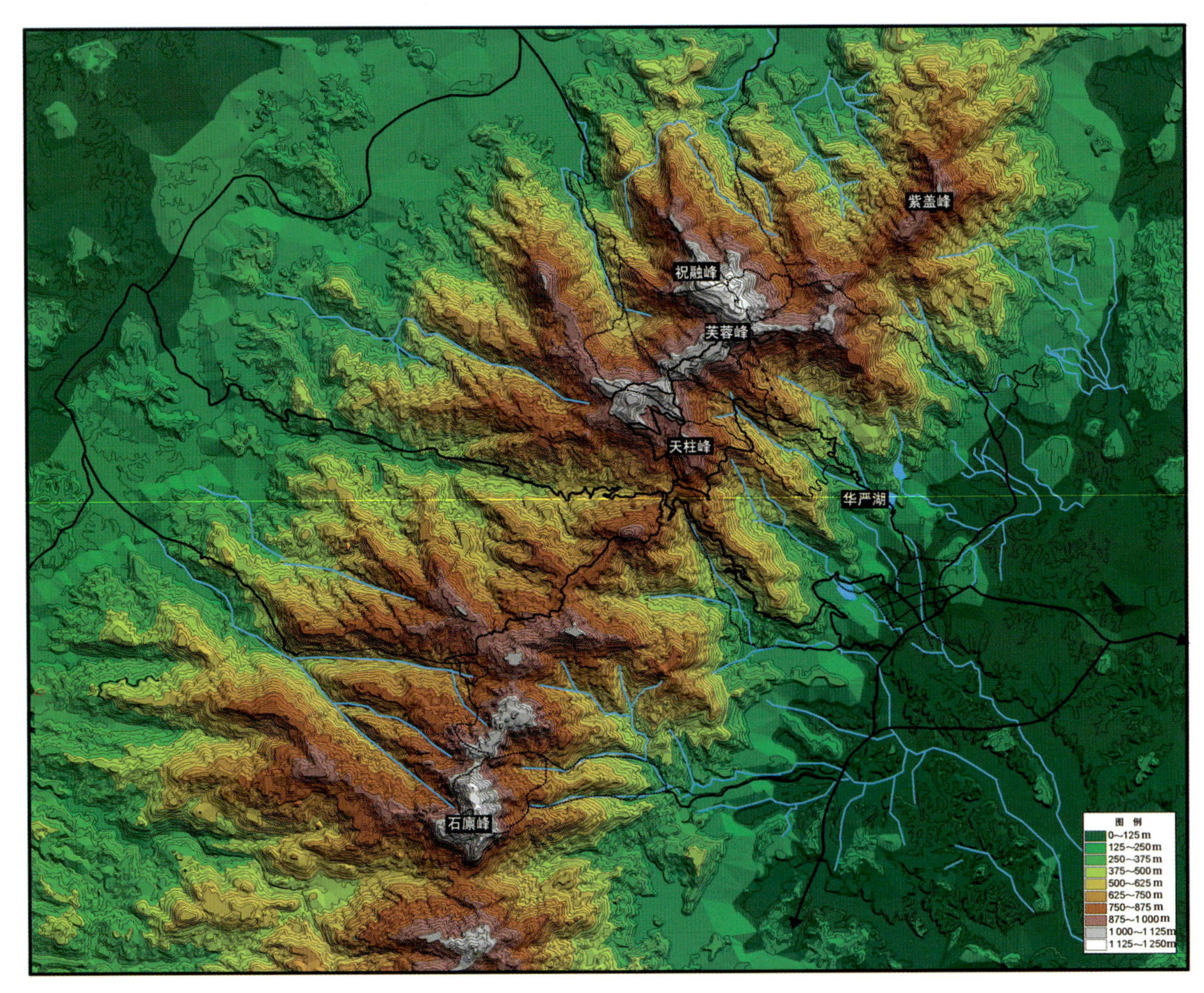

图 3-156 南岳衡山平面高程图

类。衡山花岗岩地貌类型多样，景观丰富，其中最具特色的是圆顶峰-长岭脊花岗岩地貌，被称为“衡山式”花岗岩地貌。

“衡山式”花岗岩地貌特征之一是圆顶状花岗岩山峰密集成群。衡山共有花岗岩山峰700余个，大多为圆顶。其中主脊线两侧不到40km^{2}的范围内，共挺立着40余座海拔在1 000m以上山峰，远观其势，群峰突起，欲飞欲旋。“衡山式”花岗岩地貌特征之二是条形岭脊富有特色(图3-157)。衡山的众多山峰，大都沿条形岭脊分布，具有一定的走向。例如，北北东走向的主脊线长20多千米，其上分布有紫盖峰、祝融峰、天柱峰、祥光峰、观音峰、石廪峰等气势雄伟的山峰。此外，还有众多列条形岭脊，呈不对称肋骨状排列于主脊线东西两侧，从里向外呈阶梯状降低，山脊尖锐如刃峰，山坡陡峭，沟谷幽深。由于这种地形地貌特征，加上南岳衡山长年烟锁云横，雾气轻盈，云涌峰动，故从高处下望，整个南岳衡山形似以祝融峰为头的巨鹰展翅南飞，故前人称“唯有南岳独如飞”。

图3-157　南岳衡山条形岭脊地貌

除圆顶峰和长岭脊外，衡山还发育有多种花岗岩地貌景观类型，如花岗岩峡谷与崖壁、花岗岩崩塌堆积(崩积)地貌、花岗岩流水侵蚀(水蚀)地貌、花岗岩石蛋地貌。其中，南岳衡山的水蚀、崩积及石蛋地貌尤为丰富。水蚀地貌主要分布在沟谷或溪流河床上，其形态主要有石槽、石脊、石臼(壶穴)、石盆、石潭等(图3-158)。崩积地貌以崩塌堆积洞为主，主要分布在花岗岩山体的中上部，如皇帝岩、观音岩、不语岩、烟霞洞、罗汉洞、还珠洞、文殊洞、一生岩、三生岩等。位于山腰的“穿岩诗林”也是由数量众多的崩塌堆积洞和倒石堆组成的(图3-159)。花岗岩石蛋散布整个衡山，山体上部多基岩经球状风化剥蚀形成的半裸露型的巨大石蛋，如掷钵峰、香炉峰；也有崩落岩块形成的半裸露型或裸露型石蛋，如狮子岩、望月台、会仙岩。在山体中下部，特别是V型河谷中，裸露型石蛋众多，如观音岩、“飞来船”、福寿石等巨型石蛋，至于中小型石蛋则随处可见。

2002年6月，南岳衡山花岗岩地貌集中区(101km^2)被湖南省国土资源厅批准为省级地质公园。

3. 桂东齐云山花岗岩地貌(国家级)

齐云山位于湘赣交界的桂东县东南部，是一座由燕山期花岗岩构成的花岗岩中山，主峰海拔2 061m，是湖南省第三高峰(图3-160)。齐云山地势高峻，登上山顶远眺，视野可及三省(湘、赣、粤)

图 3-158　衡山龙凤溪峡谷中的壶穴

图 3-159　衡山“穿岩诗林”崩塌堆积洞

图 3-160　桂东齐云山花岗岩地貌

八县（桂东、汝城、资兴、炎陵、上犹、崇义、大余、南雄）。齐云山花岗岩地貌景观类型多样，主要有花岗岩尖峰、圆顶峰、条形岭脊、崖壁、峡谷、天生桥、石柱、石锥、石蛋等。花岗岩造型石是齐云山重要的景观，包括石丛类造型石（在融冻风化或寒冻风化作用下花岗岩剥落形成的石柱、石锥造型）、石蛋类造型石（花岗岩球状风化所成）和综合类造型石（综合上述两类所成）。“群仙赴会”“齐云山神”“圣贤塑像”“豚嬉齐云”“神龟接力”等均是齐云山典型的造型石（图 3-161）。齐云山著名景点“仙缘桥”则是国内外非常罕见的花岗岩巨型天生桥，它横跨在海拔近 1 500m 高处的深涧上，桥长 38m，桥宽 1.5～2m，桥厚 2.5～4m，桥面平整，桥体坚固，享有“天下第一天然石桥”之美誉（图 3-162）。由于“仙缘桥”被普遍认为是“中国情人节——七夕节”的起源地，即传说中牛郎织女七夕相会的地方，因此，每年七夕，总有成百上千的男女在此聚会。

图 3-161　桂东齐云山花岗岩造型石——“群仙赴会”

图 3-162　桂东齐云山花岗岩巨型天生桥——“仙缘桥”

4. 宁远九嶷山花岗岩地貌(国家级)

九嶷山，又名苍梧山，位于湖南省宁远县南部，自古以来是我国名山之一。九嶷山属南岭山脉之萌渚岭山系，中山地区，区内海拔在 1 000m 以上的山峰 90 多座，最高峰(主峰)畚箕窝海拔 1 959.2m，最低处海拔 326.5m，垂直高差 1 632.7m。九嶷山花岗岩地貌分布在九嶷山南部，由燕山期花岗岩构成，其地貌形态主要为穹隆状山峰和峡谷，并有少量峰柱，其代表性景观为三分石。三分石，又名三峰石，海拔 1 822m，是九嶷山第二高峰，也是潇水、岿水、沲水的分水岭。从形态来说，九嶷山的三分石类似于浙江江郎山的三爿石，三峰对峙，直插云霄，景象十分奇特壮观，具有极高的观赏价值(图 3-163)。

图 3-163　宁远九嶷山三峰石

5. 浏阳大围山花岗岩地貌(国家级)

大围山位于湘赣交界的浏阳市东北部,地处罗霄山山脉北端,属雪峰期花岗岩构成的中山,最高点七星岭海拔 1 607.9m,最低点花门电站海拔 230m。大围山花岗岩球状风化明显,故花岗岩石蛋成为大围山最引入注目的地貌景观。在大围山大多数岭脊地带或某些坡地转折地带,常可看到或全部裸露、或半露半藏、或圆或方,大小不一、千姿百态的花岗岩石蛋,"王母教子""穿山甲下山""海豹观天""雷打石"等是典型的花岗岩石蛋景观(图 3-164)。大围山还有一类独特的球状风化体,其风化的结果是岩块呈同心圆状薄层脱落。此类风化体常为半裸露型,其造型也很奇特,有的如凤凰生蛋,有的如螃蟹出洞,还有的如玉兰绽放,美不胜收(图 3-165)。

图 3-164 浏阳大围山花岗岩石蛋群——"王母教子"

图 3-165 浏阳大围山花岗岩球状风化体——"龙卵破壳"

6. 其他重要花岗岩地貌

湖南省其他重要花岗岩地貌区还有城步南山、东安舜皇山、平江幕阜山、隆回虎形山、岳阳大云山、炎陵神农谷、双牌阳明山等,择取几例简要介绍如下。

城步南山(省级):位于城步县城西南 80km 处,地处雪峰山脉南段,面积 513km^2,最高峰南山顶海拔 1 941m,平均海拔 1 760m。南山主体由加里东期黑云母(二长)花岗岩构成,地貌景观以花岗岩台原山地为特色,花岗岩丘峰连绵,丘顶浑圆,坡度和缓(图 3-166)。南山有我国南方最大的高山草原(152km^2),被誉为"南方的呼伦贝尔",现已开辟为南方草原风光旅游、避暑度假旅游、生命之源绿色旅游基地,并试点建设国家公园。

东安舜皇山(国家级):位于湘西南东安县与新宁县交界处,地处南岭山脉越城岭中段,花岗岩地貌面积约 21km^2,由印支期粗中粒斑状黑云母二长花岗岩构成。主峰舜峰海拔 1 882.4m。除舜峰外,还有紫云山、雷公山、高桂山、广福岭、轿子顶山等众多山势雄伟、形态各异的山峰。舜皇山地质遗迹景观丰富,最著名的城墙石,是一堵长约 2km,平均高 50 多米,宽 30 多米的硅化花岗岩岩墙,中间有一缺口,酷似城门,缺口两边立着几尊石柱,形如"卫士"把守城关,岩墙上面还有几处轮廓分明的"烽火台",整座岩墙像一道巍峨起伏的城墙;远远望去,又如一条欲飞的巨龙,翱翔在海拔 1 600 多米的顶峰(图 3-167)。

平江幕阜山(国家级):位于平江县东北部,湘鄂赣三省交界处,属燕山晚期二长花岗岩构成的褶皱断块山体。幕阜山集山雄、岩险、石奇、林秀、水美、瀑幽于一体,自然景观十分丰富。幕阜山花岗岩地貌类型主要有花岗岩峡谷、壶穴、石锥、石蛋,其中较为著名的景观是幕阜丹崖(独立高耸的花岗岩巨岩,图 3-168)和"顶天立地"(倒悬的花岗岩石蛋,图 3-169)。

图 3－166 城步南山花岗岩地貌

图 3－167 东安舜皇山城墙石

图 3-168　平江幕阜山幕阜丹岩

图 3-169　平江幕阜山“顶天立地”(花岗岩石蛋)

第九节　重要水体景观

一、水体景观特征概述

湖南省水体景观丰富,包括风景河流、湖泊、瀑布、泉、潭、湿地等。

湖南省风景河流与湖泊众多,主要分布在“四水”及其支流流经的山地区,且以湘西北武陵山区分布最为密集。如张家界茅岩河、金鞭溪、宝峰湖、永顺猛洞河、古丈栖凤湖、凤凰沱江与大小坪岩溶湖等,均分布在武陵山区(图 3-170)。湖南省众多风景河流的某一段,常因人工筑坝而“高峡出平湖”。众多湖光山色优美的风景湖泊,如张家界宝峰湖、古丈栖凤湖、安化雪峰湖和郴州东江湖,等等,即由此而成。

湖南省具有观赏价值的瀑布不下数百条,较为著名的有永顺王村瀑布、花垣大龙洞瀑布、小龙洞瀑布群、燕子峡瀑布群、吉首流纱瀑布、凤凰尖多朵瀑布和炎陵东坑瀑布,等等。它们的落差级数、规模气势、水量大小各不一样,有的是多级瀑布,有的是单级瀑布;有的是银河飞泻、雷霆万钧式的瀑布,有的是水帘漂幕、琴弦丝丝式的瀑布;有的是常年性瀑布,有的是季节性瀑布。从成因类型来说,有的是侵蚀裂点型瀑布,有的是断裂型瀑布,还有的是溶洞型瀑布。瀑布遍布湖南中低山区,其中武陵山中南段是湖南省瀑布分布最密集的地区(图 3-171),这里集中了湖南省 1/4 以上数量的瀑布,特别是吉首、凤凰、花垣交界的几条峡谷是湖南省大型瀑布最为集中的地区,全省落差在 100m 以上的瀑布共约 20 条,这里就集中了约 12 条,花垣大龙洞瀑布(落差 197m)、小龙洞瀑布群(4 条瀑布落差均在 100m 以上)、燕子峡瀑布群(5~6 条瀑布,落差 140~196m)、吉首流纱瀑布(落差 180m)和凤凰尖多朵瀑布(落差 178m)等均集中在这一片狭小的地区。

湖南省温泉分高温泉(大于 61℃)、中温泉(41~60℃)和低温泉(23~40℃)3 类,其中 75%以上为低温泉,高温泉仅汝城热水圩、宁乡灰汤 2 处。湖南省温泉主要赋存于岩溶裂隙层状、脉状含水层和

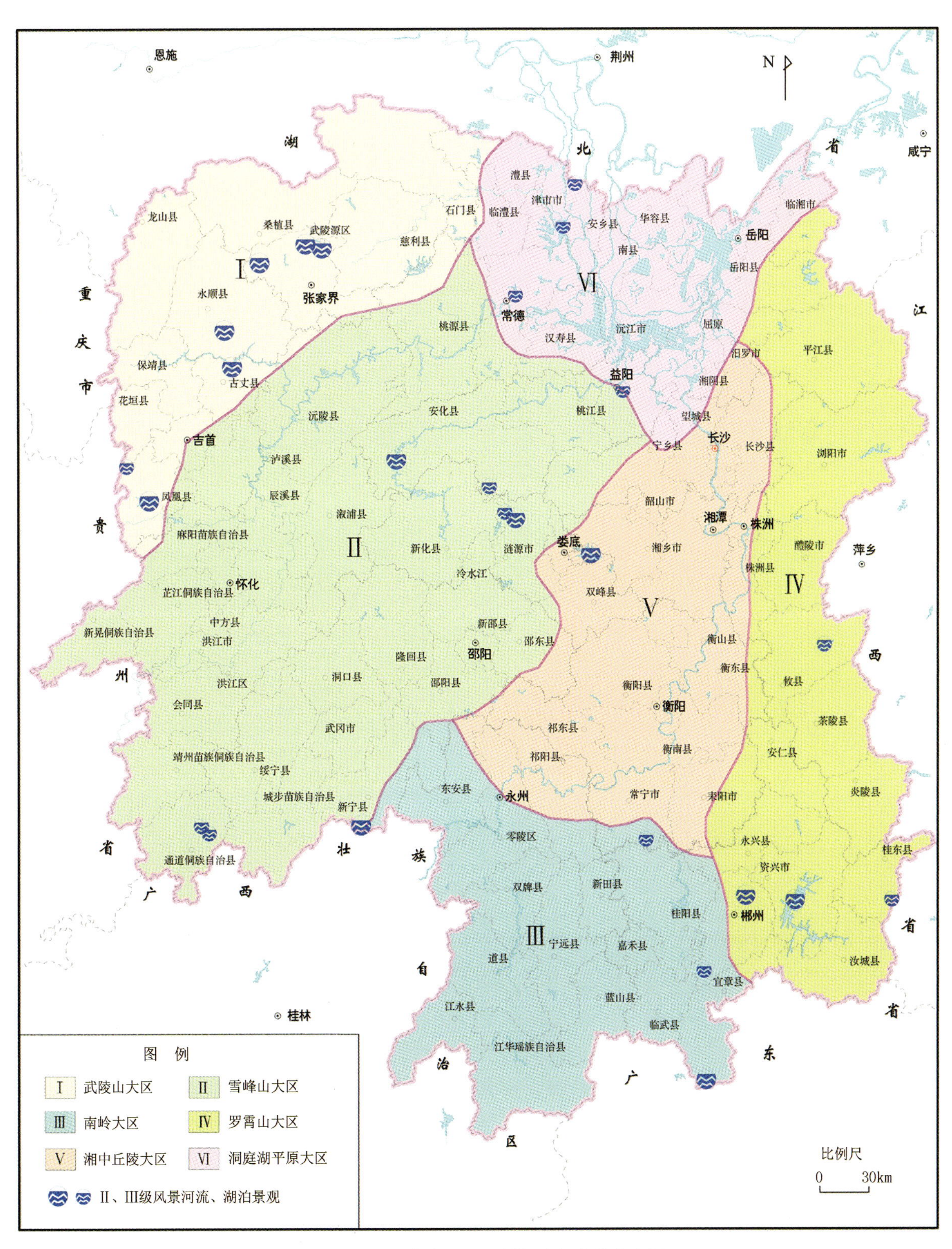

图 3－170　湖南省重要风景河流与湖泊分布图

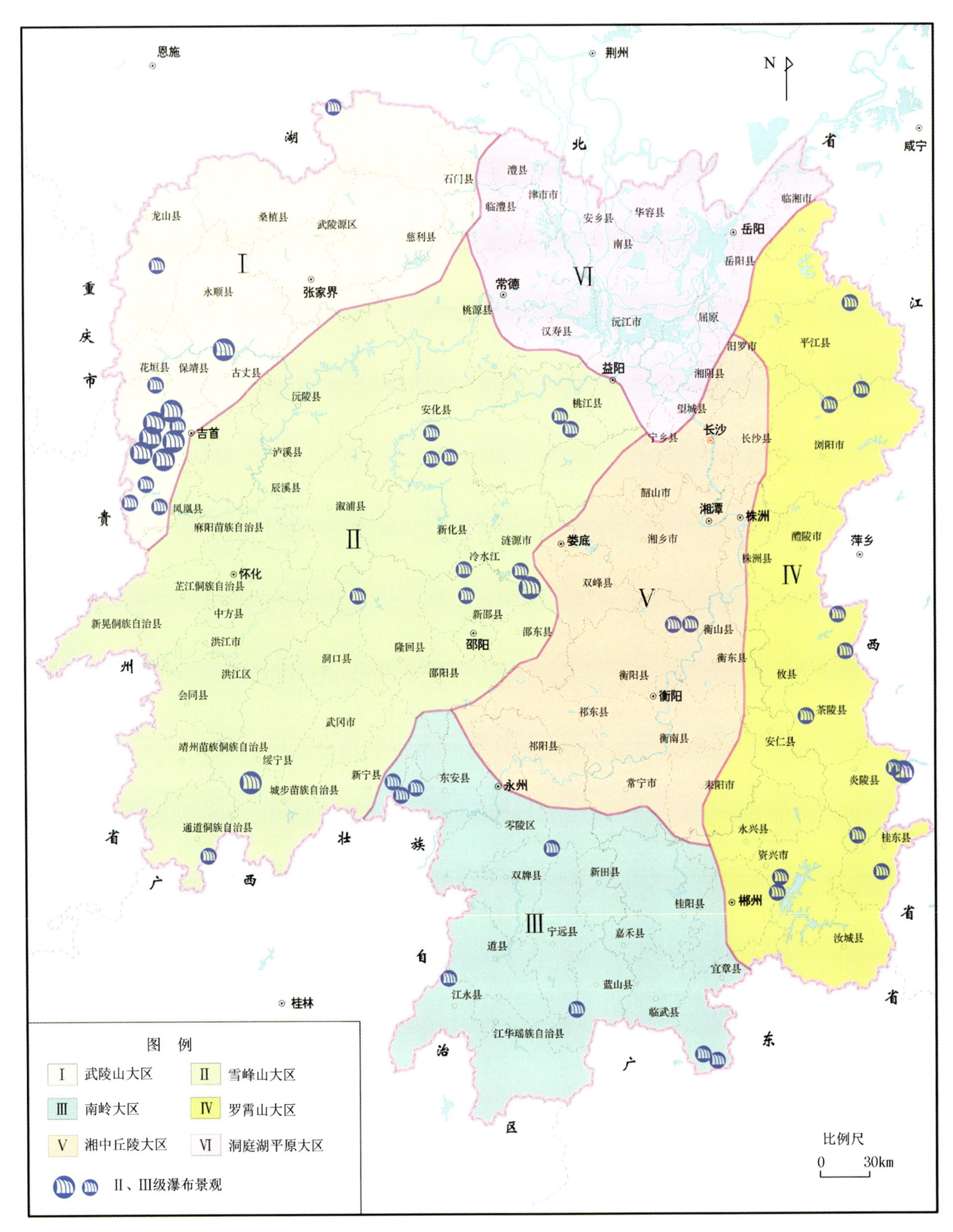

图 3－171 湖南省重要瀑布分布图

花岗岩构造破碎带中。从温泉出露的构造背景看，几乎所有温泉都与断裂有关，而且大部分温泉沿活动性断裂呈串珠状分布（图 3－172），可见喜马拉雅晚期以来尚有活动的新华夏系、华夏式构造体系，严格地控制温泉和地下热水异常区的分布。例如，湖南省内沿瑶岗仙断裂共分布有 8 处温泉，沿保靖－铜仁－玉屏断裂共分布有 21 处温泉。而且这些活动断裂带上出露的温泉，大都位于规模较大的断裂带上盘。

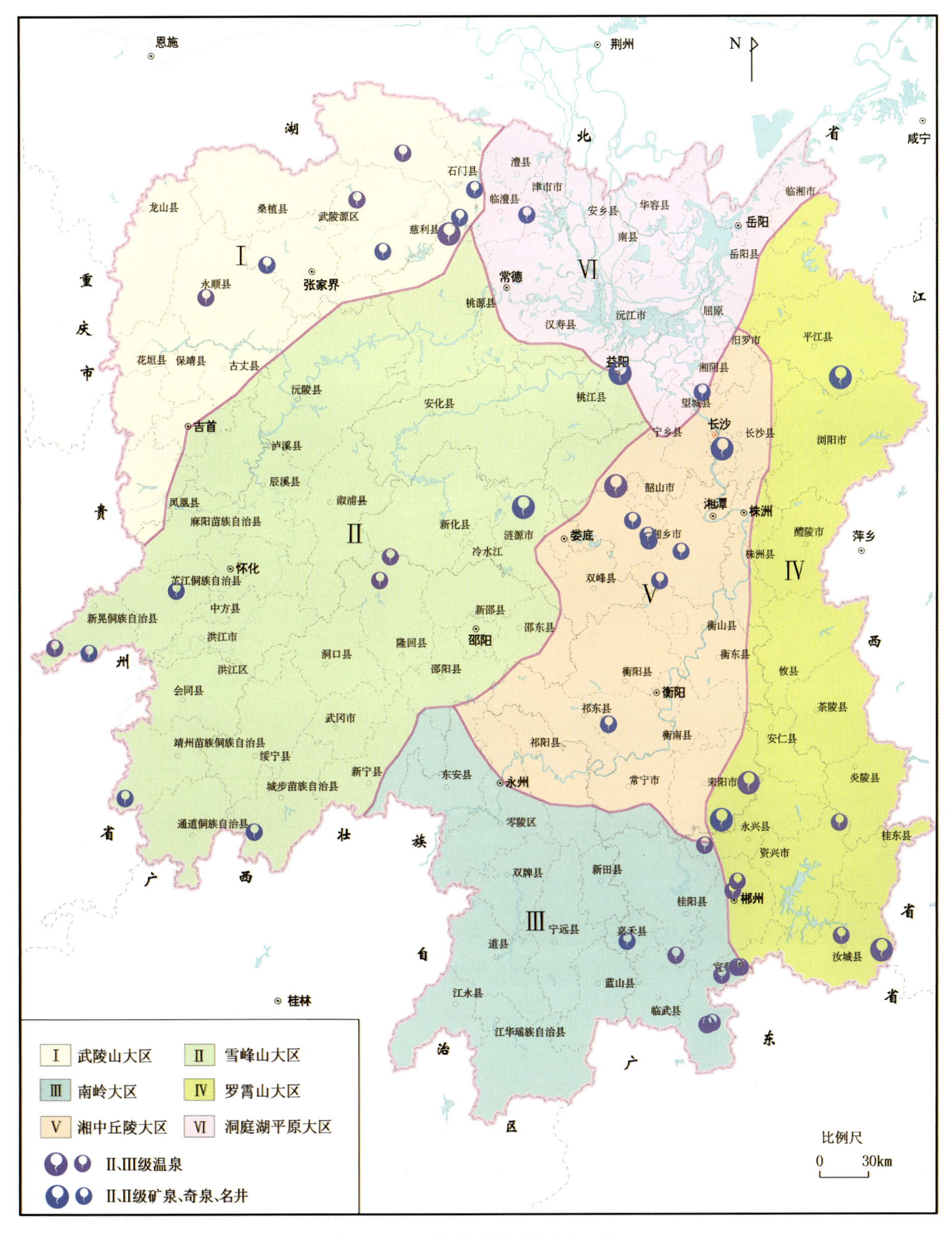

图 3－172　湖南省重要温泉分布图

2011—2013年开展的湖南省地质遗迹调查共查明全省重要水体景观117处(附表),其中风景河流、湖泊26处,瀑布48处,温泉、矿泉、奇泉、名井43处。它们在空间上的分布情况为:武陵山区29处,雪峰山区27处,南岭山区19处,罗霄山区24处,湘中丘陵区11处,洞庭湖平原区7处。

二、重要风景河流、湖泊例举

1. 张家界茅岩河(国家级)

茅岩河位于张家界市永定区、桑植县境内,属于澧水上游河段,全长53km。河流在茅岩河峡谷底部穿行,总落差约60m,多险滩、急流,两岸崖壁陡立,怪石嶙峋,洞穴密布,瀑布成群,植被茂密,有"百里画廊"之美誉。如乘橡皮舟顺水而下,水流时而迅急,时而平缓,既可以欣赏美丽的峡谷风光,又可领略急流险滩的惊险与刺激,特别是一挂挂飞瀑流泉,从陡峭的峰腰峦肚中飞流直下,神奇美丽,尤以水洞瀑布最为迷人(图3-173)。瀑布从70多米高的峭壁泻出,漫流过三级凸凹不平的峭壁,形成长短不一的三叠,瀑水在每级石台上漫过突兀出来的沟沟槽槽飞流而下,或宽如银河,或窄似白练,或似垂挂的水帘,或似串串银珠,飞落茅岩河中,撞击得河水颤颤悠悠,鳞光闪闪。

图3-173 张家界茅岩河

2. 张家界金鞭溪(国家级)

金鞭溪位于张家界市武陵源区,属澧水上游的二级支流索溪水系,西连琵琶溪,东入索溪,全长约10km。金鞭溪贯穿张家界世界地质公园武陵源张家界地貌区,溪水绕峰穿峡,时而隐埋于草丛,时而跳出了巨石,因山就势,委婉蛇行。流水潺潺,清澈见底、纤尘不染的碧水中,鱼儿欢快地游动,红、绿、白各色卵石在水中闪亮。阳光透过林隙在水面洒落斑驳的影子,给人一种大自然安谧静美的享受。可以说,武陵源砂岩峰林因金鞭溪而生机盎然,金鞭溪因砂岩峰林而内涵丰富,两者相辅相成、相得益彰，描绘出一幅无与伦比的山水画卷（图3－174）。主要的游览景点有：闺门岩、"观音送子"、"猪八戒背媳妇"、"醉罗汉"、"神鹰护鞭"、金鞭岩、花果山、水帘洞、"劈山救母"、蜡烛峰、长寿泉、文星岩、紫草潭、"千里相会"、楠木坪、骆驼峰、"水绕四门"等。

图3－174　张家界金鞭溪

3. 张家界宝峰湖（国家级）

宝峰湖位于张家界市武陵源区东部，是一个拦峡筑坝而成的人工湖。湖泊依山势呈狭长形，长约2.5km，湖水深72m。宝峰湖以其秀丽的湖光山色成为武陵源山水风景杰作，1992年，作为武陵源砂岩峰林景观的组成部分被联合国教科文组织列入世界自然遗产名录，并被称为"世界湖泊经典"。湖中有两座叠翠小岛，近岸奇峰屹立，峰回水转。湖水犹如一面宝镜，四面青山，一泓碧水，群峰倒映在水中，水因山而更绿，山因水而更青，一湖绿水半湖倒影，充满了无限的诗情画意（图3－175）。

4. 安化雪峰湖（国家级）

雪峰湖位于安化县资水中游，雪峰湖国家地质公园内，其范围上起坪口，下临大坝，绵延56km，水面85km²，内含半岛、孤岛45处（图3－176）。雪峰湖规模壮阔，波光潋滟，揽千峰之翠，纳万泉之清；宽阔处，碧波万顷，浩若洞庭；狭窄处则青山对峙，逼仄视线。荡舟湖上，船移景换，远景、中景、近景，配置相宜，如画家手中徐徐摊开的长轴山水画。湖面平静时，高空的白云和四周的青山清晰地倒映水中，湖山天影融为晶莹的一体。微风吹来，湖面泛起一圈圈涟漪，柔和的阳光把湖水染得斑驳陆离，无数的光带恰似一条条素绢在水面飘动。

图 3－175　张家界宝峰湖

图 3－176　安化雪峰湖

5. 涟源湄江塞海（国家级）

塞海位于涟源市湄江镇湄塘村，湄江国家地质公园内，是著名的岩溶湖，以秀美而著称。现平水期湖面面积约 15 万 m^2，湖水主要来源于湄塘河。在成因上，塞海及与之连通的部分湄塘河段可能由溶洞地下河经构造抬升、侵蚀、溶蚀、崩塌等各种地质作用演变而成。因湖底还存在部分堵塞的地下河入口，故湖水渗漏较为严重（在莲花涌泉等地段渗出），枯水时期水面大为缩小。塞海及其周边景点非常集中，山水相映，秀美宜人，主要景点有“天子冠”、蝙蝠崖、三道岩门、鹰嘴崖、青蛙山、百兽岭、“观音望海”、天坑等，可谓“山、水、洞、石、崖、滩、坑”集于一身，“奇、险、壮、秀、绝、怪”融于一体（图3-177）。

图3-177　涟源湄江塞海

6. 其他重要风景河流、湖泊

湖南省重要风景河流、湖泊还有永顺猛洞河、凤凰沱江、新宁扶夷江、通道临口河、郴州郴江、郴州东江湖、古丈栖凤湖、凤凰大小坪岩溶湖、常德柳叶湖、攸县酒仙湖、湘乡水府庙等，择取几例简要介绍如下。

永顺猛洞河（国家级）：沅水上游西水中段，长100多千米，因“山猛似虎，水急如龙，洞穴奇多”而得名。著名的猛洞河“天下第一漂”漂流河段位于猛洞河支流司河河段，全长47km，最精彩处哈妮宫至牛路河段，长约17km。该段水流湍急，水质碧绿，两岸原始次生林郁郁葱葱，有急流险滩108处，大小瀑布20处，有“十里绝壁”“十里瀑泉”“十里画卷”“十里洞天”的美誉（图3-178）。瀑布主要有落水坑瀑布、捏土瀑布、梦思峡瀑布、哈尼宫瀑布、铜钱眼瀑布。

凤凰沱江（国家级）：凤凰县内最大河流。古人称蛇为“沱”，沱江宛如一条巨蛇，尾西头东，蜿蜒前行，故而得名。其上游在山区中流动，落差大，峡谷多，包括三峡汛流、龙塘河、长潭岗等风景河段。在凤凰古城内，清澈的沱江与两岸的青山及沿河吊脚楼等古建筑交相辉映，形成天人合一的景观（图3-179）。

新宁扶夷江（国家级）：属于资水上游水系，发源于广西猫儿山，自南向北贯穿崀山国家地质公园，境内流程达10.65km，水面宽约100m。江水清澈透底，两岸多赤壁丹峰，雄伟奇险的山景与柔顺飘逸的水景巧妙融合，形成刚柔相济美景，十二滩、十二景，景景迥异（图3-180）。此外，两岸沙滩沙质纯洁，岸柳竹海连绵，芳草争妍，衬托着连峰赤壁，更显诗情画意。

图 3－178　永顺猛洞河

图 3－179　凤凰沱江

图 3-180　新宁扶夷江

郴州东江湖(国家级):位于郴州市资兴市,面积 160km^2,蓄水 81.2 亿 m^3,誉称"南洞庭",是我国中南地区目前最大的人工湖泊,也是国家水上体育训练基地之一。碧波清粼的湖面星罗棋布地镶嵌着数十个岛屿,湖光山色展现出一派旖旎无比的山水风光(图 3-181)。特别是其北面主入口处,为长约 10km 的狭长平湖,两岸峰峦叠翠,湖面水汽蒸腾,云雾缭绕,神秘绮丽,其雾时移时凝,宛如一条被仙女挥舞着的"白练",美丽之极,堪称中华一绝。

三、重要瀑布例举

1. 炎陵东坑瀑布(国家级)

东坑瀑布位于炎陵县十都乡桃源洞村,为湖南省总落差最大的瀑布。瀑布发育区为燕山期花岗岩构成的中山峡谷区,峡谷两侧崖壁陡峭。站立峡谷对岸,只见一股急流自崖壁豁口冲出,沿陡峭崖壁倾泻而下,形成三级瀑流,汇入谷底溪流(图 3-182)。从成因来说,该瀑布属于裂点型瀑布。瀑布总落差 214m,宽 5~15m。瀑流在深涧中似一道白练当空飘舞,又如一条白龙飞身下泻。丰水季节,如天河倾泻,一级撞一级,惊心动魄;枯水季节,一线瀑如轻纱飘渺,细长而秀丽。

2. 花垣大龙洞瀑布(国家级)

大龙洞瀑布位于花垣县大龙洞乡大龙洞村,古苗河地质公园内,为湖南省总落差第二、单级落差最大的著名瀑布。瀑布发育区为台地峡谷型岩溶地貌区,出露地层为寒武系车夫组灰岩、白云质灰

图 3-181　资兴东江湖

岩。瀑布所在处高岩河峡谷，大龙河源头，只见一堵弧形崖壁，崖高 420m 以上，崖壁上出露大龙洞洞口，大量的岩溶地下水从洞口喷涌而出，形成一股 20 多米宽的白色巨流，垂直落下，落差为 197m（单级瀑布），犹如一匹脱缰的野马，桀骜不驯，溅起的水珠形成一团团的雾飘然而下，跌水直落深不可测的潭中，其声如雷，使人无法靠近。由于水量充沛，瀑布形成的水雾山风，一团团、一阵阵洒落在对岸的山坡上，若遇晴天，七彩长虹在云中雾里时隐时现，构成一幅山水交融的奇观（图 3-183）。

图 3-182　炎陵东坑瀑布

图 3-183　花垣大龙洞瀑布

3. 花垣小龙洞瀑布群(国家级)

小龙洞瀑布群位于花垣县排碧乡排碧村，古苗河地质公园内。瀑布发育区高岩河峡谷出露地层为寒武系碳酸盐岩。只见一"U"形山谷，悬崖高达300m，悬崖上悬挂4条瀑布(图3-184)，每条相隔不足100m，均从溶洞口流出，落差均在100m以上。4条瀑布各具特色，各有美称：水面宽，气势磅礴的名为"小龙洞瀑布"(落差132m)；洞口威严，水势汹汹，响声如雷的叫"雷公瀑布"；水落如纱、含情脉脉的叫"护潭瀑布"；美姿婆娑，形态妖娆的叫"蟹将瀑布"。4条瀑布落下后，汇入崖底深潭。潭水溢出，流经9个高低落差几米的小潭，层层叠叠，纵横交错，形成阶梯式的小瀑布群。

图3-184　花垣小龙洞瀑布群

4. 花垣燕子峡瀑布群(国家级)

燕子峡瀑布群位于花垣县排碧乡排料村，夯峡溪尽头燕子峡。燕子峡是一条深邃的碳酸盐岩隘谷，呈里宽外窄的口袋形，峡深300多米，东、北、西三面都是绝壁，因西南绝壁旁侧有一座形如起飞燕子的"燕子峰"而得名。从燕子峰至燕子峡尽头的西北面崖壁上，悬挂着7道飞瀑，落差140～196m。雨季7道瀑连成一片，宽300多米，满谷水雾，气势磅礴(图3-185)；旱季大瀑布分成若干小瀑布，挂于壁上，如丝绢，如白纱，如锦缎，具有一种女性的柔美感。

图 3－185　花垣燕子峡瀑布群

5. 吉首流纱瀑布(国家级)

流纱瀑布位于吉首市矮寨乡德夯村，九龙峡尽头，德夯地质公园内，为湖南省著名瀑布(图 3－186)。瀑布发育区为峰脊峡谷型岩溶地貌，出露地层为寒武系清虚洞组薄层至中厚层灰岩。该瀑布属于断裂型瀑布，总落差 180m，分为两级：第一级顺着陡崖飞泻，落差 55m，宽 10m；第二级垂直下落，落差 125m，宽 15～20m，瀑流水质清澈。丰水期，滚滚流水从悬崖上飞落入深潭，犹如九龙翻波，声若巨雷，气势磅礴，雄奇壮观！每当枯水时节，流水飘下悬崖，时而如轻纱拂面，时而似珠帘悬挂，宛如白纱荡涤绿潭，漾起层层涟漪，婀娜多姿，温柔秀雅。瀑布下有一清澈碧绿的水潭——九龙潭，水潭呈圆形，直径 50 余米，水深 5～6m。潭中有游鱼、龙虾、螃蟹和娃娃鱼等，荡舟其上，别有一番情趣。

6. 凤凰尖多朵瀑布(国家级)

尖多朵瀑布位于凤凰县柳薄乡禾排村，禾排峡谷内，为湖南省著名瀑布。瀑布发育区为台地峡谷型岩溶地貌，出露地层为寒武系碳酸盐岩。从成因来说，该瀑布属于断裂型瀑布。峡谷内，一团“白练”从悬崖处下泻，随风漫卷轻荡，似烟如云，极为壮观，这就是尖多朵瀑布。瀑布落差 178m(单级瀑布)，最低流量 0.27m^3/s，洪峰期流量达 50m^3/s。现利用瀑布兴建禾排电站，从电站至放水口共有 1 350 级台阶。每到汛期，瀑布凌空飞泻，吞云吐雾、声若巨雷，像一条巨龙狂啸而下，十分壮观(图 3－187)。枯水时节，瀑布就像轻纱拂面，温柔秀雅，朦胧飘逸，煞是好看。

7. 永顺王村瀑布(国家级)

王村瀑布位于永顺县芙蓉镇酉水河畔，为湖南省宽度最大的瀑布(图 3－188)。瀑布发育区出露

图 3-186 吉首德夯流纱瀑布

图 3-187 凤凰尖多朵瀑布

地层为寒武系深灰色中厚层灰岩、白云岩。芙蓉镇东侧有一条小溪，湍急的溪水从北向南汇入酉水时，突从悬崖飞泻而下，形成一条总落差约 60m、宽约 70m 的瀑布，即王村瀑布。从成因来说，该瀑布属于裂点侵蚀型瀑布。瀑布分为两级，每级落差各约 30m，第一级瀑流从崖顶飞泻而下，重重地撞击在第二级瀑流顶所在的碳酸盐岩台面上，激起巨大水花，飞向天空，然后带着漫天的水雾，又再跌落，汇入酉水，气势磅礴，颇为壮观。此时从瀑布下游远望，芙蓉镇就像挂在瀑布上，景观奇特。此外，王村瀑布有一种日益"后退"现象，这是瀑流日夜不停地冲蚀、溶蚀崖壁及溪床的结果，这种冲蚀、溶蚀作用甚至导致溪床和崖壁下面形成溶洞以及溶洞顶部的逐渐坍塌。第二级瀑流下面有一石板小道，游人可通过小道在瀑流下面往来穿游，透过水帘观看酉水秀色。正如古人诗赞："悬流百尺挂珠帘，水底岩廊径过穿。隔岸不愁春夏涨，相将渡出洞中天。"

此外，湖南省较为知名或观赏价值较高的瀑布还有凤凰象鼻山瀑布（三级瀑布，总落差约 175m，图 3-189）、凤凰古妖潭瀑布群（共 6 条大小不一的瀑布，最大落差约 65m）、宜章莽山九叠泉瀑布（九级瀑布，图 3-190）、宜章莽山将军寨瀑布（落差约 100m）、江永大泊水瀑布（落差 124m，图 3-191）、桂东龙溪瀑布（落差 100m，图 3-192）、涟源飞水洞瀑布（落差约 140m，图 3-193）、新邵水帘洞瀑布（落差 88m）、绥宁六鹅洞瀑布（落差 35m，图 3-194）、炎陵神龙谷珠帘瀑布（落差 48m，图 3-195）和南岳衡山水帘洞瀑布（三级瀑布，总落差约 50m）等。

四、重要泉井例举

1. 宁乡灰汤温泉（国家级）

灰汤温泉位于宁乡县灰汤镇灰汤村，为岩浆岩深断裂带导热型高温热泉。区内地势东、南、西三

图 3－188　永顺王村瀑布

图 3－189　凤凰象鼻山瀑布

图 3－190　宜章莽山九叠泉瀑布(部分)

图 3-191　江永大泊水瀑布

图 3-192　桂东龙溪瀑布

图 3-193　涟源飞水洞瀑布

图 3-194　绥宁六鹅洞瀑布

图 3-195　炎陵神农谷珠帘瀑布

图 3-196　宁乡灰汤温泉取水口

面高，北东低，海拔 83～150m，乌江由南西向北东流经本区，乌江及其支流狮桥河所夹持的三角形地带，即为已探明的地热田灰汤段分布区（图 3-196）。区内出露地层为上白垩统砂砾岩、砾岩，下伏燕山期花岗岩，发育北东向、北西向断裂，次级节理裂隙发育。热泉受断裂控制，乌江断裂为主要导水、导热、储水、储热构造，热水口位于北西向次级断裂与导水断裂交会处，上部隔水保温层为白垩系砂砾岩层，而碎裂花岗岩（厚 40m 左右）及其下的花岗质角砾岩（厚 25～38m）为储热、储水层，下部隔水保温层为花岗质糜棱岩（厚 140m）（图 3-197）。热水热源来源于 3 个方面，一是岩浆岩余热和岩浆侵入热，二是断裂蠕变热，三是放射性蜕变热。泉水流量 1 100～1 800m^3/d，泉水温度 90℃左右。pH 值 9 左右，矿化度 0.21～0.4g/L，总硬度 0.138～0.342mmol/L，含有多种元素，水质类型属高温碱性低矿化度重碳酸-钠氟及硅质水。泉水水量大，水温高，是较为稀少的高温泉，泉水可作矿泉水饮用、地热发电、温室或取暖、医疗或温泉浴、提取化学元素或矿物质、养殖或洗涤、灌溉农田或其他用途，具有较大的开发价值及科研价值。目前已被广泛开发利用为温泉疗养院、宾馆及旅游休闲中心。

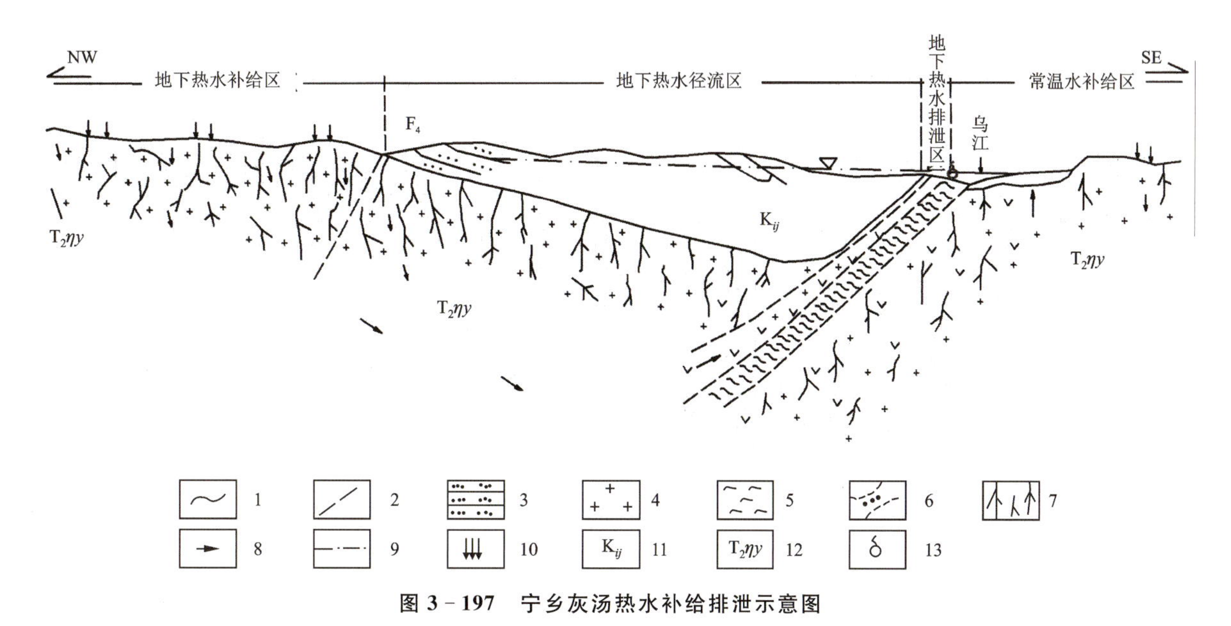

图 3-197 宁乡灰汤热水补给排泄示意图

1. 地层界线;2. 断层及编号;3. 砂砾岩;4. 花岗岩;5. 糜棱岩;6. 含热水带;7. 裂隙;8. 热水流向;9. 热水位线;10. 补给示意;11. 白垩系砂砾岩;12. 燕山期花岗岩;13. 热泉

2. 汝城热水圩温泉(国家级)

图 3-198 汝城热水圩温泉分布区

热水圩温泉位于汝城县热水镇热水村,热水河东侧(图 3-198)。泉水出露于燕山期花岗岩西侧与震旦系板岩的外接触带北东向断裂带中(图 3-199),属岩浆岩余热深断裂导热放射性热型高温热泉,出口位于北西向张性断裂与北东向主干断裂带交会处,热田面积 $8km^2$。热泉出水口 165 处,水温一般 91.5℃,最高 98℃,涌水量 $5\ 000m^3/d$,是全省水温最高、流量最大的热水泉。属低矿化、低硬度、高温弱碱重碳酸钠-氟硅酸水,pH 值 8.2,含偏硅酸、钙、锂、铁等人体有益元素及 H_2S 等气体,已用于农业育种、医疗、疗养度假。

3. 平江福寿山矿泉(国家级)

福寿山矿泉位于平江县思村乡北山村亭子坳南侧,福寿山风景名胜区内(图 3-200)。矿泉水井原为一天然泉群,1985 年开挖为两个自流井。1 号井深 2.7m,2 号井深 4.73m,矿泉水从井底断裂带及花岗岩裂隙上涌。该断裂带(北东向)为板溪群板岩与花岗岩接触带。矿泉水的水化学类型为 $HCO_3 \cdot Cl-Ca \cdot Na$ 型,HCO_3:27.53~524.7mg/L;Ca:5.85~162.12mg/L;Na:4.26~7.56mg/L;pH 值 5.1~6.0,矿化度 74.85~128mg/L;总硬度 15.7~23.6mg/L;水温 18~19℃。游离 CO_2 含量为 778~1 540mg/L,平均 902.61mg/L,H_2SiO_3 含量 31.17~49.4mg/L,均达到国家饮用水天然矿泉水标准,各项限量指标均在允许范围之内。经 2 号井抽水试验,在水位降低 3.2m 时,允许开采量为 $10\ 575m^3/a$;1 号井在水位降低 1.8m 时,允许开采量为 $7\ 435m^3/a$,两井允许开采量共为 $18\ 010m^3/a$。

福寿山矿泉水质优良,可与法国维希矿泉水媲美,1991 年被国家旅游局确定为旅游定点商品。在

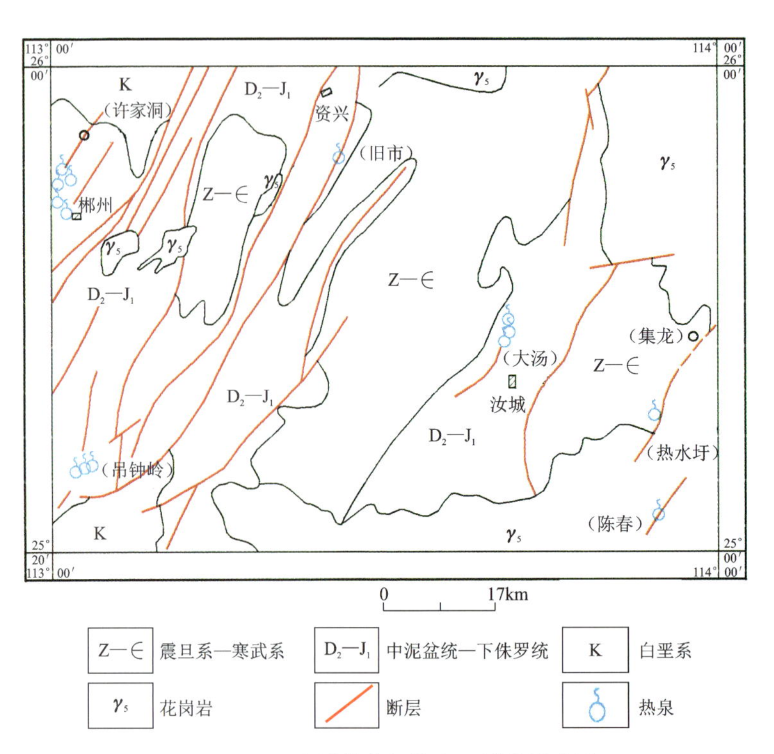

图 3-199 汝城热水圩热泉区域地质略图

首届中国食品博览会上，平江县"福寿山牌"矿泉水，在 100 多种矿泉水评比中，以其特有的元素组分构成的高质量和精美包装，一举夺魁，荣获金牌。

4. 湘乡东山矿泉(省级)

东山矿泉位于湘乡市东山办事处涟水河东岸东台山脉西北麓，是湖南省首次发现的大型锌矿泉。该泉为历史名泉，清代称"芗泉漱琼"，南齐时以之"充贡"。多年来一直被当地用于灌溉、酿酒业，至今湘乡啤酒厂用该泉水酿酒，质量上乘(图 3-201)。

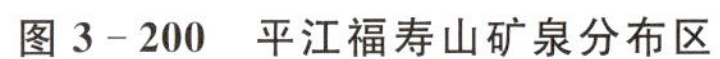

图 3-200 平江福寿山矿泉分布区

图 3-201 湘乡啤酒厂矿泉抽水房

矿泉位于北东向东台山断裂带，断裂带上发育一系列硅化角砾岩，厚度最大 150m。该断裂南西延至歇马花岗岩体，泉区长约 4km，硅化角砾岩带厚 30～150m 不等，倾向北西，倾角 35°～45°，断距

500m 以上，上盘为白垩系，下盘为板溪群(图 3-202)。该断裂带是泉水储水运移的通道，尤其是与北西向张性断层交会地带，矿泉水具有更大的水力联系范围。断层顶底板为不透水保护层，对泉水起聚集保护作用。泉区西南歇马花岗岩为矿泉水提供了有益微量元素组分源，其含量为：$Si_2O_7^{-6}$ 25.73～27.3mg/L、Sr 0.02～0.06mg/L、Li 0.01mg/L、Se 痕量、Zn 0.267～1.08mg/L、Mn 0.11mg/L、Fe 1.60mg/L、Cu 0.019 5mg/L、F 0.45mg/L、CO_2 13.64mg/L，水温 22℃。矿泉水属偏硅酸、锂、锶、锌、CO_2 复合型矿泉水，其成因为大气降水经断裂向下深循环的结果。泉区最大上升泉 1 号泉流量 15m^3/s，3 号泉流量 6.66m^3/s。1 号泉东北相距 1.3km 的 ZK2 孔，每昼夜抽水平均为 1 200m^3，水量稳定。

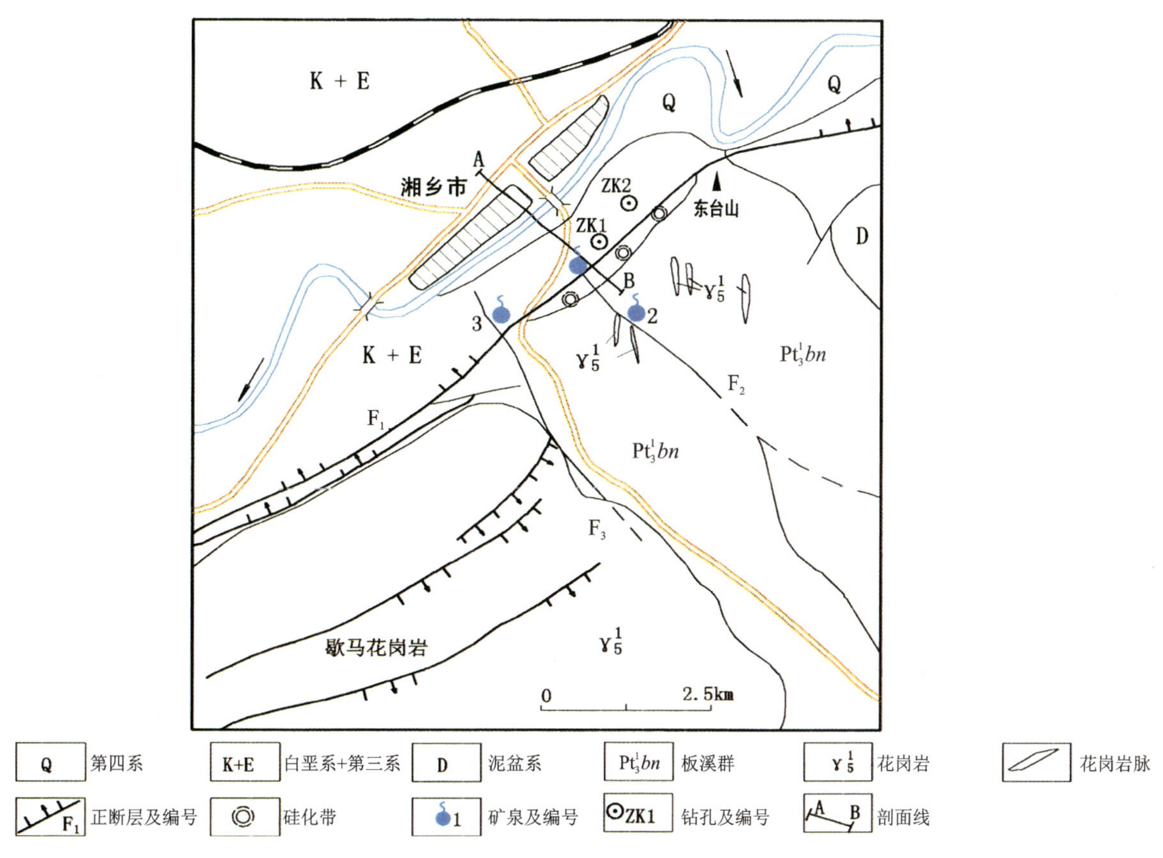

图 3-202　湘乡东山矿泉区域地质简图

5. 涟源湄江莲花涌泉(国家级)

莲花涌泉位于涟源市湄江镇湄塘村，湄江国家地质公园内，是著名的岩溶上升泉，也是国内罕见的特大型岩溶涌泉。据同治《安化县志》记载，该涌泉称“澄涌池”，因泉涌形似莲花而称“莲花池”。涌泉出露于观音崖崖脚，出口处形成水池，池面面积约 2 400m^2。走近水池，只见池中 5 眼涌泉，从池底冒出，沸沸扬扬，似朵朵莲花，荡漾池中(图 3-203)。经测量，涌泉流量 2～3m^3/s，为我国流量最大的岩溶涌泉之一。经实地勘测，塞海湖至莲花涌泉区段，发育较多受断层控制的

图 3-203　涟源湄江莲花涌泉

水平向岩溶透水通道，并发育有规模较大的地下河，故莲花涌泉岩溶水主要来源于塞海渗漏水（图 3－204）。涌泉通过 3 个排水断面排水，由此保持水池水位基本稳定。泉水既用作村民饮用水，也用来大量灌溉农田。

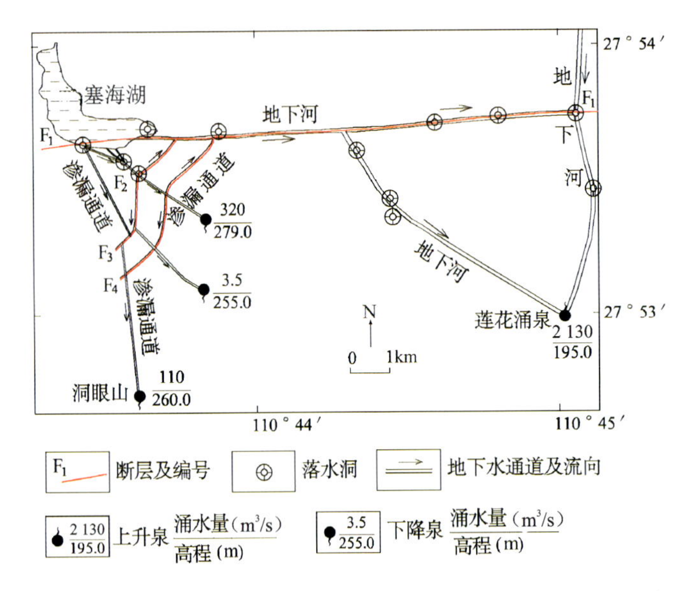

图 3－204　涓江塞海至莲花涌泉区段地下河及渗漏通道发育示意图

第十节　重要流水地貌

一、流水地貌特征概述

湖南省流水地貌分为两类，一是流水侵蚀地貌，二是流水堆积地貌。

湖南省较有特色的流水侵蚀地貌有深切曲流、壶穴等。深切曲流多分布在河流中上游，且软硬岩层结合或构造破碎地带，如平江汨水曲流、新宁扶夷江曲流、桑植娄水曲流等均分布在这样的地带。壶穴多分布在水流迅急的山谷河溪底部。在这样的地段，急流挟带砾石在构造破碎或岩层软弱处冲刷、旋磨而成一个个深穴，即壶穴。湖南省规模较大的壶穴有龙山猛洞河壶穴群、平江蟒洞河壶穴群、南岳衡山龙凤溪壶穴群、旷家溪壶穴群等。

湖南省分布较为普遍的流水堆积地貌是河漫滩、侵蚀堆积阶地和河心洲，特别引人注目的是河心洲。著名的河心洲有长沙橘子洲、衡阳东洲、永州萍岛、衡南江口鸟岛等，它们大都成为了风景名胜之地。

2011—2013 年开展的湖南省地质遗迹调查共查明全省重要流水地貌 21 处（附表），其中流水侵蚀地貌 2 处，流水堆积地貌 19 处。它们在空间上的分布情况为：武陵山区 1 处，雪峰山区 5 处，南岭山区 3 处，罗霄山区 1 处，湘中丘陵区 9 处，洞庭湖平原区 2 处。

二、重要流水地貌例举

1. 龙山猛洞河壶穴群(省级)

猛洞河壶穴群位于龙山县新城乡猛洞河河床中。由于白垩系红色砂岩、含砾砂岩、砂砾岩经长期湍水、涡流的冲刷和流水携带的岩块、砂砾的磨蚀,形成了大小不等,形态各异、分布密集的石臼、石坑,这就是猛洞河独特的流水侵蚀地貌——壶穴群(图 3-205)。密布壶穴的河谷长 3 800m,宽 5～15m。经有关专家考证,这是迄今为止湖南省,乃至我国中南地区发现的规模最大、最具科学和美学价值的壶穴地貌景观。

图 3-205　龙山猛洞河壶穴群

2. 平江汨水曲流和盘石洲(省级)

汨水是汨罗江主源,发源于幕阜山东北部的黄龙山,自西向东贯穿平江。在平江县城至浯口镇之间,汨水流经变质岩低山丘陵区,水流平缓,侧蚀作用明显,河流不断地侵蚀河岸,扩张河床,致使河道弯曲,形成很多曲流(图 3-206)。位于平江县瓮江镇的盘石洲,即为汨水曲流段的江边洲,面积 65.87hm^2($1hm^2=10\ 000m^2$)。该洲三面临水,由于流水向凹岸侵蚀、向凸岸堆积,故洲中心及靠陆一侧为冷家溪群灰绿色变质砂质板岩构成的低山丘陵,临水边缘则为第四纪堆积地貌。盘石洲环境优美,因形似天外飘来的"绿色飞碟",素有"湘北明珠"之称(图 3-207)。

图 3-206　汨罗江曲流段

图 3-207　平江盘石洲

3. 长沙橘子洲(国家级)

长沙橘子洲位于长沙市岳麓区,地处湘江江心,西望岳麓山,东临长沙城。橘子洲形状狭长,南北长约 5km,东西最宽处 300 多米,最窄处不到 50m,面积达 91.64hm^2,是湖南省最长的内陆河洲。橘子洲属流水冲积物堆积而成的沙洲,出露地层为第四系橘子洲组,岩性上部为砂土层,下部为砂砾石层。橘子洲是长沙重要名胜之一,这里环境优美,橘林成片,风光清绝,历史文化底蕴悠长、厚重,曾是毛泽东早期革命活动的场所,现已申报为 AAAAA 级旅游景区和国家重点风景名胜区,正规划建成国际性观光文化景区(图 3-208)。

图 3-208　长沙橘子洲

4. 永州萍岛(省级)

永州萍岛又称频洲,位于永州市零陵区城北 4km,潇水和湘江两水汇合处。岛呈橄榄状,周长约 600m,面积 $0.6km^2$。相传岛有随水涨落之奇,故又有“频洲春涨”之称。岛上竹蕉繁茂,风帆与岛上竹林相映,橹声与洲上鸟语共鸣,诗情画意,风物宜人,系永州八景之一,唐宋以来,即负盛誉。这里初春桃李比绿,盛夏芭桑争艳,深秋金桂飘香,严冬修竹摇影,被宋代著名诗人米芾称之为“瑶台”仙境(图 3-209)。

图 3-209 永州萍岛

5. 衡南江口鸟岛(省级)

江口鸟岛位于衡南县江口镇袁家村,是地处湘江支流耒水河中的河心洲,由陈家洲、张家洲、龙家洲 3 个洲组成,由第四系全新统细砂、砂砾石层构成。洲呈长条形,北西向,两端尖,长 780m,平均宽 80m,面积约 $200hm^2$。洲滩及周边生态环境良好,洲上古树修竹成荫,附近水库、池塘星罗棋布,稻田、森林延绵成片,鸟类食物丰富,是鸟类活动的理想王国(图 3-210)。一年四季在这里栖息和繁衍的鸟类有 17 目 38 科 181 种,总数达 10 万只以上,目前已成为湖南省以保护鸟类为主的自然保护区。

图 3-210 衡南江口鸟岛

第十一节　其他重要地貌景观

一、其他重要地貌景观特征概述

湖南省其他地貌景观包括其他碎屑岩地貌(丹霞地貌和张家界地貌以外的碎屑岩地貌)、变质岩地貌、构造地貌和冰川地貌等。

碎屑岩地貌是由碎屑岩发育而成的地貌。我国碎屑岩地貌根据地貌发育物质基础(碎屑岩层)的地质年代、岩性差异、地貌主体成因和特征等方面的差异划分为6类,分别为嶂石岩地貌、张家界地貌、丹霞地貌、土林地貌、雅丹地貌和其他碎屑岩地貌。湖南省碎屑岩地貌可划分为3类,分别为丹霞地貌、张家界地貌和其他碎屑岩地貌(其他砂岩、砂砾岩地貌)。

变质岩地貌是由变质岩发育而成的地貌。因部分变质岩较易风化破碎,多形成低缓山地、丘陵和平原,但热力变质重新结晶的岩石,如大理岩、石英岩、片麻岩等,大多比较坚硬,不易风化,可形成陡峻山地、山峰和深切峡谷。湖南省较为著名的变质岩山地、山峰有新化大熊山、涟源龙山、武冈云山、衡阳岣嵝峰、益阳碧云峰,深切峡谷则有洪江岩鹰岩大峡谷、浏阳周洛大峡谷等。

构造地貌是由地球内动力地质作用直接造就的和受地质体与地质构造控制的地貌,包括峡谷、断层崖、飞来峰和构造窗等。从宏观上来看,所有地形地貌景观都是内、外动力地质作用共同造就的,内动力地质作用为主,是控制者,如峡谷的形成,大都受断层构造的控制,但并不是所有的峡谷都归入构造地貌,一般情况下只把地层岩性复杂多样的峡谷地貌归入构造地貌,岩性较为单一的峡谷地貌则归入其他类型地貌景观,如碳酸盐岩地区的峡谷归入岩溶地貌,红层地区的峡谷归入丹霞地貌。

冰川地貌是由冰川作用塑造的地貌,分为两类:一是冰川侵蚀地貌,如角峰、刃脊、冰斗、冰坎、冰川槽谷及羊背石、冰川刻槽等磨蚀地貌;二是冰川堆积地貌,如冰碛丘陵、侧碛堤、鼓丘、漂砾等。

湖南省有无第四纪冰川遗迹存在较大的争议。中华人民共和国成立前,地质学家李四光、孙殿卿在川东、鄂西、湘西、桂北以及庐山等地调查,均认为发现了很多第四纪冰蚀地形和冰碛堆积物,并在一些地区找到具有条痕的漂砾,从而说明第四纪冰期的存在。此后,不少专家考察发现,湖南省西部、东部和南部山地均存在第四纪冰川遗迹,比较典型的冰川遗迹分布区有湘西的雪峰山、湘东浏阳大围山、炎陵神龙谷、桂东八面山和齐云山、汝城热水等。

2011—2013年开展的湖南省地质遗迹调查共查明湖南省其他重要碎屑岩地貌7处,变质岩地貌15处,典型构造地貌8处,第四纪冰川遗迹或疑似冰川遗迹4处(附表),其中浏阳大围山第四纪冰川遗迹得到了大部分专家的认可,而桂东齐云山、桂东牛郎溪、汝城热水冰川遗迹(主要是冰臼)遭受较多专家质疑,故暂时称它们为石臼群。

二、其他重要地貌景观例举

1. 茶陵云阳山碎屑岩地貌(国家级)

云阳山位于茶陵县城西南侧,面积约57km^2,为云阳山省级地质公园核心景区。云阳山海拔963.2m(主峰正阳峰),主体部位出露寒武系浅变质石英砂岩、长石石英砂岩和泥盆系跳马涧组砂砾岩、石英砂岩,构造上属于太和仙构造隆起(穹隆)区,其核部由寒武系构成,泥盆系砾岩与其不整合接触，加里东期、印支期、燕山期等各期构造将其截断。这里是湖南省古生代至中生代大陆地壳运动的典型地区，分布有代表加里东期、印支期、燕山期及四川期 4 次地壳运动的不整合接触面(图 3－211)。因岩层中节理、裂隙发育，在长期风化、剥蚀作用下，形成了紫薇峰、老君岩、仙人脚岩、观音岩、张良试剑石、神龟岩、鹰嘴石等造型丰富的砂岩地貌景观。

图 3－211　茶陵云阳山印支运动产生的地层不整合接触关系(上为下侏罗统，下为上泥盆统)

紫薇峰是云阳山第二高峰(图 3－212)，海拔 864.7m。峰巅崖壁险峻，怪石嶙峋，如蹲如立，峰侧岩柱林立。徐霞客描述此峰“石崖高穹、峰笋离立”。该峰为理想的观景点，素有“一峰观三县”之说，东观茶陵县城，南眺安仁熊耳山，北望攸县。登峰远眺，层峰叠嶂，耸碧拥翠，势若绿潮奔涌，紫薇叠翠，尽现眼底；如遇雨过初晴，群峰如洗，半露云海之上的秀峰，如座座蓬莱仙岛。紫薇峰西侧半山腰突起的岩峰叫老君岩，这里由砂岩构成的奇岩怪石林立，千姿百态，不一而足。其中两块挺拔高大的巨石，远看像是一坐一立的两个人在亲切交谈，大者如端坐的老道人，稍小者如听教诲的道童，民间称之为老君岩。老君岩西边不远的峰峡两侧，有两块巨大的造型岩块，其中一块状如足形，足趾上翘，像是正在使劲攀登的脚板，称为仙人脚岩；另一块则称为脚板印岩，像是巨人在岩面上用力一踩留下的脚印。两岩惟妙惟肖，令人称奇叫绝。成因上，它们均是由泥盆系跳马涧组砂岩中一组平行的裂隙，经后来的侵蚀、剥蚀作用而成。前者“足趾”正处于裂隙发育部位，后者“足趾”裂隙已处于消失部位。观音岩是沿砂岩裂隙发育部位崩塌而成的一个自然岩窟，高约 10m，穹顶呈“人”字形，像是人工开凿的穹庐。民间传说南海观音云游云阳山时在此岩窟中歇脚，久久不愿离开，故后人称此穹庐为观音岩，内置观音立像一座。张良试剑石是巨大岩块沿构造裂隙崩裂而成的两块直立巨石，岩面平整，岩块之间的垂直裂隙深约 2.5m，前窄后宽，最宽处 0.4m，像是巨人挥剑劈开而成。民间传说该处是汉代张良功成隐居铸造宝剑之处，故名张良试剑石。

图 3-212 茶陵云阳山紫薇峰

2. 桂东八面山碎屑岩地貌（省级）

八面山碎屑岩地貌主要分布在桂东八面山地质公园八面山景区的中部、西部。八面山是湖南省著名的山地，素以“八面山，离天三尺三，人过要低头，马过要下鞍”而饮誉三湘，主峰海拔 2 051m，为湖南省第四高峰（图 3-213）；地貌特征表现为岭脊众多，地势东西两边高中间低，中部突起，向南北倾斜，呈现“H”形轮廓；地表切割强烈，山陡坡度大，V 型、U 型峡谷众多。八面山中部、西部碎屑岩地貌区地层岩性主要为震旦系、寒武系、奥陶系及泥盆系跳马涧组的石英砂岩、粉砂岩、砂质板岩、变质粉砂岩、变质砂岩等，因岩性软硬不同，故形成各具特色的景观。如坚硬的砂岩构成岭脊和崖壁，如仙女峰、“雄狮卧顶”；坚硬的砂岩、砂砾岩岩块构成造型石，如“犀牛日浴”“炮弹待发”；沟谷中坚硬的石英砂岩、千枚状变质泥质粉砂岩在流水长期冲刷下，构成奇巧的青花石、黄蜡石；而半坚硬的浅变质粉砂岩，则被开垦为层层梯土、梯田景观，如“八仙下棋”、大水梯田（图 3-214）。

3. 绥宁洛口山碎屑岩地貌（省级）

洛口山位于绥宁县东北部，面积约 $12km^2$。该区出露地层为中泥盆统跳马涧组石英砂岩，断裂构造发育，垂直节理、高角度裂隙纵横交错，在流水侵蚀和重力崩塌等外动力地质作用下，洛口山形成了峡谷幽深、峰奇崖峭、石柱挺拔、峰峦叠嶂的奇观；特别是峡谷两侧发育的石英砂岩峰林，其景观特征与张家界地貌类似，故有“绥宁的张家界”之称（图 3-215），但地貌形成条件（如地层岩性、产状等地质背景）不同，故不属于张家界地貌。

图 3-213　桂东八面山

图 3-214　由坚硬砂岩构成的崖壁与半坚硬粉砂岩残坡积物构成的梯土景观

图 3-215　绥宁洛口山砂岩地貌

4. 新化大熊山变质岩地貌(省级)

大熊山位于新化县北端，与安化县接壤，距新化县城 70km，面积 76km^2。区内出露地层有南华系、震旦系、寒武系、奥陶系等，以板溪群出露面积最广，岩性有变质砂岩、板岩、冰碛砾岩、冰碛泥砾岩、砂岩、硅质岩、硅质页岩、碳质板状页岩、砂质页岩、粉砂岩等。大熊山属雪峰山脉北段中山地貌，主体山脊线(九龙峰-大熊峰)走向北东，分支山脉走向南东，北部呈北东向，最高峰九龙峰(湘中最高峰)海拔1 620.6m,最低处林场场部沟谷海拔270m,相对高度1 350余米。大熊山山体雄伟,群峰起伏,海拔1 000m以上的山峰有43座。登上大熊峰(海拔1 606.6m)(图3-216)),可远眺九龙峰,晨观日出,昼观山峦,暮浴晚霞,夜赏星月。区内有较多的峡谷景观,其中川岩江峡谷、春姬峡谷最引人注目,峡谷曲折幽深,两侧林木葱郁,沿谷深潭遍布,跌水众多,瀑布成群,风景秀丽。

图3-216 新化大熊山变质岩山峰(大熊峰)

5. 新邵白水洞峡谷构造地貌(国家级)

白水洞位于新邵县中部,介于邵阳盆地和新涟盆地之间,它其实不是一个洞,而是一条峡谷,即棠溪峡谷。白水洞整体地势北高南低,中有棠溪,发源于北端易家岭,由东北流向西南,两侧山脉环回夹峙,群峰拱卫,其形似洞,因棠溪水白如银,故名白水洞。整个峡谷沿压性兼扭性断裂构造发育,长约10km,宽窄不一,开阔处为宽达1km的河谷盆地(和沙坪处),狭窄处有一线天(仙人巷处)、嶂谷(银涛峡处)、V型峡谷(龙脊峡等处)。其中长约6km的谷段是南华系、震旦系、寒武系、泥盆系等多种地层的结合部,硅质岩、含砾砂岩、冰碛泥砾岩、碳质板岩、钙质页岩、石英砂岩、泥质粉砂岩、灰岩等穿插分布,小范围内复杂多变的地层岩性在全省乃至全国均是较为少见的。

洞天门是白水洞中一段长约500m的峡谷。从形态上来看,该段峡谷犹如一道门廊,平均宽约100m,两侧硅质岩崖壁高100～170m;往北,"门廊"陡然变窄,北端宽不到10m,两侧硅质岩崖壁最高达170m。跨过洞天门,即是曲折幽深的银涛峡,好似进入了幽深的洞穴(图3-217、图3-218)。从地质构造上来看,该段峡谷位于园木山短轴背斜轴部、白水洞-斗山冲压性兼扭性断层中段,可见上震旦统留茶坡组硅质岩逆冲于下寒武统牛蹄塘组碳质板岩之上,形成5～50m宽的挤压带,故挤压褶曲、挤压片理、断层崖、断层擦痕、节理、大小构造透镜体,乃至指示断层上盘上升的小构造形迹均在此清晰可见。从景观上来看,陡峭崖壁、高耸石峰、奇特崩石、溪流跌水、崖壁飞瀑等景观均汇于此段峡谷,可谓风光无限。

图 3-217 新邵白水洞洞天门南端

图 3-218 新邵白水洞洞天门北端(银涛峡南端)

银涛峡是白水洞中一段幼年期形态的峡谷，即嶂谷（图 3－219），属断层构造成因的硅质岩嶂谷。该段峡谷长约 300m，宽 5～10m，两侧崖壁高度超过 100m，最高 150m。谷底棠溪水流汹涌澎湃，撞山击石，急涛喷白，吼声如雷。峡谷两侧崖壁陡峭如削，过去人们需攀石附壁而行，足无蹬处，险象横生；如今修了栈道，人立其上，亦感惊心动魄。

仙人巷是白水洞中一段萌芽期形态的峡谷，即线谷（一线天）（图 3－220），属断层构造成因的硅质岩线谷。受断层的影响，坚硬的硅质岩体中留下了一条狭长的裂缝，且有断层破碎带的小部分破裂岩体受挤压而在裂缝顶部残留下来，于是形成了当今难得一见的仙人巷。仙人巷长近 100m，高 30 余米，宽 1～2m，崖壁光滑直立，渠水穿巷而过。

图 3－219　新邵白水洞银涛峡（嶂谷）

图 3－220　新邵白水洞仙人巷（线谷）

6. 浏阳大围山第四纪冰川遗迹（国家级）

大围山位于浏阳市东北部，主峰七星岭海拔 1 607.9m。大围山是湖南第四纪冰川遗迹发育较好、类型较全的地区，可与庐山第四纪冰川遗迹媲美，主要分为冰蚀地形、冰溜遗痕、冰川堆积物三大类，相对集中分布于水坳里—文竹、七星岭—祷泉湖—扁担坳、船底窝—栗木桥三大片。

大围山冰蚀地形主要包括冰斗、角峰、鱼脊峰、冰川溢口、冰窖、U 型谷等。典型冰斗有：玉泉湖冰斗、天星湖冰斗及扁担坳冰斗，其中以扁担坳冰斗最为典型（图 3－221）。扁担坳冰斗共有 2 个，冰斗底部海拔 1 400m 左右，右侧稍大者向东出口处残留有阻止冰流下行之岩坎（冰槛），冰槛两侧为冰流下泻之冰笕，后演变为流水沟。扁担坳 2 个冰斗之间的尖顶峰，即是一处角峰残迹，峰顶海拔 1 563.3m。典型鱼脊峰（也叫刃脊）为七星岭鱼脊峰（图 3－222），位于祷泉湖及七星湖北侧，刃脊近东西向伸展，海拔 1 560m 左右，脊岭被一系列呈“U”形的缺口（冰川溢口）分割，“U”形缺口向北偏西倾斜并将刃脊改造成“锯齿”状，于是出现 7 个小山头，七星岭名称即由此而来。典型冰窖有祷泉湖冰窖、玉泉湖冰窖、七星湖冰窖、船底窝冰窖、桃坪冰窖等。祷泉湖冰窖是保存最好的冰窖(图 3－223)，位于七星岭主峰南西约 1.5km，为近东西向、缓坡宽底的 U 型宽谷，长约 500m，平均宽 300m，窖底海拔 1 500m，微向东倾斜；东偏南出口处有一岩坎横亘，与南东伸展的 U 型谷相接；出口处岩坎上及两旁谷坡地带大型花岗岩漂砾随处可见；窖底还分布有棕黄色冰碛泥砾及带有擦痕的花岗岩漂砾，清澈见底的溪水成为浏阳河源头之一。大围山分布有两期冰川 U 型谷：庐山冰期 U 型谷和大姑冰期 U 型谷，前者保存较好(图 3－224)，典型代表有船底窝-栗木桥 U 型谷和玉泉寺-细棚子-石羊城 U 型谷。船底窝-栗木桥 U 型谷由天星湖冰斗及船底窝冰窖伸出的冰舌在山谷中向西流动磨蚀而成，纵剖面呈阶梯状，宽 200～300m，集中延长约 600m，断续延长 1km。

图 3－221　浏阳大围山扁担坳冰斗

图 3－222　浏阳大围山七星岭鱼脊峰(刃脊)

图 3-223 浏阳大围山祷泉湖冰窖

图 3-224 浏阳大围山扁担坳 U 型谷

大围山冰溜遗痕包括基岩冰溜面、冰川条痕石和羊背石等。目前仅在船底窝 U 型谷第二级岩坎上可以见到面积约 $8m^2$ 的冰溜面(图 3-225);保存较好的冰川条痕石分布在张坊镇文竹村及大围山镇暗潭村,主要表现为钉头鼠尾形冰川擦痕及新月形冰川擦口。羊背石目前在我国东部地区仅在江西庐山及大围山发现过,但庐山的羊背石在中华人民共和国成立前就已遭毁坏了,大围山羊背石也仅发现一块,它静静地躺在玉泉湖冰斗出口附近的一处高山湿地中,长约 2m,宽不足 1m,高约 0.5m(图 3-226)。

图 3-225 浏阳大围山船底窝基岩冰坎上冰溜面

图 3-226 浏阳大围山玉泉湖羊背石

大围山冰川堆积物(冰碛物)包括冰川泥砾、块砾碛和冰川漂砾等。冰川泥砾分布于冰斗、冰窖及槽谷中,大姑冰期棕红色泥砾分布于海拔 290m 及其以下的山麓带,而庐山冰期棕黄色泥砾基本上分布于海拔 1 200～1 400m 的中山地带,局部抵达低山地带。块砾碛分布于栗木桥至龙泉溪出口一带(图 3-227),这里的块砾碛保存较好,在我国东部地区十分稀有。据相关资料显示,类似块砾碛仅在欧洲阿尔卑斯山有过发现。冰川漂砾众多,冰斗、槽谷及谷坡地带乃至山岭地带广为分布,可谓漂砾的"海洋"。壮士石是大围山最大的冰川漂砾,平均长 22m,宽 8m,高 10m,重量近 5 000t(图 3-228)。

图 3-227 浏阳大围山栗木桥块砾碛

图 3-228 浏阳大围山壮士石(冰川漂砾)

7. 桂东齐云山石臼群(国家级)

齐云山位于湘赣交界的桂东县东南部,主峰海拔 2 061m。部分学者认为齐云山发育有第四纪冰川地貌,主要表现为在山顶及一侧形成冰棱角峰、刃脊、冰斗(图 3-229),在山坡及山麓出现 U 型谷、冰川漂砾等(图 3-230);在花岗岩河谷中出现大量口小肚大底平的圆形或椭圆形冰臼。特别是位于山麓东水溪的普乐东水石臼群,曾被中国地质科学院韩同林研究员鉴定为我国罕见的大型冰臼群。只见东水溪一处陡坎及下游不到 20m 的距离内共有 20 多个大大小小的冰臼,其中在宽约 2m、高约 3m 的河谷陡坎上共有 6 个高低错落的大小冰臼,在长约 10m 的河谷纵轴线上共有 10 个大小不同的冰臼(图 3-231、图 3-232)。

图 3 - 229　桂东齐云山“刃脊、角峰、冰斗”遗迹

图 3 - 230　桂东齐云山“冰川 U 型谷”

图 3 - 231　桂东普乐东水溪河谷纵轴线上的“冰臼”群

（在长约 10m 的河谷纵轴线上共有大小不等的 10 个“冰臼”）

图 3 - 232　陡坎上的“冰臼”群

（在宽约 2m、高约 3m 的陡坎上共有 6 个高低错落的“冰臼”）

8. 桂东牛郎溪石臼群（国家级）

牛郎溪石臼群位于桂东县增口乡牛郎溪谷地。在牛朗溪长近 100m 的花岗岩河谷内，集中了 100 多个大大小小、位置有高有低的石臼，平面形态大多为圆形或近圆形，直径最大的有 4 ～5m，最小的只有几厘米。韩同林等学者认为，该石臼群同桂东普乐东水溪的石臼群均属我国罕见的大型冰臼群，具有重要的科学考察价值（图 3 - 233～图 3 - 236）。

9. 汝城热水石臼群（国家级）

部分学者认为汝城发育有第四纪冰川地貌，主要分布于汝城县热水镇黄石村、鱼王村等地。主要表现为冰蚀地貌、冰溜条痕、冰川沉积物、冰水及冰缘堆积物、漂砾等，共有遗迹 40 多处，分布范围约 $20km^2$。冰蚀地貌主要有冰斗、冰窖、冰川槽谷、U 型谷、悬谷、角峰、鳍脊、冰坎、冰臼（图 3 - 237）。冰川作用砾石有压坑石、压弯石、脚板石、马鞍石、冰臼石等。20 世纪 80 年代湖南省地质学校多次带领学生在此进行教学实习。

图 3-233　桂东牛郎溪“冰臼”群谷地

图 3-234　桂东牛郎溪花岗岩基岩上的“冰溜面”

图 3-235　桂东牛郎溪一号“冰臼”

（直径约 4m，深约 5m）

图 3-236　桂东牛郎溪二号“冰臼”

（直径约 4.5m，深约 3m）

图 3-237　汝城热水“冰臼”群

第十二节　重要地质灾害类地质遗迹

一、地质灾害类地质遗迹特征概述

地质灾害类地质遗迹包括地震遗迹和其他地质灾害类遗迹。

据湖南省地震史料，自公元209年至1979年，湖南省有记录可查的地震共有227次，其中5级以上的破坏性地震11次。因为湖南省已有破坏性地震发生时间比较久远，地震遗址已模糊不清，故地质遗迹调查未能实地调查到地震遗迹，但通过查阅资料，初步掌握了湖南省地震分布的规律。总的说来，湖南省地震的发生强度、频度和分布特点，主要受新华夏系和华夏系构造体系在喜马拉雅晚期以来的继续活动所控制。地震并非均匀地分布于各条活动性断裂带上或断裂带的各个区段，在大量温泉出露的地段未发生大于6级的地震，似乎地震与温泉之间存在着一定的负相关关系，即机械能转化为热能释放的相互转化关系，但断裂活动是导致浅源地震发生的主要原因。

其他地质灾害类地质遗迹包括崩塌、滑坡、泥石流、地面塌陷、地面沉降等。湖南省属地质灾害高发区，每年都有大量的、不同规模的各类地质灾害发生，但发生年代比较久远且保存比较完整的地质灾害遗迹很少，而近年来发生的规模较大的典型地质灾害一般都列入工程治理范围，故不宜作为地质遗迹。本次调查只选取那些发生年代比较久远，保存比较完整，且较长时间内不会进行工程治理的地质灾害遗迹作为调查对象。根据这一调查原则，本次调查了7处地质灾害类地质遗迹，分别为慈利高峰滑坡遗迹、永顺澧水西岸危岩及地裂缝遗迹、新邵白水洞山体崩塌遗迹、石门九斗峪泥石流遗迹、澧县古滑坡群遗迹、湘潭鹤岭清水塘采矿塌陷遗迹和桂阳正和岩溶塌陷群遗迹(附表)。

二、重要地质灾害类地质遗迹例举

1. 澧县彭山滑坡遗迹(省级)

彭山滑坡位于澧县停弦镇关山村，县城西约7.5km处澧水南岸，是最初于1631年发生的古老滑坡(部分滑坡近年有再次滑动的痕迹)。滑坡所在地区出露地层为泥盆系云台观组紫红色石英砂岩，岩层产状28°∠45°；河道位置有一具多期活动的活动性断裂通过，其南侧还发育一条北北东向的太阳山活动断裂与之交会。滑坡规模巨大，张公庙大桥及张公庙至澧县公路上均可见到其身影。滑坡体前缘宽约1 800m，后缘宽约1 500m，滑坡壁高达100m，体积1 000万m^3以上，由三级从新到老的滑坡体组成，其前缘已滑入澧水河谷(图3-238)。滑坡的主要诱发因素是发生于1631年的常醴大地震(6.8级)，《明实录·崇祯长编》上有“彭山崩倒，河为之淤”的相关记载，证明了地震直接诱发了滑坡，而地震的发生与活动性断裂有密切的关系。据资料记载，彭山滑坡规模在洞庭湖区首屈一指，是湖南省以及整个华南地区最早有记载的由地震诱发的滑坡地质灾害。

2. 新邵白水洞山体崩塌遗迹(国家级)

新邵白水洞谷底堆积着许多从崖壁或斜坡上崩塌的岩块，这些棱角分明的岩块以及由崩塌岩块再崩裂的岩块，构成各种独特的崩塌堆积景观，包括崩塌单体和崩塌堆积体。

崩塌单体景观由单个崩塌岩块构成。在白水洞谷底，可见到一个个单独的、大小不一的崩塌岩

图 3-238　澧水河畔的彭山滑坡

块，其体积小的不到 $1m^3$，大的可达数十、数百立方米；其形态多样，造型丰富，有的成为石柱、石桌、石峰（图 3-239、图 3-240），有的似物似禽似兽，成为独特的景观，如“金龟望瀑”。

图 3-239　新邵白水洞崩塌石柱

图 3-240　新邵白水洞崩塌石峰

崩塌堆积体由两个以上崩塌岩块堆积而成。如众多崩塌岩块密集地分布在沟谷底部，则成为“石河”（图 3-241）；如众多崩塌岩块密集堆叠，则成为“石山”；岩块之间的狭长缝隙，则成为“石缝”，崩塌岩块相互架空堆积而成的形状极不规则的洞穴，则成为“岩洞”。白水洞谷底，“石河”“石山”“石缝”“岩洞”等崩塌遗迹景观应有尽有。著名景点“芦笛岩”，就是规模巨大的崩塌“石山”（图 3-242），由数十块巨石堆积而成，长、宽各约 40m，高约 18m。因架空堆积，形成了多个岩洞，其中最大岩洞宽 15m，

图 3-241　新邵白水洞崩塌石河

图 3-242　新邵白水洞芦笛岩(崩塌堆积体)

深 10m，高 5m，内有 2 条落差达 5m 的瀑布，如晶珠垂天，倾落深潭，轰隆震耳。

3. 桂阳正和岩溶塌陷群遗迹（省级）

正和岩溶塌陷群位于桂阳县正和镇阳山村。塌陷群区出露地层为石炭系灰岩，共有 5 个塌陷坑，具体塌陷时间不详。①号坑深 20m，直径 8～10m，坑底为平地，坑底往上发育三层洞穴，下层为地下河，第二层洞内发育石钟乳。②号坑位于①号坑 190°方向约 300m 处，直径 60～80m，50m 深处有两个洞口，一个与①号坑相通，另一个向东南方向的塌陷坑延伸。③号坑位于①号坑 290°方向 169m，④号、⑤号坑位于①号坑北东向的道路两侧，均为圆形，直径约 30m，深 50m 左右。附近有一处半月形洼地，底长 150m，高 80～100m，为一片沼泽、水田，正北有一落水洞，洼地汇聚的地表水由此流入地下河。塌陷坑群组合较好，具有较高的观赏价值及科普价值（图 3－243）。

图 3－243 桂阳正和岩溶塌陷坑

第四章 重要地质遗迹评价与区划

ZHONGYAO DIZHI YIJI PINGJIA YU QUHUA

第一节　重要地质遗迹评价

一、评价原则、内容和标准

1. 地质遗迹评价原则

（1）分类评价原则。参照《地质遗迹调查规范》（DZ/T 0303—2017）的地质遗迹类型划分方案，湖南省地质遗迹共划分为3个大类和11个小类。因不同类型地质遗迹评价的侧重点和评价标准不同，如基础地质类和地质灾害类地质遗迹侧重评价其科学价值，地貌景观类地质遗迹注重评价其美学观赏价值，故实行地质遗迹分类评价原则。

（2）相对重要性评价原则。就同类地质遗迹来说，应就其科学价值、观赏价值、完整性、典型性、稀有性等多个方面进行相对重要性对比，然后确定地质遗迹的评价等级。

（3）定性评价与定量评价相结合的综合评价原则。对同一地质遗迹的价值评价，评价方法不同，评价结果也有所不同。由于定性评价与评价者的工作经验、现场感受和当时心境有较大关系，评价结果往往带有一定的主观性，不同的评价者或者同一评价者在不同的环境下可能得出差别较大的评价结果。定量评价虽可一定程度上弥补定性评价主观性较大的缺点，但定量评价中各评价指标的模糊得分仍然离不开定性分析。因此，地质遗迹评价应当采用定性、定量评价相结合的综合评价原则。

2. 地质遗迹评价内容

地质遗迹评价主要是以资源保护和利用为目的而进行的评价，且通常以对地质遗迹的价值评价为主。地质遗迹的价值是多方面、多层次、多内容的，主要包括科学价值、观赏价值、历史文化价值和开发利用价值；而价值的高低又与遗迹的自然属性（典型性、稀有性、系统性和完整性等）和保护利用条件（环境状况、保护状况、区位交通等）密切相关，故实行全面系统的评价原则。

3. 地质遗迹评价标准

不同类型地质遗迹以及同一类型地质遗迹不同评价要素各有不同的评价标准，故地质遗迹评价标准分类分要素制定，详见表4-1、表4-2。

表 4-1 不同类型地质遗迹科学性、观赏性评价标准

遗迹类型	评价标准	级别
地层剖面	具有全球性的地质界线层型剖面或界线点	Ⅰ
	具有地层大区对比意义的典型剖面或标准剖面	Ⅱ
	具有地层区对比意义的典型剖面或标准剖面	Ⅲ
	具有科普价值的地层区对比意义的剖面	Ⅳ
岩石剖面	全球罕见稀有的岩体、岩层露头，具有重要科学研究价值	Ⅰ
	全国或大区内罕见岩体、岩层露头，具有重要科学研究价值	Ⅱ
	具有指示地质演化过程的岩石露头，具有科学研究价值	Ⅲ
	具有一般的指示地质演化过程的岩石露头，具有科学普及价值	Ⅳ
构造剖面	具有全球性构造意义的巨型构造、全球性造山带、不整合界面（重大科学研究意义的）关键露头地（点）	Ⅰ
	在全国或大区范围内区域（大型）构造，如大型断裂（剪切带）、大型褶皱、不整合界面，具有重要科学研究意义的露头地	Ⅱ
	在一定区域内具科学研究对比意义的典型中小型构造，如断层（剪切带）、褶皱、其他典型构造遗迹	Ⅲ
	具有科学普及意义的中小型构造，如断层（剪切带）、褶皱、其他典型构造遗迹	Ⅳ
重要化石产地	反映地球历史环境变化节点，对生物进化史及地质学发展具有重大科学意义；国内外罕见古生物化石产地或古人类化石产地。研究程度高的化石产地	Ⅰ
	具有指准性标准化石产地。研究程度较高的化石产地	Ⅱ
	系列完整的古生物遗迹产地	Ⅲ
	古生物化石产地或露头，具有科普价值	Ⅳ
重要岩矿石产地	全球性稀有或罕见矿物产地（命名地）；在国际上独一无二或罕见矿床	Ⅰ
	在国内或大区域特殊矿物产地（命名地）；在规模、成因、类型上具典型意义	Ⅱ
	典型、罕见或具工艺、观赏价值的岩矿石产地	Ⅲ
	具有一定的科普或观赏价值的岩矿石产地	Ⅳ
岩石地貌	极为罕见的特殊地貌类型，且在反映地质作用过程方面有重要科学意义	Ⅰ
	具观赏价值的地貌类型，具有科学研究价值者	Ⅱ
	稍具有观赏性地貌类型，可作为过去地质作用的证据	Ⅲ
	有一定的观赏性，并可以作为旅游开发和科普教育的一个组成部分的地貌景观	Ⅳ
水体景观	地貌类型保存完整且明显，具有一定规模，其地质意义在全球具有代表性	Ⅰ
	地貌类型保存较完整，具有一定规模，其地质意义在全国具有代表性	Ⅱ
	地貌类型保存较多，在一定区域内具有代表性	Ⅲ
	有一定的观赏性，并可以作为旅游开发和科普教育的一个组成部分的水体景观	Ⅳ
火山地貌	地貌类型保存完整且明显，具有一定规模，地质意义在全球有代表性	Ⅰ
	地貌类型保存完整，具有一定规模，其地质意义在全国具有代表性	Ⅱ
	地貌类型保存较多，在一定区域内具有代表性	Ⅲ
	有一定的观赏性，并可以作为旅游开发和科普教育的一个组成部分的地貌景观	Ⅳ

续表 4－1

遗迹类型	评价标准	级别
冰川地貌	地貌类型保存完整且明显，具有一定规模，地质意义在全球有代表性	Ⅰ
	地貌类型保存完整，具有一定规模，其地质意义在全国具有代表性	Ⅱ
	地貌类型保存较多，在一定区域内具有代表性	Ⅲ
	有一定的观赏性，并可以作为旅游开发和科普教育的一个组成部分的地貌景观	Ⅳ
流水地貌	地貌类型保存完整且明显，具有一定规模，地质意义在全球有代表性	Ⅰ
	地貌类型保存完整，具有一定规模，其地质意义在全国具有代表性	Ⅱ
	地貌类型保存较多，在一定区域内具有代表性	Ⅲ
	有一定的观赏性，并可以作为旅游开发和科普教育的一个组成部分的地貌景观	Ⅳ
构造地貌	地貌类型保存完整且明显，具有一定规模，地质意义在全球有代表性	Ⅰ
	地貌类型保存完整，具有一定规模，其地质意义在全国具有代表性	Ⅱ
	地貌类型保存较多，在一定区域内具有代表性	Ⅲ
	有一定的观赏性，并可以作为旅游开发和科普教育的一个组成部分的地貌景观	Ⅳ
地质灾害遗迹	罕见地质灾害具有特殊科学意义的遗迹	Ⅰ
	重大地质灾害且具有科学意义的遗迹	Ⅱ
	典型的地质灾害所造成的遗迹且具有教学实习及科普教育意义的遗迹	Ⅲ
	有一定的观赏性，并可以作为旅游开发和科普教育的一个组成部分的地貌景观	Ⅳ

表 4－2　地质遗迹评价部分其他指标及对应标准

评价因子	评价标准	级别
完整性（系统性）	反映地质事件整个过程都有遗迹出露，表观现象保存系统完整，能为形成与演化过程提供重要证据	Ⅰ
	反映地质事件整个过程，有关键遗迹出露，表观现象保存较系统完整	Ⅱ
	反映地质事件整个过程的遗迹零星出露，表观现象和形成过程不够系统完整，但能反映该类型地质遗迹景观的主要特征	Ⅲ
	反映县域内的地质事件和主要地质遗迹景观特征	Ⅳ
稀有性	属国际罕有或特殊的遗迹点	Ⅰ
	属国内少有或唯一的遗迹点	Ⅱ
	属省内少有或唯一的遗迹点	Ⅲ
	属县域内少有或唯一的遗迹点	Ⅳ
保存现状	基本保持自然状态，未受到或极少受到人为破坏	Ⅰ
	有一定程度的人为破坏或改造，但仍能反映原有自然状态或经人工整理尚可恢复原貌	Ⅱ
	受到明显的人为破坏和改造，但尚能辨认地质遗迹的原有分布状况	Ⅲ
	虽然受到严重破坏，但仍能反映地质遗迹的分布状况	Ⅳ

续表 4-2

评价因子	评价标准	级别
可保护性	通过人为因素——采取有效措施能够得到保护的——工程或法律，如古生物化石产地，遗迹单体周围没有其他破坏因素存在	Ⅰ
	通过人为因素——采取有效措施能够得到部分保护的——部分控制，如溶洞等，周围一定范围内没有破坏因素存在	Ⅱ
	自然破坏能力较大，人类不能或难以控制的因素——自然风化，暴雨、地震等，有一定被破坏的威胁	Ⅲ
	受破坏较大，但又产生出新的景观或现象，或者异地保护	Ⅳ

二、地质遗迹评价方法

1. 定性评价方法

定性评价是大多数人习惯采用的地质遗迹评价方法，它通过对地质遗迹的自然属性、功能价值、开发利用条件等多个方面进行文图描述与分析，进而根据评价标准评定地质遗迹的等级(世界级、国家级、省级、县级)。评价标准通常以《地质遗迹保护管理规定》(1994 年 11 月 22 日，地质矿产部令第 21 号发布)划分的地质遗迹分级标准为依据。定性评价虽然对地质遗迹分析的要素较多，但评价者在评定等级时往往根据遗迹某 1～2 个最突出的属性价值得出，存在以偏概全的现象。定性评价方法主要有两种：一是专家鉴评法，二是对比分析法。因地质遗迹鉴评涉及地层、岩性、构造、古生物化石、矿物、地貌、水文地质、地质灾害、旅游等多个领域，故专家鉴评时应当邀请 5 名以上专家，这些专家在各自领域应当是具有很高造诣，并有高度责任心的资深专家。根据分类评价原则，不同类型地质遗迹鉴评邀请的专家应根据专业领域而有所区别。对比评价法则是选择其他同类型的价值和级别较为明确的地质遗迹进行对比分析，从而确定待评定地质遗迹的价值和级别；对比的特征与要素必须反映遗迹的重要特征和价值，且至少列举 2～3 个以上的对比对象。例如，湖南丹霞地貌集中区的评价，可选取新宁崀山(世界级)、郴州飞天山(国家级)、茶陵灵岩(省级)作为对比对象。实际进行定性评价时，专家鉴评与对比分析应当紧密结合。

2. 定量评价方法

1)评价指标及其权重的确定

评价指标及其权重的合理确定是定量评价的关键。目前，地质遗迹定量评价内容不外乎自然属性、功能价值、开发条件等几个方面，但具体评价时不同评价者选取的评价指标不很一致。有的评价指标选取过多，指标间存在包含或交叉关系；有的评价指标不够具体，指标赋值仍存在较大的主观性。本文通过反复权衡，选取能较大程度体现遗迹价值的因子，去除不相关或弱相关因子和冗余因子，从而得出评价指标体系。国内学者常采用层次分析法(AHP)确定评价指标体系中各因子的权重。即将系统分解成若干层次，通过专家两两对比下一层次因子相对上一层次因子的重要性而逐层判断评分，给出相对重要性定量指标，建立判断矩阵，进而计算特征向量并做一致性检验。本书同样运用 AHP 法得出评价指标权重(表 4-3)。所不同的是，根据分类评价原则，基础地质大类、地质灾害大类地质遗迹评价指标权重与地貌景观大类地质遗迹评价指标权重有所不同，在于前者科学价值、观赏价值权重分别为 0.51、0.1，后者科学价值、观赏价值权重分别为 0.31、0.3。

表 4－3　湖南省地质遗迹评价指标、权重及因子含义

评价综合层	权重	评价项目层	权重	评价因子层	权重	因子含义
价值评价	0.7	科学价值	0.51 (0.31)	完整性、典型性	0.15 (0.10)	形成过程、表观现象和内容的完整程度以及在同类遗迹方面的代表性和对比意义
				稀有性	0.13 (0.08)	遗迹在国内外的地位或稀有程度
				科学研究意义	0.12 (0.07)	地学、生态学等方面科学研究作用与意义
				科普教育意义	0.11 (0.06)	地学、生态学等方面科普教育作用与意义
		观赏价值	0.10 (0.30)	形态造型美	0.04 (0.12)	形态丰富性和造型奇特性
				气势宏伟度	0.04 (0.12)	规模等方面构成的气势宏伟度
				其他美感度	0.02 (0.06)	色彩等方面给人的愉悦度、惊喜度
		历史文化价值	0.09	历史记载与古迹	0.05	历史文字作品记载及相关名胜古迹
				民俗、宗教与传说	0.04	民俗文化、宗教信仰和神话传说故事
条件评价	0.3	环境条件	0.10	环境质量与安全性	0.06	生态环境质量、自然或人为威胁因素
				生态旅游环境承载力	0.04	能承受的最大生态旅游活动强度
		保护条件	0.09	保护现状	0.04	是否保护，已经采取的保护措施和手段
				可保护性	0.05	可采取的保护措施及可达到的保护效果
		开发条件	0.11	景观组合	0.06	与其他自然景观、人文景观的组合情况
				区位交通	0.05	区位和交通便利情况

注：科学价值、观赏价值权重中，括号外的数字为基础地质大类、地质灾害大类地质遗迹评价指标权重，括号内的数字为地貌景观大类地质遗迹评价指标权重。

2)综合评分及评价等级的确定

确定评价指标及其权重后，运用模糊数学法确定综合评分。首先，邀请相关专家(5 名以上)对各处地质遗迹各项指标打分，打分标准采用模糊数学百分制计分法。打分之前，调查组应提供每处遗迹详细的野外调查资料和分等定级论证材料，应对每处地质遗迹每个要素(评价因子)都有详细的文图和数据描述；而且专家组针对每类地质遗迹每个评价因子均制订一个较为具体的评分标准(参见表 4－1、表 4－2)，评分标准分为Ⅰ(极好)(85～100)、Ⅱ(好)(70～85)、Ⅲ(一般)(55～70)和Ⅳ(较差)(<55)4 个等级。如某处遗迹某个因子的若干个评分得出后，选取中位数(用来代表一组数据的“中等水平”，不受极端值的影响)作为该因子的评分。然后，根据下列模糊数学公式，计算综合评分。

$$A=\sum_{i=1}^{n} S_i \cdot W_i$$

式中：A 为综合评分；S_i 为第 i 个评价因子的模糊得分；W_i 为第 i 个评价因子的权重；n 为评价因子数目。

综合评分确定后，根据表 4－4 确定的等级划分标准确定地质遗迹的评价等级。

表 4-4　地质遗迹等级划分

等级	评分	评价等级
世界级（Ⅰ级）	85～100	地质遗迹价值极为突出，具有全球性意义
国家级（Ⅱ级）	70～85	地质遗迹价值突出，具有全国性或大区域性（跨省）意义
省级（Ⅲ级）	55～70	地质遗迹价值比较突出，具有省级区域性意义
县级（Ⅳ级）	<55	地质遗迹价值一般，具有县级区域性意义

三、地质遗迹评价过程及结果

湖南省地质遗迹评价经历了定性评价、定量评价、综合评价和专家审定等过程。综合评价是定性、定量评价的结合，主要对定性、定量评价结果进行汇总分析和校对。通过定性、定量评价，调查组发现，大部分遗迹定性、定量评价结果是吻合的，小部分是不一致的。针对该部分定性、定量评价结果不一致的地质遗迹，再次邀请相关专家对每一处遗迹的每一个评价因子重新进行定性分析和定量赋值，最后直至定性、定量评价结果相吻合。专家终审过程则是由主管部门组织国内知名专家对综合评价结果及其相关附件进行会审，会审通过后评价结果通过新闻发布会向外公布。评价结果见表 4-5。

表 4-5　湖南省重要地质遗迹综合评价结果统计表

重要地质遗迹类型		重要地质遗迹数量（按级别）				
大类	类	世界级	国家级	省级	县级	小计
基础地质	一、地层剖面	2	34	17	27	80
	二、岩石剖面		4	1	6	11
	三、构造形迹		11	16	81	108
	四、重要化石产地	1	13	17	22	53
	五、重要岩矿石产地	2	9	29	48	88
地貌景观	六、岩石地貌					
	（1）岩溶地貌	2	46	88	60	196
	（2）碎屑岩地貌	2	8	26	14	50
	（3）花岗岩地貌	1	7	10	8	26
	（4）变质岩地貌			15	11	26
	七、水体景观					
	（1）河流、湖泊		13	13	14	40
	（2）瀑布		9	39	27	75
	（3）泉、井		9	34	47	90
	八、流水地貌		1	20	25	46
	九、其他地貌		4		16	24
	十、构造地貌		1	7	15	19
地质灾害	十一、其他地质灾害			7	12	19
合计		10	169	339	433	951

从表 4－5 可看出，湖南省地质遗迹 951 处，其中，省级以上的重要地质遗迹 518 处，包括世界级 10 处（表 4－6），国家级 169 处，省级 339 处。

表 4－6　湖南省世界级地质遗迹综合评价要点

名称	位置	突出价值	存在问题及建议	综合评分
排碧寒武系“金钉子”剖面	湘西花垣县排碧乡四新村	世界寒武系首个“金钉子”剖面，定义了寒武系芙蓉统、排碧阶 2 个年代地层单位，具有极高科学价值	需加强保护和科普教育	93.2
古丈寒武系“金钉子”剖面	湘西古丈县罗依溪镇	中国第 9 个“金钉子”剖面，定义了寒武系古丈阶 1 个年代地层单位，具有极高科学价值	需加强保护和科普教育	90.2
芙蓉桥三叠系芙蓉龙化石产地	张家界市桑植县芙蓉桥乡白族村	中国目前唯一的恐龙始祖——芙蓉龙化石产地，具有极高科学价值	需改善交通条件，加强保护和科普教育	91.8
柿竹园钨多金属矿床	郴州市苏仙区	世界独一无二的特大型钨多金属矿床，矿物之多，世所罕见，被誉为“世界有色金属博物馆”，科学价值极高	需加强矿山环境整治	90.5
香花岭锡多金属矿与香花石产地	郴州市临武县香花岭	香花石是中国地质学家发现的第一种世界新矿物，具里程碑意义，中国香花岭独有，誉为“国宝”，科学价值极高	保护现状较差，需大力加强保护和矿山环境整治	85.1
天门山岩溶地貌	张家界市永定区	典型的岩溶台原地貌，因千古神奇、举世罕见的天门洞而闻名遐迩，科学价值和观赏价值均很高	需调控生态旅游环境承载力，保持适度开发力度	89.3
红石林岩溶地貌	湘西古丈县红石林镇、断龙山乡	中国面积最大的红色石林区，全球红色喀斯特石林的杰出代表，科学价值和观赏价值均很高	需加强保护，保持自然性和完整性，减少人为加工	86.9
武陵源张家界地貌	张家界市武陵源区	于 1992 年列入世界自然遗产名录，其砂岩峰林无与伦比的自然之美深深震撼着中外游客，其科学价值也很高	需调控生态旅游环境承载力，保持适度开发力度	92.3
崀山丹霞地貌	邵阳市新宁县	于 2010 年列入世界自然遗产名录，世界壮年期密集峰丛峰林型丹霞地貌的典型代表，科学价值、观赏价值均很高	需调控生态旅游环境承载力，保持适度开发力度	89.2
莽山花岗岩地貌	郴州市宜章县	以奇特壮观的花岗岩峰林地貌和原始优越的生态环境惊艳天下，科学价值、观赏价值均很高	需加强历史文化内涵，加强人文旅游资源组合	87.2

第二节 重要地质遗迹区划

一、区划依据、原则和方法

1. 区划依据

地质遗迹区划是依据地质地貌背景、地质遗迹类型及其分布等特征而进行的划分。湖南省地质遗迹类型多样，其中地貌景观类地质遗迹比重最大，占68%以上。地貌是地质遗迹最主要的外在表现，地质构造则是地质遗迹最基本的成因。因此，湖南省地质遗迹区划以区域地貌单元、构造单元为基础，以地质遗迹分布及其类型组合的空间差异为主要依据。

2. 区划原则

(1)层次性原则。地质遗迹区划一般按3个层次进行，即地质遗迹大区、地质遗迹分区和地质遗迹小区。

(2)区内相似性和区间差异性原则。将相同或相近类型地质遗迹在区域上归并，突出不同区域地质遗迹组合的典型差异。

(3)空间连续性原则。将位置临近的地质遗迹合并在一个区域内，以保证地质遗迹在空间区域上的连续性和完整性。

3. 区划方法

(1)地质遗迹大区的划分。根据地质遗迹分布规律，从宏观尺度把湖南省地质遗迹划分为数个地质遗迹大区。地质遗迹大区划分要突出湖南省地质遗迹的分布规律及其地质地貌背景的空间差异。地质遗迹大区大致与地貌或大地构造区划的一级区划相当。

(2)地质遗迹分区的划分。依据地貌及构造单元地域性，对地质遗迹大区作进一步的划分，大致与地貌或大地构造区划的二级区划相当。

(3)地质遗迹小区的划分。在地质遗迹分区的基础上，依据地质遗迹分布及类型组合的不同对地质遗迹分区作进一步的划分，通常将地质遗迹类型相同或地域相近的地质遗迹点划入相同的地质遗迹小区。部分地质遗迹分区因地质遗迹类型相似，或地质遗迹出露少，不再划分地质遗迹小区。

二、区划系统

根据上述地质遗迹区划依据、原则和方法，湖南省地质遗迹区划分为3个层次，即6个地质遗迹大区、17个地质遗迹分区和40个地质遗迹小区(图4-1，表4-7)。

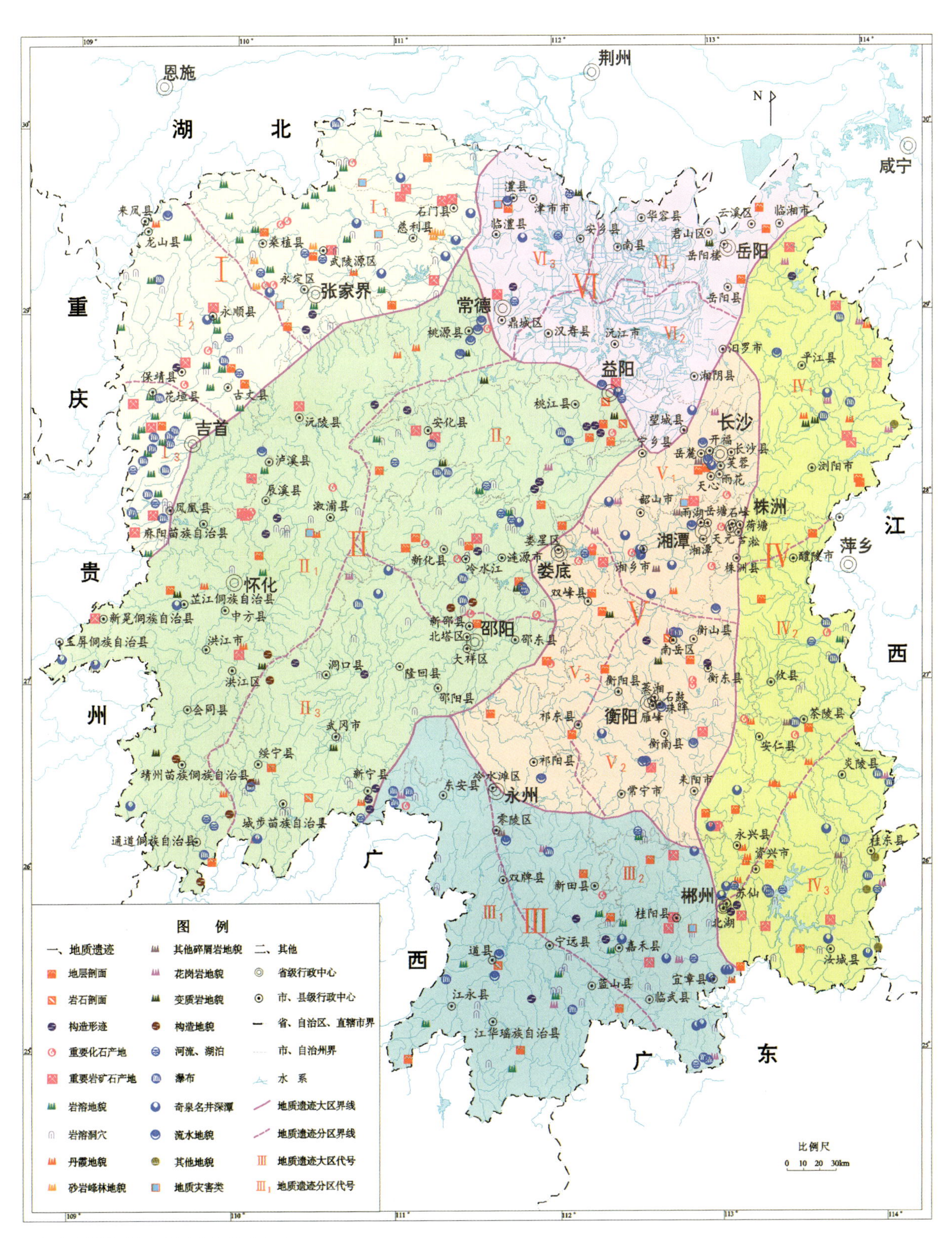

注:地质遗迹大区、分区名称见表 4－7。

图 4－1　湖南省地质遗迹区划图

表 4－7　湖南省地质遗迹区划表

大区	分区	小区
武陵山地质遗迹大区（Ⅰ）	以砂岩峰林地貌和岩溶地貌为主的武陵山北地质遗迹分区（Ⅰ$_{1}$）	以砂岩峰林地貌为主的武陵源地质遗迹小区（Ⅰ$_{1-1}$）
		以岩溶地貌为主的桑植-永定地质遗迹小区（Ⅰ$_{1-2}$）
		以岩溶地貌为主的慈利-石门地质遗迹小区（Ⅰ$_{1-3}$）
	以岩溶地貌为主的武陵山中地质遗迹分区（Ⅰ$_{2}$）	以岩溶地貌为主的乌龙山地质遗迹小区（Ⅰ$_{2-1}$）
		以岩溶地貌为主的猛洞河地质遗迹小区（Ⅰ$_{2-2}$）
		以岩溶地貌为主的红石林地质遗迹小区（Ⅰ$_{2-3}$）
	以岩溶地貌为主的武陵山南地质遗迹分区（Ⅰ$_{3}$）	以岩溶地貌为主的凤凰地质遗迹小区（Ⅰ$_{3-1}$）
		以岩溶地貌为主的吉首地质遗迹小区（Ⅰ$_{3-2}$）
		以岩溶地貌为主的花垣-保靖地质遗迹小区（Ⅰ$_{3-3}$）
雪峰山地质遗迹大区（Ⅱ）	以丹霞地貌和岩溶洞穴为主的雪峰山西地质遗迹分区（Ⅱ$_{1}$）	以丹霞地貌为特色的常桃盆地地质遗迹小区（Ⅱ$_{1-1}$）
		以丹霞地貌为特色的沅麻盆地地质遗迹小区（Ⅱ$_{1-2}$）
		以丹霞地貌和岩溶洞穴为主的溆浦-辰溪地质遗迹小区（Ⅱ$_{1-3}$）
		洪江-芷江多类型地质遗迹小区（Ⅱ$_{1-4}$）
		以丹霞地貌为特色的靖州-通道地质遗迹小区（Ⅱ$_{1-5}$）
	以岩溶地貌为主的雪峰山北地质遗迹分区（Ⅱ$_{2}$）	碧云峰多类型地质遗迹小区（Ⅱ$_{2-1}$）
		云台山多类型地质遗迹小区（Ⅱ$_{2-2}$）
		以岩溶地貌为主的湄江地质遗迹小区（Ⅱ$_{2-3}$）
		以岩溶洞穴为主的新化-冷水江地质遗迹小区（Ⅱ$_{2-4}$）
		白水洞-龙山多类型地质遗迹小区（Ⅱ$_{2-5}$）
	以岩溶洞穴和丹霞地貌为主的雪峰山南地质遗迹分区（Ⅱ$_{3}$）	以岩溶洞穴为主的邵阳-隆回地质遗迹小区（Ⅱ$_{3-1}$）
		以岩溶洞穴和丹霞地貌为主的武冈-新宁地质遗迹小区（Ⅱ$_{3-2}$）
		以岩溶洞穴为主的绥宁-城步地质遗迹小区（Ⅱ$_{3-3}$）
南岭地质遗迹大区（Ⅲ）	以岩溶地貌和花岗岩地貌为主的南岭西地质遗迹分区（Ⅲ$_{1}$）	以岩溶地貌和花岗岩地貌为主的越城岭地质遗迹小区（Ⅲ$_{1-1}$）
		以岩溶地貌为主的都庞岭地质遗迹小区（Ⅲ$_{1-2}$）
		以岩溶地貌为主的萌渚岭地质遗迹小区（Ⅲ$_{1-3}$）
		以岩溶地貌和花岗岩地貌为主的九嶷山地质遗迹小区（Ⅲ$_{1-4}$）
	以花岗岩地貌为主的南岭东地质遗迹分区（Ⅲ$_{2}$）	以花岗岩地貌为主的阳明山地质遗迹小区（Ⅲ$_{2-1}$）
		以花岗岩地貌为主的骑田岭地质遗迹小区（Ⅲ$_{2-2}$）
		以花岗岩地貌为主的莽山地质遗迹小区（Ⅲ$_{2-3}$）
罗霄山地质遗迹大区（Ⅳ）	以花岗岩地貌为主的罗霄山北地质遗迹分区（Ⅳ$_{1}$）	以花岗岩地貌和丹霞地貌为主的幕阜山地质遗迹小区（Ⅳ$_{1-1}$）
		连云山多类型地质遗迹小区（Ⅳ$_{1-2}$）
		以花岗岩地貌为主的大围山地质遗迹小区（Ⅳ$_{1-3}$）
	以丹霞地貌和岩溶洞穴为主的罗霄山中地质遗迹分区（Ⅳ$_{2}$）	澧攸盆地地质遗迹小区（Ⅳ$_{2-1}$）
		以岩溶洞穴为主的武功山地质遗迹小区（Ⅳ$_{2-2}$）
		以丹霞地貌为主的茶永盆地地质遗迹小区（Ⅳ$_{2-3}$）

续表 4-7

大区	分区	小区
罗霄山地质遗迹大区(Ⅳ)	以花岗岩地貌和岩溶洞穴为主的罗霄山南地质遗迹分区(Ⅳ$_3$)	以花岗岩地貌为主的万洋山地质遗迹小区(Ⅳ$_{3-1}$)
		以花岗岩地貌和岩溶洞穴为主的诸广山地质遗迹小区(Ⅳ$_{3-2}$)
		东江湖多类型地质遗迹小区(Ⅳ$_{3-3}$)
湘中丘陵地质遗迹大区(Ⅴ)	长株潭多类型地质遗迹分区(Ⅴ$_1$)	
	衡阳多类型地质遗迹分区(Ⅴ$_2$)	以花岗岩地貌为主的衡山地质遗迹小区(Ⅴ$_{2-1}$)
		衡东-衡南多类型地质遗迹小区(Ⅴ$_{2-2}$)
	娄祁多类型地质遗迹分区(Ⅴ$_3$)	
洞庭湖平原地质遗迹大区(Ⅵ)	东洞庭湖平原地质遗迹分区(Ⅵ$_1$)	
	南洞庭湖平原地质遗迹分区(Ⅵ$_2$)	
	西洞庭湖平原地质遗迹分区(Ⅵ$_3$)	

三、区划特征

1. 武陵山地质遗迹大区

本区位于湖南省西北部，西连重庆，北接湖北，东临洞庭湖平原，南部大致以凤凰、吉首、桃源与雪峰山区为界，包括澧水流域的全部和沅水支流酉水流域的上中游，面积 2.84 万 km^2，占全省总面积的 13.41%。地处云贵高原东缘，山原面积宽广，峰顶脊线齐一，峡谷、嶂谷众多。地势由西北向东南倾斜，海拔一般在 1 000m 左右，最高峰壶瓶山海拔 2 099m。武陵山脉盘踞该区，由数条北东-南西走向的山岭构成，山岭之间为丘陵或盆地。

该区是湖南省地质遗迹集中度最高、综合价值最高的大区，以岩溶地貌为主，以张家界地貌和瀑布景观为特色，分布重要地质遗迹 124 处(世界级 6 处，国家级 45 处，省级 73 处)，分布密度 43.7 处/万 km^2，拥有 6 处世界级地质遗迹，分别为：花垣排碧寒武系"金钉子"剖面、古丈寒武系"金钉子"剖面、桑植芙蓉桥三叠系芙蓉龙化石产地、张家界武陵源张家界地貌、张家界天门山岩溶地貌和古丈红石林岩溶地貌。根据区内差异，可划分为武陵山北、武陵山中和武陵山南 3 个地质遗迹分区。

(1)武陵山北地质遗迹分区：位于武陵山区北部，包括张家界市和石门县的大部分，面积 1.54 万 km^2。分布有重要地质遗迹 61 处，以砂岩峰林地貌和岩溶地貌为主，以石英砂岩峰林地貌为特色。可进一步划分为武陵源、桑植-永定和慈利-石门 3 个地质遗迹小区。

(2)武陵山中地质遗迹分区：位于武陵山区中北部，包括龙山县、永顺县、古丈县和保靖县的大部分，面积 0.91 万 km^2。分布有重要地质遗迹 30 处，以岩溶地貌为主，以红色石林为特色。可进一步划分为乌龙山、猛洞河和红石林 3 个地质遗迹小区。

(3)武陵山南地质遗迹分区：位于武陵山区南部，包括凤凰县、吉首市和花垣县的大部分以及保靖县的小部分，面积 0.39 万 km^2。分布有重要地质遗迹 33 处，以岩溶地貌为主，以台地峡谷型岩溶地貌为特色。可进一步划分为凤凰、吉首和花垣-保靖 3 个地质遗迹小区。

2. 雪峰山地质遗迹大区

本区位于湖南省西部，西邻贵州，南接广西，东部沿雪峰山脉东麓与中部丘陵区为界，北部大致以凤凰、吉首、桃源与武陵山区为界，包括沅水流域和资水流域的大部分，面积 6.86 万 km^2，占全省总面积的 32.39%。地形以中、低山为主，兼有部分山原和山间盆地，剥夷面较明显，海拔一般在 500～1 000m，雪峰山脉纵贯该区中部，其海拔在 1 000m 以上，最高峰苏宝顶海拔 1 934.3m。

该区是湖南省地质遗迹类型最多的大区，以岩溶地貌、地质剖面和水体景观为主，以丹霞地貌、变质岩地貌和构造地貌为特色，分布重要地质遗迹 150 处（世界级 1 处，国家级 47 处，省级 102 处），分布密度 21.9 处/万 km^2，拥有 1 处世界级地质遗迹，即新宁崀山丹霞地貌。根据区内差异，可划分为雪峰山西、雪峰山北和雪峰山南 3 个地质遗迹分区。

（1）雪峰山西地质遗迹分区：位于雪峰山脉西侧，面积 3.18 万 km^2，地形以红层盆地为主，有沅麻盆地、常桃盆地、溆浦盆地等。分布有重要地质遗迹 57 处，以丹霞地貌和岩溶洞穴为特色。可进一步划分为常桃盆地、沅麻盆地、溆浦-辰溪、洪江-芷江和靖州-通道 5 个地质遗迹小区。

（2）雪峰山北地质遗迹分区：位于雪峰山脉东侧的北部，面积 1.87 万 km^2。分布有重要地质遗迹 63 处，以岩溶地貌为特色。可进一步划分为碧云峰、云台山、湄江、新化-冷水江和白水洞-龙山 5 个地质遗迹小区。

（3）雪峰山南地质遗迹分区：位于雪峰山脉东侧的南部，面积 1.81 万 km^2。分布有重要地质遗迹 30 处，以岩溶洞穴和丹霞地貌为特色。可进一步划分为邵阳-隆回、武冈-新宁和绥宁-城步 3 个地质遗迹小区。

3. 南岭地质遗迹大区

本区位于湖南省南部，南岭山脉位居区内，包括湘桂间的越城岭、都庞岭和湘粤间的萌渚岭、骑田岭等山脉，面积 2.89 万 km^2。地形破碎，高度不一，多以穹隆山地为主峰，溶丘峰林槽谷发育，山地海拔大多在 1 000m 以上。

该区地质遗迹以岩溶地貌和水体景观为主，以花岗岩地貌为特色，分布重要地质遗迹 76 处（世界级 2 处，国家级 18 处，省级 56 处），分布密度 26.3 处/万 km^2，拥有 2 处世界级地质遗迹，即临武香花岭锡多金属矿与香花石产地和宜章莽山花岗岩地貌。根据区内差异，可划分为南岭西和南岭东 2 个地质遗迹分区。

（1）南岭西地质遗迹分区：位于湖南省西南部，包括越城岭、都庞岭、萌渚岭、九嶷山等山地，面积 1.53 万 km^2。分布有重要地质遗迹 37 处，以岩溶地貌和花岗岩地貌为主，以岩溶峰丛峰林为特色。可进一步划分为越城岭、都庞岭、萌渚岭和九嶷山 4 个地质遗迹小区。

（2）南岭东地质遗迹分区：位于湖南省南部，包括阳明山、骑田岭等山地，面积 1.36 万 km^2。分布有重要地质遗迹 39 处，以花岗岩地貌为主，以花岗岩峰丛峰林为特色，并是我国著名的有色金属之乡。可进一步划分为阳明山、骑田岭和莽山 3 个地质遗迹小区。

4. 罗霄山地质遗迹大区

本区位于湖南省东部，大致是京广铁路以东，湘赣交界的地区，面积 3.53 万 km^2。地形特征为岭谷相间，山岭有幕阜山、连云山、九岭山、武功山、万洋山、诸广山等，山间盆地有长平盆地、澧攸盆地、茶永盆地等，山地海拔一般在 1 000m 以上，并有不少山峰高出 1 500m，神农峰海拔 2 022m，为全省最高峰。

该区地质遗迹以水体景观和岩溶地貌为主，以重要岩矿石产地、丹霞地貌和花岗岩地貌为特色，分布重要地质遗迹 90 处（世界级 1 处，国家级 32 处，省级 57 处），分布密度 25.5 处/万 km^2，拥有 1 处世界级地质遗迹，即郴州柿竹园钨多金属矿床。根据区内差异，可划分为罗霄山北、罗霄山中和罗霄山南 3 个地质遗迹分区。

（1）罗霄山北地质遗迹分区：位于湖南省东北部，包括幕阜山、连云山、大围山、九岭山等山地，面积 1.31 万 km²。分布有重要地质遗迹 23 处，以花岗岩地貌为主。可进一步划分为幕阜山、连云山和大围山 3 个地质遗迹小区。

(2)罗霄山中地质遗迹分区：位于湖南省东部，包括武功山、澧攸盆地、茶永盆地等，面积 1.16 万 km²。分布有重要地质遗迹 39 处，以丹霞地貌和岩溶洞穴为主。可进一步划分为澧攸盆地、武功山和茶永盆地 3 个地质遗迹小区。

(3)罗霄山南地质遗迹分区：位于湖南省东南部，包括万洋山、诸广山等山地，面积 1.06 万 km²。分布有重要地质遗迹 28 处，以花岗岩地貌和岩溶洞穴为主。可进一步划分为万洋山、诸广山和东江湖 3 个地质遗迹小区。

5. 湘中丘陵地质遗迹大区

本区位于湖南省中部，西起雪峰山东麓，东界为湘赣交界山地之西麓，南接四明山，北止长沙望城区，面积 2.98 万 km²。区内有较多的红层盆地，如衡阳盆地、长沙盆地、湘潭-湘乡盆地、株洲-渌口盆地，盆地内丘陵岗地起伏。该区地质遗迹类型多样，以地质剖面为主，以重要化石产地和流水地貌为特色，分布重要地质遗迹 59 处(国家级 22 处，省级 37 处)，分布密度 19.8 处/万 km²。根据区内差异，可划分为长株潭、衡阳和娄祁 3 个地质遗迹分区，其中衡阳地质遗迹分区可进一步划分为衡山和衡东-衡南 2 个地质遗迹小区，其他分区因地质遗迹较少，故不再划分地质遗迹小区。

6. 洞庭湖平原地质遗迹大区

本区位于湖南省北部，东起岳阳、汨罗，西到临澧、桃源，南至益阳、湘阴，北以长江为界，面积 2.08 万 km²。区内地势低平，以洞庭湖为中心，由里至外，依次为湖积冲积平原、滨湖阶地、环湖低丘。该区是湖南省地质遗迹最贫乏的大区，分布重要地质遗迹 19 处(国家级 5 处，省级 14 处)，分布密度 9.1 处/万 km²。根据区内差异，可划分为东洞庭湖平原、南洞庭湖平原和西洞庭湖平原 3 个地质遗迹分区。由于各分区地质遗迹较少，故不再划分地质遗迹小区。

第五章 重要地质遗迹保护与开发利用

ZHONGYAO DIZHI YIJI BAOHU YU KAIFA LIYONG

第一节　重要地质遗迹保护与开发利用现状

目前，湖南省重要地质遗迹保护与开发利用主要有3种方式：一是建立地质遗迹保护区；二是建立地质公园和矿山公园；三是建立其他类型自然保护地。

一、地质遗迹保护区

湖南省地质遗迹保护区包括地质遗迹类自然保护区和重点保护古生物化石集中产地。20世纪80年代至90年代，湖南省建立了5个地质遗迹类自然保护区，分别为祁阳木子圩岩洞、祁阳羊角塘岩洞、通道万佛山、冷水江波月洞、龙山火岩溶洞群，总面积114.19km²，除通道万佛山为省级外，其余均为县级（表5-1）。2014年，湖南省2个古生物化石产地被国土资源部认定为国家级重点保护古生物化石集中产地，分别为桑植芙蓉桥芙蓉龙化石产地和株洲天元恐龙化石产地，总面积1.27km²（表5-2）。这些地质遗迹保护区均以保护地质遗迹为主，但也进行了适度的开发利用。

表5-1　湖南省地质遗迹类自然保护区基本情况表

序号	保护区名称	行政区域	面积/hm²	主要保护对象	级别	始建时间
1	木子圩岩洞	祁阳县	13	岩洞	县级	1987年1月
2	羊角塘岩洞	祁阳县	1 800	岩洞群	县级	1991年7月
3	万佛山	通道侗族自治县	9 435	丹霞地貌	省级	1998年10月
4	波月洞	冷水江市	30	溶洞景观	县级	1987年11月
5	火岩	龙山县	141	溶洞群	县级	1987年5月

表5-2　湖南省国家级重点保护古生物化石集中产地基本情况表

序号	保护区名称	行政区域	面积/hm²	主要保护对象	级别	批建时间
1	芙蓉桥芙蓉龙化石产地	桑植县	100	芙蓉龙化石	国家级	2014年2月
2	天元恐龙化石产地	株洲市天元区	27	恐龙化石	国家级	2014年2月

二、地质公园

1. 公园基本情况

为保护开发丰富的地质遗迹资源，湖南省于2001年开始申报建设地质公园。截至2018年4月，湖南省共建立地质公园32处（图5-1），其中世界级1处，国家级14处，省级17处，总面积

2 964.32km²,约占全省总面积的1.4%。全省地质公园基本情况见表5-3。

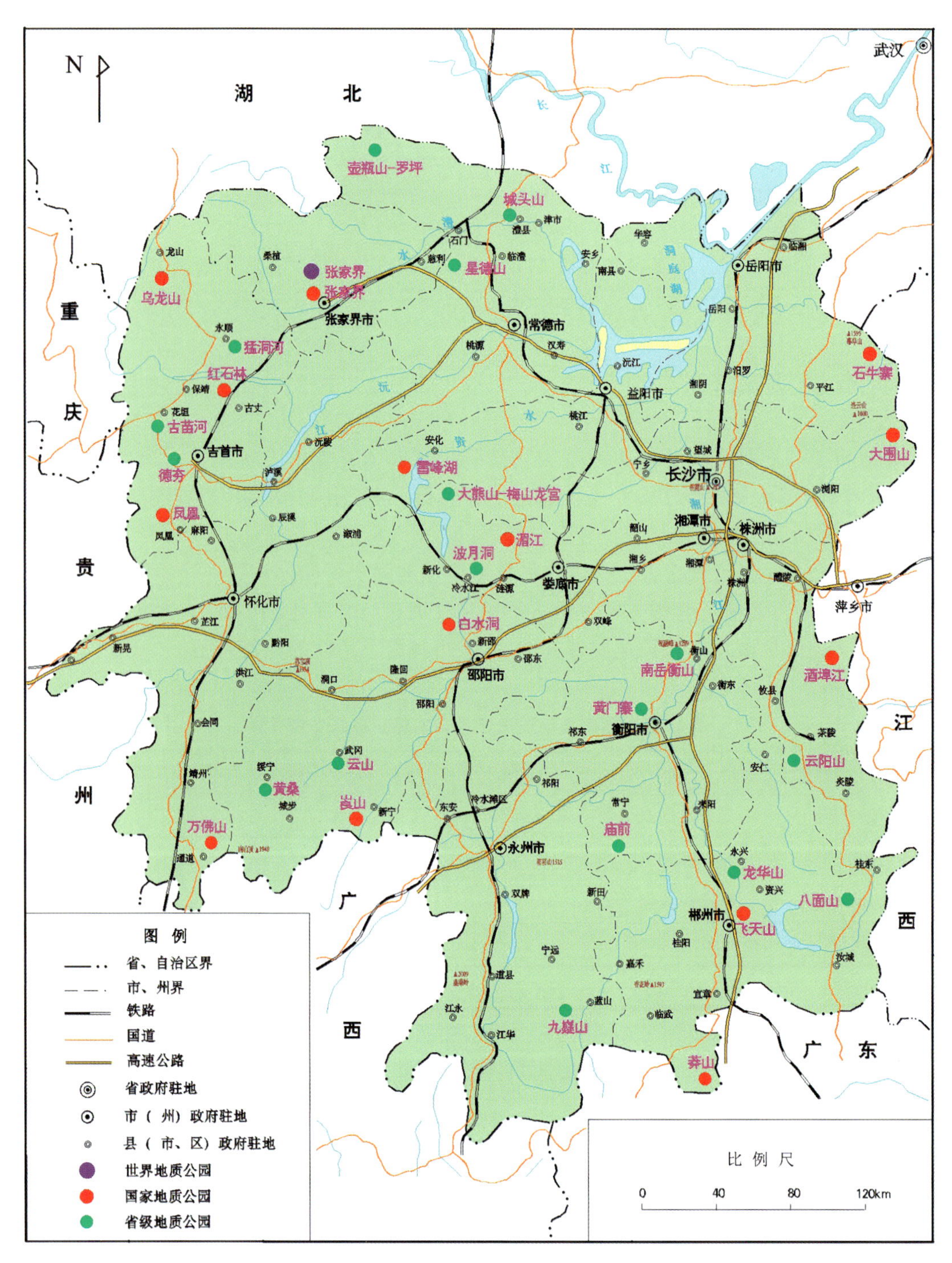

图5-1 湖南省地质公园分布图

表 5-3　湖南省地质公园基本情况一览表

序号	地质公园名称	行政区域	面积/km²	主要保护对象	批建时间
1	张家界世界地质公园	张家界市武陵源区	398	张家界地貌、溶洞	2004 年 2 月
2	湖南张家界国家地质公园	张家界市武陵源区、永定区、桑植县	490.45	张家界地貌、岩溶地貌、峡谷、古生物化石	2001 年 3 月
3	湖南崀山国家地质公园	新宁县	108	丹霞地貌	2001 年 12 月
4	湖南郴州飞天山国家地质公园	郴州市苏仙区、北湖区	59.97	丹霞地貌、溶洞	2001 年 12 月
5	湖南凤凰国家地质公园	凤凰县	81.1	台原峡谷、峰林、溶洞	2005 年 8 月
6	湖南古丈红石林国家地质公园	古丈县	74	红色碳酸盐岩石林、峡谷、湖泊	2005 年 8 月
7	湖南酒埠江国家地质公园	攸县	114.7	以溶洞为主的岩溶地貌	2005 年 8 月
8	湖南乌龙山国家地质公园	龙山县	142.01	石林、溶洞、峡谷等岩溶地貌	2009 年 8 月
9	湖南湄江国家地质公园	涟源市	55.44	崖壁、溶洞、峡谷、水体景观	2009 年 8 月
10	湖南平江石牛寨国家地质公园	平江县	46.56	丹霞地貌	2011 年 12 月
11	湖南浏阳大围山国家地质公园	浏阳市	62.69	花岗岩地貌、第四纪冰川遗迹	2012 年 4 月
12	湖南通道万佛山国家地质公园	通道侗族自治县	87	丹霞地貌	2014 年 1 月
13	湖南安化雪峰湖国家地质公园	安化县	175.8	溶洞、峡谷、湖泊、瀑布、构造形迹	2014 年 1 月
14	湖南宜章莽山国家地质公园	宜章县	88	花岗岩地貌、水体景观	2011 年 12 月
15	湖南新邵白水洞国家地质公园	新邵县	76.92	峡谷、溶洞	2006 年 5 月
16	湖南吉首德夯省级地质公园	吉首市	164.01	台原峡谷、峰林	2002 年 12 月
17	湖南花垣古苗河省级地质公园	花垣县	116	“金钉子”剖面、台原峡谷峰林	2002 年 12 月
18	湖南常宁庙前省级地质公园	常宁市	32.21	以石林为主的岩溶地貌	2006 年 5 月
19	湖南桂东八面山省级地质公园	桂东县	153	花岗岩地貌、溶洞、砂岩地貌	2010 年 1 月
20	湖南茶陵云阳山省级地质公园	茶陵县	82	砂岩地貌、丹霞地貌、构造形迹、动物化石	2010 年 1 月
21	湖南澧县城头山省级地质公园	澧县	4.26	构造遗迹、地质灾害遗迹	2010 年 1 月
22	湖南绥宁黄桑省级地质公园	绥宁县	130.8	峡谷、砂岩峰林、水体景观	2011 年 12 月
23	湖南永顺猛洞河省级地质公园	永顺县	146.8	峡谷、石林、溶洞、瀑布	2011 年 12 月
24	湖南南岳衡山省级地质公园	衡阳市南岳区	100.7	花岗岩地貌、水体景观	2012 年 6 月
25	湖南宁远九嶷山省级地质公园	宁远县	83.88	岩溶地貌、花岗岩地貌	2014 年 11 月
26	湖南新化大熊山-梅山龙宫省级地质公园	新化县	101.44	岩溶地貌、变质岩地貌、水体景观	2014 年 11 月
27	湖南石门壶瓶山-罗坪省级地质公园	石门县	35.8	岩溶地貌	2014 年 11 月
28	湖南冷水江波月洞省级地质公园	冷水江市	0.49	岩溶洞穴	2014 年 11 月
29	湖南武冈云山省级地质公园	武冈市	36.19	变质岩地貌	2016 年 1 月
30	湖南衡阳黄门寨省级地质公园	衡阳县	16.05	丹霞地貌	2016 年 1 月
31	湖南桃源星德山省级地质公园	桃源县	4.65	砂岩地貌	2016 年 1 月
32	湖南永兴龙华山省级地质公园	永兴县	93.4	丹霞地貌	2016 年 1 月

2. 公园地质遗迹保护状况

经统计，湖南省现已建立的地质公园内共分布重要地质遗迹123处。为保护珍贵的地质遗迹资源，大部分地质公园内均采取了较多的保护措施，包括制订保护管理办法，编制保护规划，以及实施各类地质遗迹保护项目。2003—2017年，湖南省共获批国家级地质遗迹保护财政专项资金约3.4亿元，利用国家财政资金和地方配套资金，共对张家界、凤凰、新宁崀山、古丈红石林、攸县酒埠江、郴州飞天山、龙山乌龙山、平江石牛寨、涟源湄江等国家地质公园，以及花垣排碧、古丈罗依溪2个"金钉子"剖面保护区和桑植芙蓉龙国家级重点保护古生物化石集中产地地质遗迹进行了重点保护，共实施完成30多个地质遗迹保护项目，完成保护棚、保护支柱、保护挡墙、保护围栏等各类地质遗迹保护工程40多个(图5-2、图5-3)，共对40多处重要地质遗迹景点及其生态地质环境进行了抢救性保护。利用这些保护项目，湖南省还建设了30多条科考科普游览专线(长近100km)，修建了20处博物馆(含展示厅)、20处科普广场和24处标志碑，并设立了1 000多块景区景点解说牌和管理服务说明牌(图5-4～图5-7)。因此，这些保护项目，除了对重要地质遗迹进行保护外，还使重要地质遗迹的科学、美学价值进行了充分的体现和展示，促进了科普教育和科普旅游事业的发展。

图5-2 桑植芙蓉龙化石钢架大棚保护工程

图5-3 崀山河岸挡墙保护工程

图5-4 张家界地质博物馆展厅一角

图5-5 湄江地质博物馆展厅一角

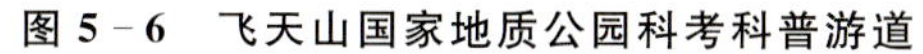

图 5-6　飞天山国家地质公园科考科普游道

图 5-7　崀山国家地质公园科考科普游道

3. 公园地质遗迹开发状况

旅游开发是地质公园地质遗迹资源的主要开发利用方式。湖南省地质公园旅游开发途径主要有两种：一是由当地政府通过招商引资方式，再由开发商进行地质公园旅游开发经营，如张家界世界地质公园、平江石牛寨国家地质公园、古丈红石林国家地质公园（图 5-8、图 5-9）；二是由早先成立的风景名胜区管理处（通常与地质公园管理处为两块牌子，一套人马）组织进行旅游开发经营，如崀山国家地质公园、涠江国家地质公园（图 5-10、图 5-11）。这两种经营方式各有利弊，相比较而言，第一种经营方式更有成效。例如，平江石牛寨，在申报地质公园以前曾是一个门可罗雀的偏远山区，在成功申报地质公园后，曾有一段时期由当地政府组织开发经营，也不太成功，游客较少；后采取招商引资方式，全权委托中惠旅景区管理有限公司进行开发，结果取得了极大的成功。如 2016 年 2 月春节假期，该公园单日接待游客量超过 1.5 万人次；2015 年国庆旅游黄金周，日接待游客量最高达 2.3 万人次。据统计，近 3 年来，湖南省地质公园共接待游客 1.78 亿人次，门票收入约 53.9 亿元，旅游收入约 906 亿元；并带动全省交通运输、餐饮住宿、农家乐等各类产业的发展。因湖南省地质公园大部分位于贫困地区，故地质公园旅游开发带来的经济效益在贫困地区尤为明显，为全省助推脱贫攻坚工作发挥了重要作用。

图 5-8　张家界世界地质公园旅游

图 5-9　石牛寨国家地质公园旅游

图 5-10　崀山国家地质公园旅游

图 5-11　湄江国家地质公园旅游

三、其他兼保护开发地质遗迹的自然保护地

除地质遗迹保护区和地质公园外，湖南省还建立有各类兼保护开发地质遗迹的自然保护地，如自然保护区（地质遗迹类自然保护区除外）、风景名胜区、森林公园、湿地公园、矿山公园等。经统计，截至 2017 年底，湖南省已建立自然保护区 190 处、风景名胜区 71 处、森林公园 113 处、矿山公园 5 处。这些自然保护地中存在重要地质遗迹约 51 处。重要的地质遗迹已成为这些自然保护地重要的保护开发对象（表 5-4）。

表 5-4　湖南省重要地质遗迹的其他自然保护地基本情况一览表

序号	其他自然保护地名称	行政区域	面积/km^2	保护开发的主要地质遗迹	批建时间
1	湖南郴州柿竹园国家矿山公园	郴州市苏仙区	86.66	重要岩矿石产地	2010 年
2	湖南桂阳宝山国家矿山公园	桂阳县	7.80	重要岩矿石产地	2010 年
3	湖南湘潭锰矿国家矿山公园	湘潭市雨湖区	9.92	重要岩矿石产地、地质灾害遗迹	2013 年
4	湖南双牌阳明山国家级自然保护区	双牌县	127.95	花岗岩地貌	2009 年
5	湖南东安舜皇山省级自然保护区	东安县	145.53	花岗岩地貌，岩溶地貌	1982 年
6	湖南湘潭隐山自然保护区	湘潭县	45.56	碎屑岩地貌	2005 年
7	湖南衡南江口鸟洲省级自然保护区	衡南县	2010	流水地貌	1984 年
8	湖南常德花岩溪省级自然保护区	常德市	9.55	碎屑岩地貌	2000 年
9	湖南保靖吕洞山自然保护区	保靖县	165	岩溶地貌	1999 年
10	湖南岳麓山国家级风景名胜区	长沙市	35.20	碎屑岩地貌、流水地貌、地层剖面	2002 年
11	湖南岳阳楼-洞庭湖国家级风景名胜区	岳阳市	1 300	变质岩地貌	1988 年
12	湖南辰溪燕子洞省级风景名胜区	辰溪县	38.6	岩溶洞穴	1999 年
13	湖南泸溪沅水省级风景名胜区	泸溪县	120	岩溶地貌	2006 年

续表 5-4

序号	其他自然保护地名称	行政区域	面积/km^2	保护开发的主要地质遗迹	批建时间
14	湖南大乘山省级风景名胜区	冷水江市	26	瀑布	1994 年
15	湖南东江湖国家湿地公园	资兴市	480	风景湖泊、岩溶洞穴	2007 年
16	湖南水府庙国家湿地公园	湘乡市	44.6	风景湖泊	2014 年
17	湖南黄山头国家森林公园	安乡县	6.66	变质岩地貌	1992 年
18	湖南桃花源国家森林公园	桃源县	1.66	变质岩地貌、流水地貌	1992 年
19	湖南岣嵝峰国家森林公园	衡阳县	19.50	变质岩地貌	1995 年
20	湖南大云山国家森林公园	岳阳县	11.81	花岗岩地貌	1996 年
21	湖南龙山国家森林公园	涟源市	131.21	变质岩地貌	2006 年
22	湖南千家峒国家森林公园	江永县	44.31	瀑布	2006 年
23	湖南雪峰山国家森林公园	洪江市	34.78	构造地貌	2008 年
24	湖南月岩国家森林公园	道县	39.37	岩溶地貌	2008 年
25	湖南天供山省级森林公园	澧县	7.31	岩溶地貌	1992 年
26	湖南九峰山省级森林公园	双峰县	21.27	变质岩地貌	1992 年
27	湖南黑麋峰国家森林公园	望城县	40.79	花岗岩地貌	2012 年
28	湖南太平山省级森林公园	龙山县	25.33	丹霞地貌	2003 年
29	湖南福寿山省级森林公园	平江县	12.75	矿泉	2004 年
30	湖南连云山省级森林公园	平江县	34.92	花岗岩地貌	2007 年
31	湖南幕阜山国家森林公园	平江县	17.01	花岗岩地貌、瀑布	2005 年
32	湖南长沙市白沙井文物保护单位	长沙市天心区	0.05	名井	2006 年

第二节 重要地质遗迹保护开发存在的主要问题

目前，湖南省重要地质遗迹保护开发存在的主要问题包括保护开发协调性问题、保护开发管理体制问题以及重要地质遗迹与生态环境保护问题。

一、保护开发协调性问题

根据保护与旅游开发的协调关系，湖南省重要地质遗迹可划分为 4 种保护开发类型：①保护开发双差型，指既未进行保护也未进行旅游开发的地质遗迹；②重在保护型，指以保护为主要或唯一目标的地质遗迹；③重在开发型，指以旅游开发为主要或唯一目标的地质遗迹；④保护开发协调型，指既进行了有效保护又进行了合理旅游开发的地质遗迹。经分析统计，湖南省上述 4 种类型重要地质遗迹数量分别为 341 处、8 处、50 处、119 处，占全省重要地质遗迹总数（518 处）的比例分别为 65.8%、

1.5%、9.7%、23.0%。保护开发双差型是湖南省目前最主要的地质遗迹保护类型，大部分属于基础地质类和地质灾害类地质遗迹，小部分属地貌景观类地质遗迹，表明湖南省大部分地质遗迹的重要价值，特别是科学价值，并未得到认可和重视，致使该类型地质遗迹部分已遭到不同程度的人为或自然破坏。重在保护型是湖南省目前数量最少的地质遗迹类型，主要是地层剖面、化石产地等基础地质类地质遗迹，主要分布于地质遗迹保护区和其他类型保护区（包括自然保护区和文物保护单位等，下同）。该类型地质遗迹因美学观赏价值不高，难以得到旅游开发，其保护主要依赖国家下拨的保护经费，因经费有限，大部分并未得到真正有效的保护。重在开发型和保护开发协调型均是湖南省目前数量较少的地质遗迹类型。前者主要是进入风景名胜区和森林公园的地貌景观类地质遗迹，其大部分得到了充分的开发利用，也得到了一定的保护，小部分因开发过度而遭到了一定程度的破坏。后者主要是进入地质公园的地貌景观类地质遗迹，其多兼具较高美学价值和科学价值，因地质公园对地质遗迹实行“在保护中开发，在开发中保护”的原则，故理论上实现了保护与开发的协调发展。前三类合计399处，占总数的77.0%，故整体上而言，湖南省重要地质遗迹保护开发协调性较差。

二、保护开发管理体制问题

目前，湖南省重要地质遗迹保护开发管理体制不完善的地方主要表现在以下几个方面：

（1）法制不健全。目前我国地质遗迹保护方面的法规有《地质遗迹保护管理规定》（1994年11月22日，地质矿产部令第21号发布）、《古生物化石保护管理办法》（2002年4月3日，国土资源部第4次部务会议通过）和《古生物化石保护条例》（2010年9月5日，国务院令第580号发布）等，这些法规尚不能涵盖地质遗迹管理的诸多方面，且宣传和贯彻执行的力度不够。

（2）缺乏全省性规划指导。目前，湖南省已针对具体的地质公园或地质遗迹保护区制订了较多的保护开发规划，但缺乏政府颁布实施的全省性地质遗迹保护与开发利用规划，致使地质遗迹保护开发工作大多围绕一时一地（园区）的事项来开展，宏观管理和调控目标不明确。

（3）缺乏有效的管理机制。虽然湖南省已建立32处地质公园，但相当部分地质公园管理机构不健全，管理体制不完善，有的将公园的开发经营权向旅游开发公司整体转让，主管部门的职能没能很好落实，致使地质公园“重开发、轻保护”现象明显。为了追求经济利益的近期最大化，有的开发商常常在公园内大兴土木，大搞旅游开发建设，导致部分地质公园的自然风貌消失殆尽。过去，还有很多地质公园（多块牌子、多套人马）处于多部门管理、各自为政的状态，重复建设和恶性竞争现象时有出现，同样导致地质遗迹没能得到很好地保护开发。今后，随着国家机构改革，这种现象应当不会继续存在。

（4）经费保障机制不完善。目前，湖南省没有常规地质遗迹保护经费预算，主要靠争取国家级地质遗迹保护项目经费，投入数量和范围十分有限，严重制约了地质遗迹保护工作的开展。

三、重要地质遗迹及其生态环境破坏现象

目前，湖南省部分重要地质遗迹及其生态地质环境已经遭受了一定程度的破坏。主要表现在：大规模开挖山体；盗卖岩矿石（奇石）和钟乳石材；引走瀑布水量以作其他用途；矿业活动引发井泉水干枯和地质地貌景观破坏；过度工业开采岩矿石与宝玉石；未经批准挖掘古生物化石；过度旅游开发地质地貌景观资源（图5-12～图5-16），等等。

图 5-12 开挖山体，破坏景观

图 5-13 盗卖钟乳石材

图 5-14 凤凰尖多朵瀑布正常情况下的景观(左)和引走水量后的景观(右)

图 5-15 矿山开发使花垣岩溶地貌景观遭受破坏

图 5-16 已遭过度开发的凤凰天龙峡

第三节　重要地质遗迹保护开发建议

一、保护基本原则

1. 坚持地质遗迹保护与生态地质环境保护相结合的原则

地质遗迹资源及其生态地质环境是相互依存、不可分割的整体，正如习近平总书记在十八届三中全会上所指出的，“山水林田湖是一个生命共同体”，因此，应当坚持地质遗迹保护与生态地质环境保护相结合的原则。

2. 坚持地质遗迹保护与开发利用、科研科普相结合的原则

地质遗迹保护与开发利用、科研科普三者是相辅相成的。只有坚持以地质遗迹保护为基本前提，遵循有效保护与适度开发利用以及科研科普相结合的原则，坚持环境效益、社会效益和经济效益相统一，才能维护生态环境的良性循环，坚持可持续发展战略。因此，地质公园建设的三大基本任务：一是保护地质遗迹及其生态地质环境；二是普及地学知识和开展科学研究；三是通过开展旅游活动，促进地方经济发展。

3. 坚持按区管理、分类分级保护的原则

地质遗迹类型多样，对于科学价值较高而美学观赏价值较低的基础地质类和地质灾害类地质遗迹，应重在保护，对于美学观赏价值较高的地貌景观类地质遗迹，则应在有效保护的前提下加强旅游开发，故应实行分类保护的原则。

根据《地质遗迹保护管理规定》《中国国家地质公园建设工作指南》和《国家地质公园规划编制技术要求》(国土资源部，2016)，地质遗迹均应实行分级保护原则。地质遗迹保护等级一般根据地质遗迹的评价级别确定，世界级地质遗迹分布区(点)一般确定为特级保护区(点)，国家级地质遗迹分布区一般确定为重点或一级保护区，省级、省级以下地质遗迹分布区一般确定为二级、三级保护区。不同的保护区实行不同的保护管理要求和保护措施，如特级保护区非经批准不能进入；一级保护区严格控制游客数量，禁止机动交通工具进入；二级保护区合理控制游客数量，不得设立影响地质遗迹景观的建筑；三级保护区可以设立适量的、与景观环境协调的地质旅游服务设施。因此，地质遗迹保护应坚持按区管理原则。

二、保护开发类型和方式

为有效保护地质遗迹，根据地质遗迹保护开发协调性关系及其旅游开发价值，湖南省重要地质遗迹应归属于两大类型：一是保护开发协调型，二是重在保护型。对于开发价值较大的地质遗迹，应确定为保护开发协调型，这应是湖南省体量最大的地质遗迹类型。该类型地质遗迹应在保护的前提下积极进行旅游开发，而地质公园是目前保护和开发地质遗迹最有效的方式。该类型地质遗迹也可归入如风景名胜区、森林公园之类的其他园区进行开发，即与其他资源进行捆绑开发，但需注意加强保护力度。对于科学价值高而开发价值低的基础地质类和地质灾害类地质遗迹，应确定为重在保护型，

可建立地质遗迹保护区(点)进行保护,也可归入其他保护区进行保护。该类型地质遗迹在有效保护的同时,可开辟一定区域适当开展科普旅游活动。

因此,湖南省重要地质遗迹保护开发方式,建议建立以地质公园为主、矿山公园与地质遗迹保护区(点)为辅、其他多种保护开发方式共同发展的地质遗迹保护开发体系与网络。具体说来,主要有3类。

1. 地质公园(矿山公园)类

对地貌景观类或以地貌景观为主的多种类重要地质遗迹分布区,可按地质公园类进行地质遗迹的保护开发。对以矿业遗迹为主体的多种类地质遗迹分布区,可按矿山公园类进行地质遗迹的保护开发。根据区内地质遗迹(矿业遗迹)的价值高低可申报建设为不同级别的地质公园(矿山公园)。

湖南省已建地质公园32个(世界级1个、国家级14个、省级17个),共保护重要地质遗迹123处。建议湖南省具备条件的国家级、省级地质公园,可通过加强建设、资源组合、规划调整等手段,升级建设为世界级、国家级地质公园(表5-5)。如龙山乌龙山、永顺猛洞河、古丈红石林、花垣古苗河、吉首德夯和凤凰等国家级、省级地质公园可联合申报建设为湘西世界地质公园;新宁崀山国家地质公园和新宁舜皇山、东安舜皇山地质遗迹集中区可联合申报建设为崀山-舜皇山世界地质公园。此外,建议湖南省新建地质公园12个(国家级3个,省级9个)。如此,经过优化升级,湖南省将有地质公园44个,其中世界级3个,国家级19个,省级22个,共计可保护重要地质遗迹约180处。

表5-5　湖南省地质公园规划建设(2018—2025年)建议一览表

序号		公园名称	行政区域	主要保护开发对象	备注
世界级	1	张家界世界地质公园	张家界市武陵源区、永定区、桑植县	张家界地貌、岩溶地貌、地层剖面、古生物化石	由原张家界国家地质公园升级而成,其范围包括了原张家界世界地质公园
	2	湘西世界地质公园	龙山县、永顺县、古丈县、花垣县、保靖县、吉首市、凤凰县	岩溶地貌、"金钉子"剖面、水体景观	由原龙山乌龙山、永顺猛洞河、古丈红石林、花垣古苗河、吉首德夯和凤凰等国家级、省级地质公园和保靖吕洞山等地质遗迹集中区组成
	3	崀山-舜皇山世界地质公园	新宁县、东安县	丹霞地貌、岩溶地貌、花岗岩地貌	由原崀山国家地质公园和新宁舜皇山、东安舜皇山等地质遗迹集中区组成
国家级	4	湖南崀山国家地质公园	新宁县	丹霞地貌	在原建国家地质公园基础上进行优化调整
	5	湖南郴州飞天山国家地质公园	郴州市苏仙区、北湖区	丹霞地貌、溶洞	在原建国家地质公园基础上进行优化调整
	6	湖南凤凰国家地质公园	凤凰县	台原峡谷、峰林、溶洞	在原建国家地质公园基础上进行优化调整
	7	湖南古丈红石林国家地质公园	古丈县	红色碳酸盐岩石林、峡谷、湖泊	在原建国家地质公园基础上进行优化调整
	8	湖南酒埠江国家地质公园	攸县	以溶洞为主的岩溶地貌	在原建国家地质公园基础上进行优化调整
	9	湖南乌龙山国家地质公园	龙山县	石林、溶洞、峡谷等岩溶地貌	在原建国家地质公园基础上进行优化调整

续表 5-5

序号		公园名称	行政区域	主要保护开发对象	备注
国家级	10	湖南湄江国家地质公园	涟源市	崖壁、溶洞、峡谷、水体景观	在原建国家地质公园基础上进行优化调整
	11	湖南平江石牛寨国家地质公园	平江县	丹霞地貌	在原建国家地质公园基础上进行优化调整
	12	湖南浏阳大围山国家地质公园	浏阳市	花岗岩地貌、第四纪冰川遗迹	在原建国家地质公园基础上进行优化调整
	13	湖南通道万佛山国家地质公园	通道侗族自治县	丹霞地貌	在原建国家地质公园基础上进行优化调整
	14	湖南安化雪峰湖国家地质公园	安化县	溶洞、峡谷、湖泊、瀑布、构造形迹	在原建国家地质公园基础上进行优化调整
	15	湖南宜章莽山国家地质公园	宜章县	花岗岩地貌、水体景观	在原建国家地质公园基础上进行优化调整
	16	湖南新邵白水洞国家地质公园	新邵县	峡谷、溶洞	在原建国家地质公园基础上进行优化调整
	17	湖南南岳衡山国家地质公园	衡阳市南岳区	花岗岩地貌、水体景观	由原省级地质公园优化调整与升级而来
	18	湖南桂东八面山国家地质公园	桂东县	花岗岩地貌、溶洞、砂岩地貌	由原省级地质公园优化调整与升级而来
	19	湖南宁远九嶷山国家地质公园	宁远县	岩溶地貌、花岗岩地貌	由原省级地质公园优化调整与升级而来
	20	湖南新化大熊山-梅山龙宫国家地质公园	新化县	岩溶地貌、变质岩地貌、水体景观	由原省级地质公园优化调整与升级而来
	21	湖南东安舜皇山国家地质公园	东安县	岩溶地貌、花岗岩地貌	新建
	22	湖南资兴东江湖国家地质公园	资兴市	岩溶地貌、水体景观	新建
省级	23	湖南吉首德夯省级地质公园	吉首市	台原峡谷、峰林	在原建省级地质公园基础上进行优化调整
	24	湖南花垣古苗河省级地质公园	花垣县	“金钉子”剖面、台原峡谷峰林	在原建省级地质公园基础上进行优化调整
	25	湖南常宁庙前省级地质公园	常宁市	以石林为主的岩溶地貌	在原建省级地质公园基础上进行优化调整
	26	湖南茶陵云阳山省级地质公园	茶陵县	砂岩地貌、丹霞地貌、构造形迹、动物化石	在原建省级地质公园基础上进行优化调整
	27	湖南澧县城头山省级地质公园	澧县	构造遗迹、地质灾害遗迹	在原建省级地质公园基础上进行优化调整
	28	湖南绥宁黄桑省级地质公园	绥宁县	峡谷、砂岩峰林、水体景观	在原建省级地质公园基础上进行优化调整
	29	湖南永顺猛洞河省级地质公园	永顺县	峡谷、石林、溶洞、瀑布	在原建省级地质公园基础上进行优化调整

续表 5－5

序号		公园名称	行政区域	主要保护开发对象	备注
省级	30	湖南石门壶瓶山-罗坪省级地质公园	石门县	岩溶地貌	在原建省级地质公园基础上进行优化调整
	31	湖南冷水江波月洞省级地质公园	冷水江市	岩溶洞穴	在原建省级地质公园基础上进行优化调整
	32	湖南武冈云山省级地质公园	武冈市	变质岩地貌	在原建省级地质公园基础上进行优化调整
	33	湖南衡阳黄门寨省级地质公园	衡阳县	丹霞地貌	在原建省级地质公园基础上进行优化调整
	34	湖南桃源星德山省级地质公园	桃源县	砂岩地貌	在原建省级地质公园基础上进行优化调整
	35	湖南永兴龙华山省级地质公园	永兴县	丹霞地貌	在原建省级地质公园基础上进行优化调整
	36	湖南桑植澧水源省级地质公园	桑植县	岩溶地貌、张家界地貌	新建
	37	湖南慈利五雷山-龙王洞省级地质公园	慈利县	张家界地貌、岩溶地貌	新建
	38	湖南沅陵五强溪省级地质公园	沅陵县	丹霞地貌	新建
	39	湖南溆浦思蒙省级地质公园	溆浦县	丹霞地貌、岩溶地貌	新建
	40	湖南隆回虎形山省级地质公园	隆回县	花岗岩地貌、溶洞	新建
	41	湖南江华桥头铺省级地质公园	江华瑶族自治县	岩溶地貌、溶洞	新建
	42	湖南炎陵神龙谷省级地质公园	炎陵县	花岗岩地貌、水体景观	新建
	43	湖南安仁丹霞省级地质公园	安仁县	丹霞地貌	新建
	44	湖南汝城热水省级地质公园	汝城县	温泉、疑似古冰川遗迹	新建

湖南省已建国家级矿山公园5个，建议湖南省新建矿山公园11个。如此，湖南省将有矿山公园16个（表5－6），共计可保护重要地质遗迹约20处。

2. 地质遗迹保护区（保护点）类

对于化石产地、地层剖面、构造形迹、岩矿石产地等单一类型的地质遗迹分布地，或者在不适宜建立公园的地质遗迹分布地，建议按地质遗迹保护区（或保护点）类进行地质遗迹的保护开发。如果是在规模较大的地质遗迹集中分布区（面积一般大于0.1km^2），可规划建立地质遗迹保护区；如果是在规模较小的地质遗迹点或遗迹零星分布地段（面积一般不到0.1km^2），可规划建立地质遗迹保护点。

表 5-6　湖南省矿山公园规划建设(2018—2025 年)建议一览表

序号	公园名称	行政区域	主要保护开发对象	备注
1	湖南郴州柿竹园国家矿山公园	郴州市苏仙区	重要钨多金属矿产地	在原建国家矿山公园基础上进行优化调整
2	湖南桂阳宝山国家矿山公园	桂阳县	重要采矿遗址	在原建国家矿山公园基础上进行优化调整
3	湖南湘潭锰矿国家矿山公园	湘潭市雨湖区	重要采矿遗址、地质灾害遗迹	在原建国家矿山公园基础上进行优化调整
4	湖南沅陵沃溪国家矿山公园	沅陵县	金锑钨多金属共生矿床	在原建国家矿山公园基础上进行优化调整
5	湖南益阳金银山国家矿山公园	益阳市赫山区	重要采矿遗址	在原建国家矿山公园基础上进行优化调整
6	湖南常宁水口山国家矿山公园	常宁市	重要铅锌矿产地	新建
7	湖南耒阳上堡国家矿山公园	耒阳市	重要黄铁矿产地	新建
8	湖南临武香花岭国家矿山公园	临武县	重要锡多金属矿和香花石产地	新建
9	湖南宜章瑶岗仙省级矿山公园	宜章县	重要黑钨矿产地	新建
10	湖南麻阳九曲湾国家矿山公园	麻阳县	重要铜矿产地、恐龙蛋和恐龙足迹化石产地	新建
11	湖南石门磺厂省级矿山公园	石门县	重要雄黄、雌黄矿产地	新建
12	湖南冷水江锡矿山国家矿山公园	冷水江市	重要辉锑矿产地	新建
13	湖南临湘桃林省级矿山公园	临湘县	重要铅锌矿产地	新建
14	湖南凤凰茶田省级矿山公园	凤凰县	重要汞矿产地	新建
15	湖南花垣李梅省级矿山公园	花垣县	重要铅锌矿产地	新建
16	湖南浏阳菊花石国家矿山公园	浏阳市	重要观赏石产地	新建

建议湖南省规划建立地质遗迹保护区 172 个,共保护重要地质遗迹 172 处(附表);规划建立地质遗迹保护点 115 个,共保护重要地质遗迹 115 处(附表)。

3. 其他类型保护地

对分布于自然保护区、风景名胜区、森林公园等其他各类已建保护地的各种地质遗迹,在有效保护和合理利用的条件下,可维持其保护利用现状。目前,湖南省分布有重要地质遗迹的该类保护地(同时有地质公园称号的或规划建立地质公园、矿山公园的除外)共约 29 个,共保护重要地质遗迹 35 处。

三、保护开发模式建议

根据上述 3 种地质遗迹保护形式(地质公园、地质遗迹保护区和其他类型保护地)及其空间组合关系,地质遗迹可确定 5 种保护开发模式(图 5-17)。模式一是 3 种保护形式各自独立,相互分隔,未能将资源价值进行有效的整合,是一种重在保护模式。模式二考虑到了其他类型保护地和地质遗迹保护区的结合,但未将有效保护和合理开发有机地结合起来,仍是一种重在保护模式。模式三将地质公园套建于其他类型保护地中,是一种较理想的复合型保护模式,但过去存在着多头管理的弊端,如套建于湖南莽山自然保护区中的莽山地质公园和南岳衡山自然保护区中的南岳衡山地质公园。模式四将地质遗迹保护区套建于地质公园内,过去两者均由国土资源部门统一管理,保护经费既可来源于国家地质遗迹保护经费也可来源于地质公园开发收益,实现了保护与开发的较好结合,是一种理想的复合型保护开发模式。模式五将地质公园套建于地质遗迹保护区内,与模式四相比,它通过较小范围的适度开发实现较大范围的有效保护,符合国家公园的建设理念,因而是一种更加理想的复合型保护开发模式。

目前湖南省重要地质遗迹保护未能充分考虑地质公园、地质遗迹保护区和其他保护地 3 种保护形式的相互关系以及上述 5 种保护模式的优劣关系,建议今后根据地质遗迹保护类型进行保护模式的优选。对于重在保护型地质遗迹,可采用模式一、模式二;对于保护开发协调型地质遗迹可采用除模式二以外的多种模式,其优选顺序则是模式五、模式四、模式三、模式一。根据国家公园管理体制,湖南省应努力将地质遗迹保护开发归于国家公园模式,并形成统一、规范、高效的国家公园管理体制。

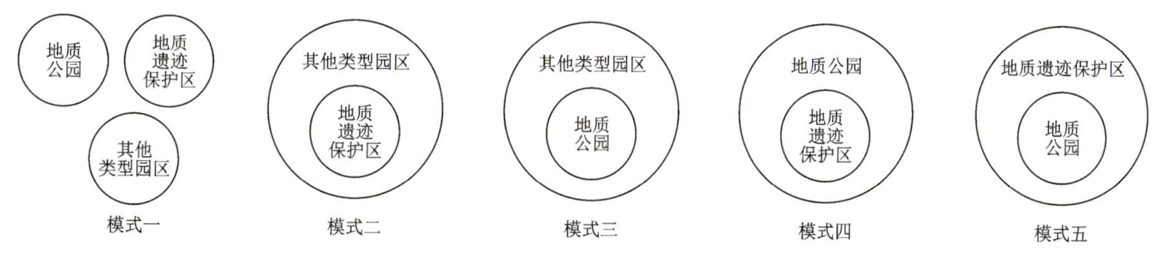

图 5-17　地质遗迹保护开发模式示意图

四、管理模式建议

我国传统的地质遗迹资源管理模式是政府管理模式,主要通过地方政府的管理来实现。地方政府往往只注重管理已设为自然保护地,特别是地质公园范围内的地质遗迹,而对自然保护地之外的大量重要地质遗迹疏于管理。即使对地质公园范围内的重要地质遗迹,地方政府的管理也多是一种间接管理,主要通过两种方式实现。第一种方式是通过下属的公园管理机构来实现,这种管理机构具有政府和企业的双重属性,既是管理部门又是经营机构。地方政府对他们的考核最重要的是经济指标,实际上强调的是公园的商业性质。公园的门票收入和其他经营收入常常作为政府财政收入的重要来源。第二种方式是政府将公园的经营权向旅游开发公司作整体转让,接手的公司往往会按照自己的经营思路进行开发建设,在很大程度上替代了政府对公园的管理。

纵观我国地质遗迹资源的传统管理模式,种种弊端显而易见,常常导致重要地质遗迹没有得到有效保护和合理开发,甚至使部分重要地质遗迹遭受严重破坏。究其原因,其中之一是没有认识到地质遗迹的多重价值,没有实现资产化管理。实际上,地质遗迹是一种具有经济、社会和生态等多方面效益和价值的自然资源,其价值包括有形价值和无形价值;同时,地质遗迹资源是一种和土地资源、矿产资源一样的资产性资源,但其资产又具有特殊性,既包括经济性资产,也包括非经济性资产。借鉴土地资源、矿产资源的成功管理模式,对地质遗迹资源,特别是对那些具有较大开发价值的地质遗迹,应当实行资产化管理模式,实行地质遗迹的有偿开发制度,明确所有者和经营者的责、权、利关系,保障地质遗迹资源的有效保护和合理开发利用。

实施地质遗迹的资产化管理,应当按照合理的程序或框架实施。首先应当建立动态更新的地质遗迹资源信息数据库，这是建立地质遗迹资源评价体系和资产评估体系的基础。其次必须以合同等文本形式明确地质遗迹的权属范围，这样才能做到谁投资、谁开发、谁利用、谁受益，做到责、权、利到位，这是建立资产化管理的必要条件。三是建立地质遗迹资源资产的评估体系，这是至关重要的一环。有的地方政府为了尽快开发地质遗迹，一不对地质遗迹资源进行价值评估，二不提出保护要求，即与开发商签订经营权转让合同，导致国有资产严重流失。进行地质遗迹资源资产评估时，不仅要对其市场的有形价值和无形价值进行公正的和合理的评估，而且还要对其社会价值、生态价值进行评价和货币化。评估体系包括：经济性资产评估指标体系、非经济性资产评估指标体系、价格构成及评估方法等。四是健全和完善地质遗迹资源资产市场，实现地质遗迹资源正常流转。五是建立相配套的法律法规，强化管理制度，依法进行地质遗迹资源资产管理。

五、地质公园可持续发展建议

地质公园是众多重要地质遗迹保护开发的重要场所，可持续发展是地质公园建设的重要内容。尽管湖南省地质公园发展迅速，成效明显，但可持续发展中存在的问题较多，主要体现在两方面：一是“重开发、轻保护”，致使大部分地质公园景观环境已遭受一定程度的损伤或破坏。一旦景观环境遭受损伤或破坏，地质公园的魅力将大打折扣或荡然无存，如果不能生态修复，地质公园的发展将难以持续。二是旅游开发层次不高，对重要地质遗迹景观的科学内涵没有充分挖掘，只停留在一般观光的低层次开发，不能体现公园特色。为此，提出以下两方面建议。

(1)加强地质公园景观环境生态保护和修复。尽管湖南省以往开展了较多的地质公园保护工程，但由于缺乏系统性、整体性考虑，客观上存在各类保护工程和山、水、湖等各类保护要素相互脱节的状况，致使整体保护效果不尽理想。事实上，公园内的山、水、林、田、湖、草等各类资源及其生态地质环境是相互依存、不可分割的整体，习近平总书记在十八届三中全会上作关于《中共中央关于全面深化改革若干重大问题的决定》的说明时就已指出，“山水林田湖是一个生命共同体”；中央全面深化改革领导小组在第三十七次会议上进一步指出，“坚持山水林田湖草是一个生命共同体”。因此，应当按照党的十九大报告中有关加快生态文明体制改革及山水林田湖草生态保护和修复的工作要求，加强地质公园景观环境生态保护和修复工作，确保地质公园的可持续发展。

(2)坚持走可持续的旅游开发道路。如何走可持续的旅游开发道路，一直是地质公园建设和管理者考虑的问题。多年来，学者们提出过多种可持续的地质公园旅游开发模式，如地质旅游、生态旅游。生态旅游由世界自然保护联盟(IUCN)于1983年首先提出。国内外关于生态旅游的定义很多，但均不外乎三方面的功能：一是获得心身愉悦的旅游经历；二是保护自然和人文生态系统，增强公众生态环境保护意识；三是促进区域经济的可持续发展。地质旅游则是以兼具观赏及科学价值的地质景观为游览对象的旅游模式，它不仅注重景观的观赏性，更注重景观的科学性，不仅要认识景观，还要揭示景观的成因，给予科学的解释，是寓教于乐的科普旅游，在我国兴起于20世纪80年代初。这种地质科普旅游，如果由学校组织学生根据区域特色、学生年龄特点和教学内容需要而开展，则是当前时兴的研学旅行。因地质公园是以地质学为主要科学内涵的科学性公园，故地质旅游是地质公园自建设以来一直倡导的旅游模式。因地质公园地质旅游强调地质遗迹保护与地质科研科普相结合，强调地质遗迹保护与地方经济发展相结合，强调保护生态地质环境，重视地质遗迹及其生态地质环境保护的公众意识，在功能和目的上和生态旅游是一致的，因此，地质旅游实质上属于生态旅游，是一种高品位、高层次的生态旅游，发展具备地质旅游特征的生态旅游模式，是地质公园可持续发展道路的必然选择。

主要参考文献

陈安泽.中国国家地质公园建设的若干问题[J].资源.产业,2003,5(1):58-64.

陈安泽.中国花岗岩地貌景观若干问题探讨[J].地质论评,2007,53(b08):1-8.

陈安泽.中国花岗岩地貌景观若干问题讨论[J].地质论评,2007,53(增刊):1-8.

陈国达.武陵源峰林地貌形成的大地构造条件[J].大地构造与成矿学,1993,17(2):103-113.

陈文光.湖南省主要花岗岩风景地貌及旅游开发价值[J].地质论评,2007,53(增刊):171-174.

方建华,张忠慧,张秉辰.河南省地质遗迹资源[M].北京:地质出版社,2014.

方世明,李江风,赵来时.地质遗迹资源评价指标体系[J].地球科学,2008,33(2):285-288.

方先知,胡能勇.中国国家地质公园——张家界[M].长沙:湖南地图出版社,2005.

郭建强.初论地质遗迹景观调查与评价[J].四川地质学报,2005,25(2):104-109.

国土资源部.地质遗迹调查规范(DZ/T 0303—2017)[S].北京:2017.

胡能勇,戴塔根,蔡让平,等.论地质遗迹资源的价值及资产化管理[J].大地构造与成矿学,2007,31(4):502-507.

胡能勇,戴塔根,蔡让平.湖南省丹霞地貌的分布特征及控制因素探讨[C]//中国地质学会旅游地学与国家地质公园研究分会成立大会暨第20届旅游地学与地质公园学术年会论文集,2005:109-112.

胡能勇,董和金,蔡让平.湖南省地质遗迹类型及开发保护建议[J].湖南地质,2003,22(1):10-14.

胡能勇.湖南省地质遗迹资源特征及资产化管理研究[M].长沙:湖南地图出版社,2015.

湖南地质局.中华人民共和国地质矿产部地质专报 二.地层古生物.第1号.湖南古生物图册[M].北京:地质出版社,1982.

湖南省地质调查院.中国区域地质志——湖南志[M].北京:地质出版社,2017.

湖南省地质矿产局.湖南省区域地质志[M].北京:地质出版社,1988.

湖南省国土资源厅.湖南地质公园[M].北京:地质出版社,2012.

黄荣海.中国地理百科丛书——潇湘源[M].广州:世界图书出版广东有限公司,2015.

李烈荣,姜建军,王文.中国地质遗迹资源及其管理[M].北京:中国大地出版社,2002.

彭善池,Babcock L E,林焕令,等.寒武系全球排碧阶及芙蓉统底界的标准层型剖面和点位[J].地层学杂志,2004,28(2):104-113.

彭世良,陈文光,化锐.一种特殊的地质遗迹景观——湘西凤凰台地峡谷型岩溶地貌[J].湖南地学新进展,2005(4):196-200.

彭世良,陈文光,熊建安,等.湖南省地质遗迹调查、评价及保护与开发利用研究[J].中国科技成果,2016,23:37-39.

彭世良,陈文光,曾艳华,等.张家界天门山地质遗迹景观特色及其旅游开发建议[J].湖南地学新进展,2005(4):201-204.

彭世良,陈文光.衡山花岗岩地貌研究[J].热带地理,2010,30(4):10-13.

彭世良,熊建安,袁珍,等.湖南省地质遗迹区划研究[J].国土资源导刊,2014,12(1):45-49.

彭世良,周爱国,柴波,等.湖南省地质遗迹空间分布及保护开发[J].地质与资源,2017(4):418-424.

彭世良,周爱国,柴波,等.湖南省地质遗迹综合评价[J].地质与资源,2017,26(1):90-95.

彭世良,周爱国,陈文光,等.湖南湄江国家地质公园岩溶地貌特征及价值分析[J].国土资源科技管理,2017,34(5):73-81.

彭世良.湖南湄江国家地质公园岩溶地貌研究[J].湖南地学新进展,2017(13):432-440.

彭世良.湄江科学导游指南[M].武汉:中国地质大学出版社,2015.

彭世良.石牛寨科学导游指南[M].武汉:中国地质大学出版社,2016.

唐云松,陈文光,朱诚.张家界砂岩峰林景观成因机制[J].山地学报,2005,23(3):308-312.

王艳君,章雨旭."张家界地貌国际学术研讨会"在张家界世界地质公园召开[J].地质论评,2011,57(1):100.

邢乐澄.略论地质遗迹资源与自然文化遗产保护[J].合肥工业大学学报(社会科学版),2004,18(3):105-108.

孟繁松.长江流域原始石松植物群及水韭目植物分类与演化[M].长沙:湖南科学技术出版社,2000.

湖南省水利厅.湖南省水资源公报2016[M].长沙:湖南地图出版社,2017.

徐水辉，彭世良，陈文光，等．湖南凤凰台地峡谷型岩溶地貌初探[J]．水文地质工程地质，2006，33(4)：111－113．
尹国胜，杨明桂，马振兴，等．“三清山式”花岗岩地质特征与地貌景观研究[J]．地质论评，2007，53(增刊)：56－74．
张纯臣，等．湖南省岩石地层[M]．武汉：中国地质大学出版社，1997．
张国庆，田明中，刘斯文，等．地质遗迹资源调查以及评价方法[J]．山地学报，2009，27(3)：361－366．
赵逊，等．张家界地貌地质特征及其地质景观成因研究[M]．北京：地质出版社，2010．
赵逊，赵汀．从地质遗迹的保护到世界地质公园的建立[J]．地质论评，2003，49(4)：389－399．
朱凯．湖南丹霞地貌的发育、分布与旅游开发[J]．中国教育学院学报，1998，16(5)：182－185．
朱学稳，陈伟海，邹高照，等．梅山龙宫的洞穴特征及旅游开发[C]//洞穴探测、研究、开发与保护——全国洞穴学术会议论文选集(一)，2008：258－265．
朱学稳，汪训一，张任，等．湖南郴州万华岩洞穴的特征与发育[C]//洞穴探测、研究、开发与保护——全国洞穴学术会议论文选集(一)，2008：131－134．
邹礼卿．寻找地球变迁的印迹——湖南地质遗迹调查报告[J]．国土资源导刊，2013，10(12)：21－22．
Eder W. Unescogeoparks——A new initiative for protection and sustainable development of the earth heritages[J]. N. J. B. Geol. Palaont. abh，1999，214 (1/2)：353－358.
Gray J M. Geodiversity：valuing and conserving abiotic nature. Chichester，West Sussex[J]. J. Wiley，c2004：448.

内部资料

湖南省地质环境监测总站．湖南省地质遗迹调查报告[R]．长沙：2013．
湖南省地质环境监测总站．湖南省旅游地质工作成果集成专题报告[R]．长沙：2017．
湖南省地质环境监测总站．湖南省武陵源砂岩峰林地质自然保护区区划及科学考察报告[R]．长沙：1987．
湖南省地质环境监测总站，国土资源导刊杂志社．湖南省地质遗迹资源保护与开发利用管理研究[R]．长沙：2006．
湖南省国土资源厅．湖南省地质遗迹调查及旅游地质资源开发研究[R]．长沙：2003．
湖南省国土资源规划院．湖南崀山国家地质公园申报书[R]．长沙：2002．
湖南省国土资源规划院．湖南飞天山国家地质公园申报书[R]．长沙：2002．
湖南省地质环境监测总站．湖南凤凰国家地质公园申报书[R]．长沙：2005．
湖南省地质环境监测总站．湖南古丈红石林国家地质公园申报书[R]．长沙：2005．
湖南省地质环境监测总站．湖南酒埠江国家地质公园申报书[R]．长沙：2005．
湖南省地质环境监测总站．湖南乌龙山国家地质公园申报书[R]．长沙：2008．
湖南省地质环境监测总站．湖南湄江国家地质公园申报书[R]．长沙：2008．
湖南省地质环境监测总站．湖南凤凰国家地质公园申报书[R]．长沙：2005．
湖南省地质环境监测总站．湖南吉首德夯地质公园申报书[R]．长沙：2002．
湖南省地质环境监测总站．湖南花垣古苗河地质公园申报书[R]．长沙：2002．
湖南省地质环境监测总站．湖南通道万佛山地质公园申报书[R]．长沙：2002．
湖南省地质环境监测总站．湖南安化雪峰湖国家地质公园申报书[R]．长沙：2013．
湖南省地质环境监测总站．湖南新邵白水洞地质公园申报书[R]．长沙：2006．
湖南省国土资源规划院．湖南浏阳大围山地质公园申报书[R]．长沙：2006．
湖南省地质环境监测总站．湖南平江石牛寨国家地质公园申报书[R]．长沙：2013．
湖南省地质环境监测总站．湖南桂东八面山地质公园申报书[R]．长沙：2009．
湖南省地质环境监测总站．湖南茶陵云阳山地质公园申报书[R]．长沙：2009．
湖南省国土资源规划院．湖南澧县城头山地质公园申报书[R]．长沙：2009．
湖南省地质环境监测总站．湖南宜章莽山地质公园申报书[R]．长沙：2011．
湖南省地质环境监测总站．湖南永顺猛洞河地质公园申报书[R]．长沙：2011．
湖南省地球物理地球化学勘查院．湖南绥宁黄桑地质公园申报书[R]．长沙：2011．

附表

湖南省重要地质遗迹名录

编号	名称	地理位置	评价级别	保护现状或已有保护区	规划目标
一、地层剖面					
DC01	桑植花园上三叠统鹰嘴山组与下伏中三叠统巴东组平行不整合剖面	桑植县洪家关乡花园村	国家级	尚无保护措施	地质遗迹保护段
DC02	张家界市天门山寒武系地层相变带剖面	张家界市永定区天门山南侧	省级	尚无保护措施	地质遗迹保护段
DC03	张家界索溪峪志留系—三叠系剖面	索溪峪—慈利公路旁	国家级	尚无保护措施	地质遗迹保护段
DC04	古丈罗依溪寒武系“金钉子”剖面	古丈县罗依溪镇	世界级	古丈红石林国家地质公园	世界地质公园
DC05	古丈新元古界马底驿组—南华系富禄组剖面	古丈县城东电视塔旁	国家级	尚无保护措施	地质遗迹保护段
DC06	花垣排碧寒武系“金钉子”剖面	花垣县排碧乡四新村	世界级	花垣古苗河省级地质公园	世界地质公园
DC07	芷江渔溪口新元古界板溪群层型剖面	芷江侗族自治县木叶溪乡小渔溪口	国家级	尚无保护措施	地质遗迹保护段
DC08	怀化花桥上三叠统火把冲组、二桥组剖面	中方县花桥镇	省级	尚无保护措施	地质遗迹保护段
DC09	通道长安堡南华系层型剖面	通道侗族自治县长安堡乡东部	省级	尚无保护措施	地质遗迹保护段
DC10	石门杨家坪青白口系层型剖面	石门县壶瓶山镇杨家坪村	国家级	尚无保护措施	地质遗迹保护段
DC11	澧县靳家河第四系地层剖面	澧县澧南镇邢家河	国家级	无，附近有砖厂，现已停工，亟待保护	地质遗迹保护段
DC12	桃源瓦尔岗寒武系敖溪组—沈家湾组剖面	桃源县牛车河镇汤家溪至南山坪公路旁	国家级	尚无保护措施	地质遗迹保护段
DC13	安化南华系—震旦系留茶坡组层型剖面	安化县留茶坡乡十八渡村	国家级	尚无保护措施	地质遗迹保护段
DC14	桃江河溪水上泥盆统吴家坊组剖面	桃江县河溪水乡吴家坊村	国家级	尚无保护措施	地质遗迹保护段
DC15	桃江牛扼湾中泥盆统跳马涧组剖面	桃江县泥江口镇大桥冲村牛扼湾	国家级	尚无保护措施	地质遗迹保护段
DC16	益阳南坝下奥陶统地层剖面	益阳县赫山区泥江口镇南坝村	国家级	尚无保护措施	地质遗迹保护段
DC17	新化炉观下志留统周家溪群剖面	新化县炉观镇西	国家级	尚无保护措施	地质遗迹保护段
DC18	新化云溪南华系长安组剖面	新化县云溪乡中田村	国家级	尚无保护措施	地质遗迹保护段
DC19	冷水江锡矿山上泥盆统七里江组—欧家冲组剖面	冷水江市锡矿山街道老江冲、欧家冲	国家级	尚无保护措施	地质遗迹保护段

续表

编号	名称	地理位置	评价级别	保护现状或已有保护区	规划目标
DC20	涟源雷鸣桥中泥盆统棋梓桥组礁灰岩剖面	涟源县七星街镇雷鸣桥	省级	尚无保护措施	地质遗迹保护段
DC21	涟源茅塘中泥盆统易家湾组剖面	涟源县茅镇乡沙河村	省级	尚无保护措施	地质遗迹保护段
DC22	双峰梓门桥下石炭统测水组—梓门桥组剖面	双峰县梓门桥镇	国家级	尚无保护措施	地质遗迹保护段
DC23	双峰高洞新元古界高涧群层型地层剖面	双峰县高涧乡	国家级	尚无保护措施	地质遗迹保护段
DC24	新邵天心上泥盆统孟公坳组—石磴子组剖面	新邵县天心镇马兰边村	省级	尚无保护措施	地质遗迹保护段
DC25	邵东佘田桥上泥盆统佘田桥组剖面	邵东县佘田桥镇造仁堂	国家级	尚无保护措施	地质遗迹保护段
DC26	绥宁关峡下寒武统牛蹄塘组—志留系珠溪江组剖面	绥宁县关峡镇	国家级	尚无保护措施	地质遗迹保护段
DC27	新田黄公塘中泥盆统黄公塘组剖面	新田县黄公塘乡陶岭圩	国家级	尚无保护措施	地质遗迹保护段
DC28	新田新隆麻塘窝泥盆系棋梓桥组剖面	新田县新隆镇麻塘窝村陶岭圩	省级	尚无保护措施	地质遗迹保护段
DC29	蓝山两江口中侏罗统两江口组剖面	蓝山县两江口镇浆洞村	省级	尚无保护措施	地质遗迹保护段
DC30	江永源口下泥盆统源口组剖面	江永县源口乡源口水库	国家级	尚无保护措施	地质遗迹保护段
DC31	江华县水寒武系剖面	江华县水口镇香楠村	国家级	尚无保护措施	地质遗迹保护段
DC32	岳阳新墙上白垩系—古近系百花亭组-中村组剖面	岳阳县新墙乡中村—百花亭村	国家级	尚无保护措施	地质遗迹保护段
DC33	临湘陆城南华系—震旦系剖面	临湘市陆城镇	国家级	尚无保护措施	地质遗迹保护段
DC34	临湘横铺新元古代冷家溪群剖面	临湘市桃林镇横浦村	国家级	尚无保护措施	地质遗迹保护段
DC35	长沙岳麓山上泥盆统岳麓山组剖面	长沙市岳麓山云麓宫	国家级	岳麓山国家级风景名胜区	国家级风景名胜区
DC36	长沙银盆岭第四系白沙井组剖面	长沙市银盆岭石油船厂	省级	已被水泥封闭	地质遗迹保护段
DC37	浏阳中和新元古界冷家溪群南桥组剖面	浏阳市中和镇南桥村	国家级	尚无保护措施	地质遗迹保护段
DC38	浏阳澄潭江上三叠统紫家冲组、三家冲组、三丘田组剖面	浏阳市澄潭江镇	省级	尚无保护措施	地质遗迹保护段
DC39	湘乡壶天石炭系壶天群剖面	湘乡市壶天镇	国家级	尚无保护措施	地质遗迹保护段
DC40	湘乡棋梓桥中上泥盆统棋梓桥组—龙口冲组剖面	湘乡市棋梓镇万罗山村-龙口冲	国家级	尚无保护措施	地质遗迹保护段

续表

编号	名称	地理位置	评价级别	保护现状或已有保护区	规划目标
DC41	醴陵潘家冲新元古界冷家溪群雷神庙组—南华系富禄组剖面	醴陵市均楚镇潘家冲村	国家级	尚无保护措施	地质遗迹保护段
DC42	醴陵尚保冲-樟树湾石炭系剖面	醴陵市尚保冲-樟树湾乡	省级	尚无保护措施	地质遗迹保护段
DC43	茶陵枣市第三系枣市组剖面	茶陵县枣市镇下孟塘村	国家级	尚无保护措施	地质遗迹保护段
DC44	衡阳白水下白垩统东井组剖面	衡阳县白水镇东井垅村	国家级	尚无保护措施	地质遗迹保护段
DC45	衡东霞流上白垩统戴家坪组及古近系茶山坳组-高岭组剖面	衡东县霞流市乡高岭、戴家坪村	国家级	尚无保护措施	地质遗迹保护段
DC46	祁东双家口生物化石组合带剖面——中奥陶统笔石相地层	祁东县四明山乡双家口	国家级	尚无保护措施	地质遗迹保护段
DC47	祁东会塘桥下白垩统会塘桥组剖面	祁东县会塘桥乡会塘桥	省级	尚无保护措施	地质遗迹保护段
DC48	耒阳上架中三叠统三宝坳组—石镜组剖面	耒阳市上架乡石镜村	省级	尚无保护措施	地质遗迹保护段
DC49	耒阳小水铺下三叠统张家坪组—管子山组剖面	耒阳县小水铺镇张家坪	省级	尚无保护措施	地质遗迹保护段
DC50	桂阳桥市新元古界大江边组—正园岭组正层型剖面	桂阳县桥市乡大江边、泗洲山村	国家级	尚无保护措施	地质遗迹保护段
DC51	宜章杨梅山上三叠统出炭垅组—杨梅山组剖面	宜章县杨梅山煤矿	省级	尚无保护措施	地质遗迹保护段
DC52	资兴三都上三叠统杨梅垅组—唐垅组—下侏罗统茅仙岭组剖面	资兴县三都镇宝源河	省级	尚无保护措施	地质遗迹保护段
DC53	资兴黄草下震旦统埃歧岭组剖面	资兴市黄草乡浙江电站	省级	尚无保护措施	地质遗迹保护段
二、岩石剖面					
YS01	益阳玄武质科马提岩剖面	益阳市赫山区金山南路	国家级	已简单保护，修有低矮水泥围栏	地质遗迹保护段
YS02	益阳沧水铺新元古界板溪群宝林冲组火山岩剖面	益阳市沧水铺乡荐周屋村	国家级	尚无保护措施	地质遗迹保护段
YS03	城步金水高涧群云场里组火山岩剖面	城步苗族自治县金水乡云场里村	国家级	尚无保护措施	地质遗迹保护段
YS04	道县虎子岩玄武岩火山岩剖面	道县城东 2km 处虎子岩村	国家级	目前正受到严重侵占，急需保护	地质遗迹保护段
YS05	南岳燕山期花岗岩多期次侵入接触剖面	衡阳市南岳区南岳镇至东湖镇	省级	尚无保护措施	地质遗迹保护段

续表

编号	名称	地理位置	评价级别	保护现状或已有保护区	规划目标
三、构造形迹					
GZ01	张家界四都坪断裂构造	张家界市永定区四都坪镇四都村，距四都坪镇约1.5km	省级	尚无保护措施	地质遗迹保护段
GZ02	张家界大坪倒转褶皱	张家界市永定区大坪乡大坪村，张（家界）-沅（陵）公路旁，由张往沅方向过大坪乡集镇约1km处	省级	尚无保护措施	地质遗迹保护段
GZ03	保靖-铜仁断裂构造（保靖迁陵）	保靖县迁陵镇南郊，209国道旁	国家级	尚无保护措施	地质遗迹保护段
GZ04	唐家园-冷家溪断裂（沃溪）	沅陵县沃溪镇，湘西金矿老职工宿舍后	国家级	尚无保护措施	地质遗迹保护段
GZ05	辰溪滩涂复式褶皱	辰溪县火马冲镇滩涂村，沅水河边，308省道旁	省级	尚无保护措施	地质遗迹保护段
GZ06	辰溪小龙门褶皱	辰溪县小龙门镇芭蕉坳村，小龙门镇与寺前镇交界处	省级	尚无保护措施	地质遗迹保护段
GZ07	芷江鱼溪口角度不整合面	芷江县木叶坪乡地婆溪村，地婆溪溪谷中	国家级	尚无保护措施	地质遗迹保护段
GZ08	桃源东安溪角度不整合面	桃源县西安镇东安村，东安溪谷中	国家级	尚无保护措施	地质遗迹保护段
GZ09	常德太阳山断裂（肖伍铺）	鼎城区柳叶湖乡肖伍铺村污水处理厂东侧	省级	尚无保护措施	地质遗迹保护段
GZ10	安化司徒铺韧性剪切构造	安化县东山乡瓦缸冲村，安化司徒铺—东山乡新桥村的水泥公路旁	省级	尚无保护措施	地质遗迹保护段
GZ11	益阳南坝角度不整合面	益阳市赫山区泥江口镇南坝村，乡村公路旁	省级	尚无保护措施	地质遗迹保护段
GZ12	益阳牛轭湾角度不整合面	益阳市赫山区泥江口镇牛轭湾村，水泥公路旁	省级	尚无保护措施	地质遗迹保护段
GZ13	桃江-城步断裂带分支锡矿山断裂	冷水江市锡矿山街道联盟村，锡矿山街道至联盟村的水泥公路旁	国家级	尚无保护措施	地质遗迹保护段
GZ14	洞口石下江逆断层构造	洞口县石江镇长棋村，黄桥镇—石江镇公路旁	省级	尚无保护措施	地质遗迹保护段
GZ15	绥宁中华山-五团断裂	绥宁县金屋塘镇万子村，洞口—绥宁县道旁	省级	尚无保护措施	地质遗迹保护段
GZ16	新宁观瀑村韧性剪切带	新宁县金石镇观瀑村，县造纸厂后山	省级	尚无保护措施	地质遗迹保护段
GZ17	新宁“崀笏啸天”角度不整合面	新宁县崀山镇，崀泉宾馆后	省级	崀山国家地质公园、世界自然遗产	世界地质公园

续表

编号	名称	地理位置	评价级别	保护现状或已有保护区	规划目标
GZ18	新宁越城岭韧性剪切带	新宁县金石乡，新宁—广西全州的公路旁	国家级	尚无保护措施	地质遗迹保护段
GZ19	永州道县雪花顶岩体超覆构造	道县洪塘营乡浪石村，其昌岭处，洪塘营乡至四马桥镇的公路旁	国家级	尚无保护措施	地质遗迹保护段
GZ20	醴陵-常宁-沱江断裂构造（宁远保安）	宁远县保安乡保安村，宁远县至新田县公路旁	省级	尚无保护措施	地质遗迹保护段
GZ21	公田-新宁断裂岳阳铁山水库构造剖面	岳阳县公田镇同心村铁山水库北西岸，公田镇—毛田镇公路旁	国家级	尚无保护措施	地质遗迹保护段
GZ22	公田-新宁断裂宁乡灰汤赵家山构造剖面	宁乡县灰汤镇赵家山村邓家组	省级	尚无保护措施	地质遗迹保护段
GZ23	衡阳界牌韧性剪切带	衡阳县界牌镇水迹村，乡村公路旁	省级	尚无保护措施	地质遗迹保护段
GZ24	衡东吴集镇加里东构造运动	衡东县吴集镇，衡山县至衡东县老公路旁	国家级	尚无保护措施	地质遗迹保护段
GZ25	嘉禾盘江长田尾复式褶皱	嘉禾县盘江乡长田尾村，嘉禾县—宁远县的公路旁，两县交界处	省级	尚无保护措施	地质遗迹保护段
GZ26	茶陵-郴州-临武断裂（石泉铺）	郴州市苏仙区白露塘镇石泉铺村	国家级	尚无保护措施	地质遗迹保护段
GZ27	茶陵-郴州-临武断裂（朱家洞）	郴州市北湖区朱家洞村，郴州市东岭路与青年大道交会处	国家级	尚无保护措施	地质遗迹保护段
四、重要化石产地					
HS01	桑植芙蓉桥三叠系芙蓉龙化石产地	桑植县芙蓉桥白族乡，距桑植县桑官线 200m	世界级	国家级重点保护古生物化石集中产地	国家级重点保护古生物化石集中产地
HS02	桑植芙蓉桥三叠系脊囊-革叶植物化石产地	桑植县芙蓉桥白族乡合群村，距桑植县桑官线 400m	省级	尚无保护措施	地质遗迹保护区
HS03	张家界温塘奥陶系角石化石产地	张家界市永定区温塘镇龙潭村，距离 019 县道约 400m	省级	尚无保护措施	地质遗迹保护区
HS04	张家界温塘志留系多鳃鱼化石产地	张家界市永定区温塘镇温塘村，距离 019 县道约 200m	国家级	尚无保护措施	地质遗迹保护区
HS05	永顺列夕奥陶系三叶虫化石产地	永顺县列夕乡小溪村，距离 045 乡道约 600m	省级	尚无保护措施	地质遗迹保护区
HS06	保靖花桥寒武系三叶虫化石产地	保靖县水银乡花桥村，距离 070 乡道约 2km	省级	尚无保护措施	地质遗迹保护区
HS07	辰溪桥头恐龙足印化石产地	辰溪县潭湾镇岩桥垄村，距离 308 省道约 600m	国家级	尚无保护措施	地质遗迹保护区

续表

编号	名称	地理位置	评价级别	保护现状或已有保护区	规划目标
HS08	溆浦金家洞震旦系水母化石	溆浦县金家洞水库大门左侧	国家级	尚无保护措施	地质遗迹保护区
HS09	麻阳吕家坪恐龙蛋和恐龙足迹化石产地	麻阳苗族自治县吕家坪镇九曲湾村，距离308省道约400m	国家级	尚无保护措施	地质遗迹保护区
HS10	石门罗坪人类牙齿化石	石门县罗坪乡长梯隘村、两河口安溪河南岸陡壁半山腰	省级	尚无保护措施	地质遗迹保护区
HS11	桃源木糖垸白垩系恐龙蛋化石产地	桃源县木塘垸乡集民村，距离高速5513斗姆湖出口约10km	国家级	尚无保护措施	地质遗迹保护区
HS12	益阳牛轭湾泥盆系盾皮鱼与植物化石产地	益阳市赫山区泥江口镇大桥冲村牛轭湾，距离347乡道约2km	国家级	尚无保护措施	地质遗迹保护区
HS13	新化炉观泥盆系小嘴贝和石燕贝化石产地	新化县炉观镇下桐木冲村，距离057县道约0.6km	省级	尚无保护措施	地质遗迹保护区
HS14	冷水江红日路第四系东方剑齿象化石产地	冷水江市红日路红日新村，距离312省道约0.5km	省级	尚无保护措施	地质遗迹保护区
HS15	新邵严塘第四系剑齿象化石产地	新邵县严塘镇邮亭村，距207国道约1.5km	省级	尚无保护措施	地质遗迹保护区
HS16	邵东廉桥泥盆系层孔虫化石产地	邵东县廉桥镇光陂村，邵东县007县道旁	省级	尚无保护措施	地质遗迹保护区
HS17	邵东佘田桥泥盆系菊石化石产地	邵东县佘田桥镇，距315省道约400m	省级	尚无保护措施	地质遗迹保护区
HS18	东安大庙口奥陶系笔石化石产地	东安县大庙口镇谢家湾，距离258乡道3km左右	省级	尚无保护措施	地质遗迹保护区
HS19	新田大坪塘泥盆系珊瑚化石产地	新田县大坪塘乡麻塘窝村，距离215省道约1km	省级	尚无保护措施	地质遗迹保护区
HS20	长沙跳马泥盆系弓石燕和沟鳞鱼化石产地	长沙县跳马镇石门村长沙市石鸭公路旁	国家级	尚无保护措施	地质遗迹保护区
HS21	湘乡棋梓桥泥盆系珊瑚化石产地	湘乡市棋梓镇万罗山，距棋梓镇312省道200m	省级	尚无保护措施	地质遗迹保护区
HS22	湘乡泉塘古近系硬骨鱼化石产地	湘乡市泉塘镇下湾村，距离高速G60泉塘出口约10.8km	国家级	尚无保护措施	地质遗迹保护区
HS23	湘乡毛田石炭系珊瑚化石产地	湘乡市毛田镇齐心村，距离高速G60娄底出口约11.9km	省级	尚无保护措施	地质遗迹保护区
HS24	湘潭谭家山二叠系角石和鹦鹉螺化石产地	湘潭县谭家山镇湘潭矿业四矿，距313省道约600m	省级	尚无保护措施	地质遗迹保护区

续表

编号	名称	地理位置	评价级别	保护现状或已有保护区	规划目标
HS25	株洲天元白垩系恐龙化石产地	株洲市天元区莲花小区，距离高速 G4 株洲西出口约 7km	国家级	国家级重点保护古生物化石集中产地	国家级重点保护古生物化石集中产地
HS26	攸县黄丰桥二叠系植物化石产地	攸县黄丰桥镇万兴村茶亭树下组，距离 315 省道约 500m	省级	尚无保护措施	地质遗迹保护区
HS27	茶陵枣市古近系茶陵叉齿兽化石产地	茶陵县枣市镇钉池岭村，茶陵县 320 省道旁	国家级	尚无保护措施	地质遗迹保护区
HS28	衡东大埔始新世岭茶期哺乳动物群化石产地	衡东县大浦镇甫魁塘村，距离高速 G4 衡东出口约 5.5km	国家级	尚无保护措施	地质遗迹保护区
HS29	衡东甑箕岭古近系古生物化石产地	衡东县大浦镇岭茶村，距高速 G4 衡东出口约 2.4km	国家级	尚无保护措施	地质遗迹保护区
HS30	耒阳黄市二叠系扁体鱼化石产地	耒阳市黄市镇株山村，距离乡村公路 Z029 约 2km	国家级	尚无保护措施	地质遗迹保护区
HS31	安仁渡口白垩系恐龙蛋化石产地	安仁县渡口乡，距安仁县 317 乡道 2km	省级	尚无保护措施	地质遗迹保护区
五、重要岩矿石产地					
YK01	慈利高桥图纹石-桃花石产地	慈利县高桥乡	省级	尚无保护措施	地质遗迹保护区
YK02	永顺小溪峪武陵龙骨石产地	永顺县小溪峪	省级	尚无保护措施	地质遗迹保护区
YK03	保靖四溪河龙骨石产地	保靖县四溪河域	省级	尚无保护措施	地质遗迹保护区
YK04	花垣李梅铅锌矿田	花垣县城西南 22km，团结镇和猫儿乡	省级	尚无保护措施	地质遗迹保护区
YK05	花垣排碧武陵穿孔石产地	花垣县排碧乡	省级	尚无保护措施	地质遗迹保护区
YK06	凤凰武陵穿孔石产地	凤凰县域	省级	尚无保护措施	地质遗迹保护区
YK07	凤凰茶田汞矿田	凤凰县茶田镇	省级	尚无保护措施	地质遗迹保护区
YK08	泸溪浦市菊花石产地	泸溪县浦市镇高山坪、灰洞坳、岩门溪等地	省级	尚无保护措施	地质遗迹保护区
YK09	辰州图纹石-辰州石产地	沅陵县蛮溪水域	省级	尚无保护措施	地质遗迹保护区
YK10	麻阳高村九曲湾铜矿	麻阳县高村镇九曲湾村	省级	洞口已封闭	国家矿山公园
YK11	芷江沅洲石产地	芷江侗族自治县明山脚下的黎溪、大溪、探溪、竹寨溪、五土坡等地	省级	尚无保护措施	地质遗迹保护区
YK12	新晃贡溪重晶石矿	新晃侗族自治县贡溪乡	省级	尚无保护措施	地质遗迹保护区
YK13	洪江沙湾彩硅石、金皮黄蜡石产地	洪江市沙湾乡洪溪河域	省级	尚无保护措施	地质遗迹保护区
YK14	石门界牌峪磺矿	石门县界牌峪	省级	尚无保护措施	地质遗迹保护区
YK15	石门雄黄、雌黄矿	石门县磺厂乡	省级	尚无保护措施	地质遗迹保护区
YK16	石门壶瓶山武陵图纹石产地	石门县壶瓶山渫水河	省级	尚无保护措施	地质遗迹保护区

续表

编号	名称	地理位置	评价级别	保护现状或已有保护区	规划目标
YK17	石门小溪峪武陵造型石产地	石门县小溪峪	省级	尚无保护措施	地质遗迹保护区
YK18	桃源桃花石、武陵石、桃源石产地	桃源县芭茅洲，九溪尖湾，雪峰山脉，漳江镇文石村	省级	尚无保护措施	地质遗迹保护区
YK19	常德沅水武陵图纹石产地	常德市沅水流域	省级	尚无保护措施	地质遗迹保护区
YK20	安化图纹石（金纹石、构造石）产地	安化县东平镇资江河滩	省级	尚无保护措施	地质遗迹保护区
YK21	安化冰碛石、穿孔石\画面石产地	安化县柘溪镇、梅城镇	省级	尚无保护措施	地质遗迹保护区
YK22	益阳图纹石-舞凤石产地	益阳市乌旗山乡	省级	尚无保护措施	地质遗迹保护区
YK23	冷水江锡矿山辉锑矿、方解石、重晶石晶簇产地	冷水江市锡矿山街道	国家级	尚无保护措施	地质遗迹保护区
YK24	临湘桃林铅锌矿	临湘县桃林镇	省级	尚无保护措施	地质遗迹保护区
YK25	平江南江桥绿宝石产地	平江县南江镇	省级	尚无保护措施	地质遗迹保护区
YK26	平江南桥绿柱石、黄玉、水晶（芙蓉石）	平江县南桥镇	省级	尚无保护措施	地质遗迹保护区
YK27	浏阳菊花石产地	浏阳市永和镇\古港镇及附近大溪河域	国家级	尚无保护措施	地质遗迹保护区
YK28	浏阳永和磷矿	浏阳市永和镇	省级	尚无保护措施	地质遗迹保护区
YK29	湘乡棋梓桥溪口砚石产地	湘乡市棋梓镇水府庙电站	省级	尚无保护措施	地质遗迹保护区
YK30	湘潭锰矿古采矿遗址	湘潭市雨湖区鹤岭镇	国家级	湘潭锰矿国家矿山公园	国家矿山公园
YK31	衡南冠市街玉髓、玛瑙产地	衡南县冠市街	省级	尚未开采利用	地质遗迹保护区
YK32	常宁水口山铅锌矿	常宁市柏坊镇	国家级	尚无保护措施	地质遗迹保护区
YK33	耒阳上堡黄铁矿	耒阳市黄市镇上堡	国家级	尚无保护措施	地质遗迹保护区
YK34	桂阳雷坪方解石晶簇产地	桂阳县雷坪乡雷坪铜矿	省级	尚无保护措施	地质遗迹保护区
YK35	桂阳宝山采矿遗址	桂阳县城西	国家级	桂阳宝山国家矿山公园	国家矿山公园
YK36	桂阳黄沙坪铅锌矿	桂阳县黄沙坪镇	国家级	尚无保护措施	地质遗迹保护区
YK37	临武香花岭锡多金属矿与香花石产地	临武县香花岭	世界级	尚无保护措施	地质遗迹保护区
YK38	郴州柿竹园钨多金属矿床	郴州苏仙区柿竹园	世界级	尚无保护措施	地质遗迹保护区
YK39	宜章瑶岗仙黑钨矿	宜章县瑶岗仙	国家级	尚无保护措施	地质遗迹保护区
YK40	汝城暖水铅锌矿	汝城暖水镇汝城铅锌矿	省级	尚无保护措施	地质遗迹保护区
六、岩溶地貌					
（一）综合性岩溶地貌					
YR01	桑植澧水北源岩溶地貌	桑植县五道水镇、芭茅溪乡和龙潭坪镇	国家级	尚无保护措施	省级地质公园

续表

编号	名称	地理位置	评价级别	保护现状或已有保护区	规划目标
YR02	桑植澧水南源岩溶地貌	桑植县廖家村镇	省级	尚无保护措施	省级地质公园
YR03	桑植塞家坡岩溶地貌	桑植县塞家坡乡	省级	尚无保护措施	省级地质公园
YR04	桑植澧源湖岩溶地貌	桑植县打鼓泉乡	省级	尚无保护措施	省级地质公园
YR05	桑植官地坪岩溶地貌	桑植县官地坪镇	省级	尚无保护措施	省级地质公园
YR06	桑植白石岩溶地貌	桑植县白石乡及与西莲、人潮溪、官地坪、长潭坪等乡镇交界地带	国家级	尚无保护措施	省级地质公园
YR07	桑植娄水湖岩溶地貌	桑植县人潮溪乡、长潭坪乡	省级	尚无保护措施	地质遗迹保护区
YR08	张家界茅岩河峡谷岩溶地貌	张家界市桑植县和永定区	国家级	张家界国家地质公园	世界地质公园
YR09	张家界天门山岩溶级地貌	张家界市永定区	世界级	张家界国家地质公园	世界地质公园
YR10	慈利张家界大峡谷岩溶地貌	慈利县三官寺乡双垭村	国家级	已开发	地质遗迹保护区
YR11	慈利甘溪沟岩溶地貌	慈利县高桥镇枧塘村	省级	尚无保护措施	地质遗迹保护区
YR12	龙山比溪红石林岩溶地貌	龙山县茨岩塘镇	省级	尚无保护措施	地质遗迹保护区
YR13	龙山洛塔岩溶地貌	龙山县洛塔乡	国家级	乌龙山国家地质公园	世界地质公园
YR14	龙山八面山岩溶地貌	龙山县里耶镇	省级	尚无保护措施	世界地质公园
YR15	永顺不二门红石林岩溶地貌	永顺县猛洞河地质公园内，距县城 1km	国家级	猛洞河省级地质公园、不二门国家森林公园	世界地质公园
YR16	永顺猛洞河峡谷岩溶地貌	永顺县猛洞河地质公园内	国家级	猛洞河国家级风景名胜区、省级地质公园	世界地质公园
YR17	保靖吕洞山岩溶地貌	保靖县吕洞山镇夯沙乡	国家级	吕洞山风景名胜区	世界地质公园
YR18	古丈红石林岩溶地貌	湘西自治州古丈县	世界级	古丈红石林国家地质公园	世界地质公园
YR19	古丈坐龙溪峡谷岩溶地貌	湘西自治州古丈县	国家级	古丈红石林国家地质公园、坐龙峡国家森林公园	世界地质公园
YR20	古丈天桥山台地岩溶地貌	古丈县古阳镇白岩村	省级	尚无保护措施	地质遗迹保护区
YR21	古丈河蓬穿洞岩溶地貌	古丈县河蓬乡河蓬村	省级	尚无保护措施	地质遗迹保护区
YR22	花垣古苗河峡谷岩溶地貌	花垣县城南侧的古苗河	国家级	古苗河省级地质公园	省级地质公园
YR23	花垣尖岩岩溶地貌	花垣相麻粟长针尖岩村	省级	尚无保护措施	地质遗迹保护区
YR24	花垣石栏杆石林岩溶地貌	花垣县排吾乡	省级	尚无保护措施	地质遗迹保护区
YR25	花垣千亩石林岩溶地貌	花垣县吉卫镇夯来村	省级	尚无保护措施	地质遗迹保护区
YR26	吉首德夯峰脊-峡谷岩溶地貌	吉首市矮寨镇	国家级	德夯省级地质公园	世界地质公园
YR27	高岩河-牛角河峡谷岩溶地貌	花垣、吉首与凤凰三县市交界地带	国家级	古苗河省级地质公园	世界地质公园
YR28	凤凰天星山台地峡谷型岩溶地貌	凤凰县禾库镇、火炉坪乡、两头羊乡、腊尔山镇和大田乡境内	国家级	凤凰国家地质公园	世界地质公园

续表

编号	名称	地理位置	评价级别	保护现状或已有保护区	规划目标
YR29	凤凰千工坪岩溶地貌	凤凰县千工坪乡、禾里镇一带	省级	尚无保护措施	世界地质公园
YR30	凤凰天龙峡岩溶地貌	凤凰县阿拉营镇安坪村	国家级	凤凰国家地质公园	世界地质公园
YR31	泸溪沅江沿岸岩溶地貌	泸溪县白沙镇铁山村	省级	尚无保护措施	地质遗迹保护区
YR32	麻阳莲柱擎天岩溶地貌	麻阳县郭公坪乡米沙村	省级	尚无保护措施	地质遗迹保护区
YR33	中方仙人谷岩溶地貌	中方县下坪乡桥上村	省级	尚无保护措施	地质遗迹保护区
YR34	石门壶瓶山峡谷岩溶地貌	石门县壶瓶山镇	省级	壶瓶山自然保护区、省级地质公园	省级地质公园
YR35	石门罗坪红石林岩溶地貌	石门县罗坪乡长梯隘村、栗子坪村	省级	罗坪省级地质公园	省级地质公园
YR36	安化云台山岩溶地貌	益阳市安化县	省级	安化雪峰湖国家地质公园	国家地质公园
YR37	安化思游石林岩溶地貌	安化县乐安镇长乐村	省级	安化雪峰湖国家地质公园	国家地质公园
YR38	涟源湄江岩溶地貌	涟源市湄江镇	国家级	湄江国家地质公园、省级风景名胜区	国家地质公园
YR39	新田岩溶峰丛地貌	新田县石羊镇宋家村	省级	尚无保护措施	地质遗迹保护区
YR40	宁远冷水铺-下灌岩溶峰林地貌	宁远县冷水铺镇至九嶷山瑶族乡	国家级	尚无保护措施	国家地质公园
YR41	宁远九嶷山岩溶峰林地貌	宁远县九嶷山瑶族乡大山塘村	国家级	九嶷山国家森林公园、省级地质公园	国家地质公园
YR42	江永夏层铺岩溶峰丛地貌	江永县夏层铺镇	省级	尚无保护措施	地质遗迹保护区
YR43	道县月岩岩溶地貌	江华瑶族自治县清塘镇	国家级	月岩省级风景名胜区	省级风景名胜区
YR44	江华桥头铺岩溶峰丛地貌	江华瑶族自治县桥头铺镇	省级	尚无保护措施	省级地质公园
YR45	攸县酒埠江岩溶地貌	攸县中部	国家级	酒埠江国家地质公园	国家地质公园
YR46	常宁庙前岩溶地貌	常宁市庙前镇	省级	常宁庙前地质公园	省级地质公园
YR47	嘉禾仙人桥岩溶地貌	嘉禾县石桥镇仙江村	省级	尚无保护措施	地质遗迹保护区
YR48	嘉禾九老峰岩溶地貌	嘉禾县珠泉镇丙穴社区	省级	尚无保护措施	地质遗迹保护区
(二)岩溶洞穴					
RD01	桑植九天洞	桑植县利福塔镇	国家级	张家界国家地质公园	世界地质公园
RD02	武陵源黄龙洞	武陵源区索溪峪镇	国家级	张家界世界地质公园、世界自然遗产	世界地质公园
RD03	慈利龙王洞	慈利县江垭镇岩板田村	国家级	已开发利用	省级地质公园
RD04	慈利玄丝洞	慈利北西三官寺乡与索溪峪镇交界处	国家级	尚无保护措施	省级地质公园
RD05	龙山乌龙洞	龙山县桂塘镇	国家级	乌龙山国家地质公园	世界地质公园
RD06	龙山飞虎洞	龙山县桂塘镇	国家级	乌龙山国家地质公园	世界地质公园

续表

编号	名称	地理位置	评价级别	保护现状或已有保护区	规划目标
RD07	龙山莲花洞	龙山县洗车河镇干溪村	省级	乌龙山国家地质公园	世界地质公园
RD08	永顺小龙洞	永顺县抚志乡敞河村	省级	猛洞河省级地质公园	国家地质公园
RD09	永顺兰花洞	永顺县芙蓉镇保坪村	国家级	猛洞河省级地质公园	国家地质公园
RD10	古丈红石洞	古丈县红石林镇	省级	古丈红石林国家地质公园	世界地质公园
RD11	凤凰蛤蟆洞	凤凰县境内	省级	尚无保护措施	地质遗迹保护区
RD12	凤凰奇梁洞	凤凰县七梁桥乡	国家级	凤凰国家地质公园	世界地质公园
RD13	凤凰老司洞	凤凰县境内	省级	尚无保护措施	地质遗迹保护区
RD14	沅陵无缘洞	沅陵县火场土家族乡下寨村	省级	尚无保护措施	地质遗迹保护区
RD15	辰溪燕子洞	辰溪县火马冲镇	国家级	尚无保护措施	地质遗迹保护区
RD16	溆浦白羊洞	溆浦县油洋乡	省级	尚无保护措施	地质遗迹保护区
RD17	溆浦飞水洞	溆浦县小江口乡曹家溪村	省级	尚无保护措施	地质遗迹保护区
RD18	溆浦莲花干洞	溆浦县伏水湾乡新田岭村	省级	尚无保护措施	地质遗迹保护区
RD19	溆浦莲花洞	溆浦县伏水湾乡新田岭村	国家级	尚无保护措施	地质遗迹保护区
RD20	溆浦五羊洞	溆浦县伏水湾乡和平村	省级	尚无保护措施	地质遗迹保护区
RD21	麻阳雨珠洞	麻阳县锦和镇岩口村	省级	尚无保护措施	地质遗迹保护区
RD22	新晃云盘洞	新晃侗族自治县贡溪乡绍溪村	省级	尚无保护措施	地质遗迹保护区
RD23	怀化天仙洞	怀化市天仙区黄金坳镇仇家村	省级	私人开发，亟待保护	地质遗迹保护区
RD24	怀化金鸡洞	怀化市鹤城区黄岩乡兰坪村黄岩洞管理处	省级	省级风景名胜区	地质遗迹保护区
RD25	石门天目洞	石门县罗坪乡长梯隘村	省级	尚无保护措施	地质遗迹保护区
RD26	石门百丈峡溶洞	石门县罗坪乡红鱼溪村	省级	尚无保护措施	地质遗迹保护区
RD27	石门龙王洞	石门县白云镇望羊桥村	省级	尚无保护措施	国家地质公园
RD28	澧县仙女洞	澧县天供山森林公园火连坡镇	省级	尚无保护措施	地质遗迹保护区
RD29	桃源仙姑洞	桃源县郝坪乡金坪村	省级	尚无保护措施	地质遗迹保护区
RD30	桃源灵岩洞	桃源县黄石镇灵岩村	省级	尚无保护措施	地质遗迹保护区
RD31	安化龙泉洞	安化县马路镇	国家级	雪峰湖国家地质公园	国家地质公园
RD32	安化青云洞	安化县马路镇	省级	尚无保护措施	地质遗迹保护区
RD33	安化古溶洞	安化县乐安镇古溶村	省级	尚无保护措施	地质遗迹保护区
RD34	新化梅山龙宫	新化县油溪乡高桥村	国家级	国家级风景名胜区	国家地质公园
RD35	新化桑梓洞	新化县桑梓镇新干村	省级	尚无保护措施	地质遗迹保护区
RD36	冷水江九门洞	冷水江市渣渡镇和平村	省级	尚无保护措施	地质遗迹保护区

续表

编号	名称	地理位置	评价级别	保护现状 或已有保护区	规划目标
RD37	冷水江波月洞	冷水江市禾青镇	国家级	省级地质公园	省级地质公园
RD38	涟源湄江仙人洞	涟源市湄江镇	国家级	湄江国家地质公园	国家地质公园
RD39	涟源湄江古神州	涟源市湄江镇	省级	湄江国家地质公园	国家地质公园
RD40	涟源湄江藏君洞	涟源市湄江镇	省级	湄江国家地质公园	国家地质公园
RD41	双峰药王洞	双峰县甘棠镇栽树坪村	省级	尚无保护措施	地质遗迹保护区
RD42	隆回岩口洞	隆回县岩口镇岩口村	国家级	尚无保护措施	地质遗迹保护区
RD43	邵东梦仙洞	邵东县水东江镇光大村	省级	尚无保护措施	地质遗迹保护区
RD44	新邵白龙洞	邵阳市新邵县	国家级	白龙洞国家级风景名胜区、省级地质公园	国家地质公园
RD45	邵阳白龙洞洞群	邵阳市金称市镇象山村	国家级	白龙洞国家级风景名胜区	国家级风景名胜区
RD46	洞口石柱溶洞群	洞口县石柱乡岩口村	省级	尚无保护措施	地质遗迹保护区
RD47	洞口龙眼洞	洞口县洞口镇平清村	省级	尚无保护措施	地质遗迹保护区
RD48	绥宁神龙洞	绥宁县境内	国家级	黄桑国家级自然保护区、省级地质公园	省级地质公园
RD49	武冈法相岩	武冈市法相岩街道办事处法相岩社区	省级	省级风景名胜区、省级地质公园	省级地质公园
RD50	城步神龙洞	城步苗族自治县儒林镇白蓼洲村	省级	尚无保护措施	地质遗迹保护区
RD51	城步白云洞洞群	城步苗族自治县儒林镇城东社区	国家级	尚无保护措施	地质遗迹保护区
RD52	新宁八音岩	新宁县水庙镇新中村	国家级	尚无保护措施	地质遗迹保护区
RD53	新宁玉女岩	新宁县水庙镇中山村	国家级	已由私人开发	地质遗迹保护区
RD54	东安舜皇岩	东安县大庙口镇	国家级	禹皇山国家森林公园	国家地质公园
RD55	永州岩门前洞	永州市零陵区珠山镇罗川屋村	省级	尚无保护措施	地质遗迹保护区
RD56	永州潜龙岩	永州市零陵区大庆坪乡石溪岭村	省级	尚无保护措施	地质遗迹保护区
RD57	永州驻兵岩	永州市零陵区大庆坪乡文里村	省级	尚无保护措施	地质遗迹保护区
RD58	双牌青龙洞	双牌县泷泊镇大路口村	省级	尚无保护措施	地质遗迹保护区
RD59	宁远桃花岩	宁远县冷水镇海江村	省级	尚无保护措施	地质遗迹保护区
RD60	宁远读书岩	宁远县湾井镇状元楼村	省级	尚无保护措施	地质遗迹保护区
RD61	宁远赛景岩	宁远县湾井镇下灌村	省级	尚无保护措施	地质遗迹保护区
RD62	宁远紫霞岩	宁远县九嶷山瑶族乡大山塘村	国家级	九嶷山国家森林公园、省级地质公园	国家地质公园

续表

编号	名称	地理位置	评价级别	保护现状或已有保护区	规划目标
RD63	宁远凤凰岩	宁远县九嶷山瑶族乡花盘洞村	省级	九嶷山国家森林公园、省级地质公园	国家地质公园
RD64	蓝山舜岩	蓝山县所城镇岩口村	省级	尚无保护措施	地质遗迹保护区
RD65	江华大岩寨溶洞	江华瑶族自治县桥头铺镇桥头铺村	省级	尚无保护措施	地质遗迹保护区
RD66	江华木林洞	江华瑶族自治县桥头铺镇罗坪村	省级	尚无保护措施	地质遗迹保护区
RD67	江华秦岩	江华瑶族自治县白芒营镇秦岩村	国家级	秦岩省级风景名胜区	省级风景名胜区
RD68	宁乡千佛洞	宁乡市黄材镇石龙洞村	省级	省级风景名胜区	省级风景名胜区
RD69	攸县海棠洞-禹王洞	攸县峦山镇	国家级	酒埠江国家地质公园	国家地质公园
RD70	攸县白龙洞	攸县峦山镇	省级	酒埠江国家地质公园	国家地质公园
RD71	攸县皮佳洞	攸县峦山镇	省级	酒埠江国家地质公园	国家地质公园
RD72	茶陵公颜龙洞	茶陵县潞水镇大元村	省级	尚无保护措施	地质遗迹保护区
RD73	茶陵观音岩洞	茶陵县潞水镇大元村	省级	尚无保护措施	地质遗迹保护区
RD74	衡南豹泉洞	衡南县川口乡豹泉村	省级	尚无保护措施	地质遗迹保护区
RD75	常宁财神洞	常宁市庙前镇	省级	庙前省级地质公园	省级地质公园
RD76	常宁阴风岩	常宁市庙前镇庙前村	省级	庙前省级地质公园	省级地质公园
RD77	嘉禾仙姑岩	嘉禾县广发镇陶岭村	省级	尚无保护措施	地质遗迹保护区
RD78	郴州神龙洞	郴州市北湖区月峰瑶族乡十寺村	省级	尚无保护措施	地质遗迹保护区
RD79	郴州万华岩	郴州市北湖区	国家级	飞天山国家地质公园	国家地质公园
RD80	临武双龙洞	临武县花塘乡石门村	省级	尚无保护措施	地质遗迹保护区
RD81	宜章神牛洞	宜章县关溪乡神牛岭	省级	尚无保护措施	地质遗迹保护区
RD82	资兴兜率灵岩	郴州市资兴市白廊镇	国家级	东江湖国家级风景名胜区	国家地质公园
RD83	桂东皇龙洞	桂东县四都镇	省级	八面山省级地质公园	国家地质公园
RD84	桂东国宝洞	桂东县四都镇	省级	八面山省级地质公园	国家地质公园
RD85	桂东“碧洞飞烟”	桂东县四都镇	省级	八面山省级地质公园	国家地质公园
RD86	桂东“仙人莳田”	桂东县四都镇	省级	八面山省级地质公园	国家地质公园
RD87	汝城白石岩洞	汝城县马桥镇外沙村	省级	尚无保护措施	地质遗迹保护区
RD88	汝城林家岩洞	汝城县文明瑶族镇上章村	省级	尚无保护措施	地质遗迹保护区
七、碎屑岩地貌					
(一)丹霞地貌					
DX01	慈利溪口丹霞地貌	慈利县溪口镇	省级	尚无保护措施	地质遗迹保护区
DX02	龙山太平山丹霞地貌	龙山县桶车乡太平山村	省级	太平山省级风景名胜区	省级风景名胜区

续表

编号	名称	地理位置	评价级别	保护现状或已有保护区	规划目标
DX03	沅陵五强溪丹霞地貌	沅陵县五强溪镇	省级	省级森林公园	省级地质公园
DX04	溆浦思蒙丹霞地貌	溆浦县思蒙乡以及辰溪县后塘乡纪岩村	省级	尚无保护措施	省级地质公园
DX05	芷江花山寨丹霞地貌	芷江县罗旧镇曹家坪村跳岩组花山寨	省级	尚无保护措施	地质遗迹保护区
DX06	洪江沙湾丹霞地貌	洪江市沙湾乡沙湾村17组	省级	尚无保护措施	地质遗迹保护区
DX07	通道万佛山丹霞地貌	通道侗族自治县临口镇、下乡乡、双江镇	国家级	万佛山国家地质公园	国家地质公园
DX08	桃源水心寨丹霞地貌	桃源县三阳港镇枫树村	省级	水心寨国家森林公园	国家森林公园
DX09	新宁崀山丹霞地貌	新宁县崀山镇	世界级	崀山世界自然遗产、崀山国家地质公园	世界地质公园
DX10	平江石牛寨丹霞地貌	平江县东北部石牛寨镇	国家级	石牛寨国家地质公园	国家地质公园
DX11	浏阳石牛寨丹霞地貌	浏阳市社港镇石牛村	省级	尚无保护措施	地质遗迹保护区
DX12	浏阳达浒丹霞地貌	浏阳市达浒镇象形村	省级	尚无保护措施	地质遗迹保护区
DX13	湘潭“十八罗汉”丹霞地貌	湘潭县花石镇罗汉村、马垅村、长岭村	省级	国家级森林公园	地质遗迹保护区
DX14	茶陵浣溪丹霞地貌	茶陵县浣溪镇	省级	云阳山省级地质公园	省级地质公园
DX15	郴州飞天山丹霞地貌	郴州市苏仙区	国家级	飞天山国家地质公园	国家地质公园
DX16	宜章白石渡丹霞地貌	宜章县白石渡镇新东村	省级	尚无保护措施	地质遗迹保护区
DX17	安仁渡口丹霞地貌	安仁县渡口乡石冲村	省级	尚无保护措施	省级地质公园
DX18	安仁龙脊骨丹霞地貌	安仁县龙海镇石岭村	省级	尚无保护措施	省级地质公园
DX19	安仁月轮岩丹霞地貌	安仁县承平乡凡古村	省级	县级重点文物保护单位	省级地质公园
DX20	安仁“小桂林”丹霞地貌	安仁县关王镇大朋村	省级	尚无保护措施	省级地质公园
DX21	永兴便江丹霞地貌	永兴县便江镇	国家级	东华山省级地质公园	省级地质公园
DX22	资兴程江口丹霞地貌	资兴市程水镇程江口村	省级	尚无保护措施	地质遗迹保护区
DX23	资兴大王寨丹霞地貌	资兴市程水镇坪石村、程江口村	省级	尚无保护措施	地质遗迹保护区
(二)张家界地貌					
SF01	桑植峰峦溪张家界地貌	张家界市桑植县境	省级	尚无保护措施	地质遗迹保护区
SF02	张家界武陵源张家界地貌	张家界市武陵源区	世界级	张家界世界地质公园、世界自然遗产	世界地质公园
SF03	永定罗塔坪张家界地貌	张家界市永定区罗塔坪乡	国家级	尚无保护措施	地质遗迹保护区
SF04	慈利五雷山张家界地貌	慈利县广福桥镇	省级	五雷山省级风景名胜区	省级地质公园
SF05	慈利四十八寨张家界地貌	慈利县广福桥镇三王村、老棚村、双云村、太平村	国家级	五雷山省级风景名胜区	省级地质公园

续表

编号	名称	地理位置	评价级别	保护现状或已有保护区	规划目标
SF06	慈利剪刀寺张家界地貌	慈利县高桥镇黄林村	省级	尚无保护措施	地质遗迹保护区
（三）其他碎屑岩地貌					
SX01	永州香零山碎屑岩地貌	永州市零陵区	省级	尚无保护措施	地质遗迹保护区
SX02	长沙岳麓山碎屑岩地貌	长沙市岳麓山风景名胜区	国家级	岳麓山国家级风景名胜区	国家级风景名胜区
SX03	湘潭隐山碎屑岩地貌	湘潭县排头乡	省级	隐山国家级森林公园	国家级森林公园
SX04	湘潭仙女山碎屑岩地貌	湘潭县仙女乡	省级	仙女山省级自然保护区	省级自然保护区
SX05	茶陵云阳山碎屑岩地貌	茶陵县城西南侧	国家级	云阳山国家级风景名胜区、省级地质公园	省级地质公园
SX06	桂东八面山碎屑岩地貌	桂东八面山地质公园内	省级	八面山国家级自然保护区、省级地质公园	国家地质公园
SX07	绥宁洛口山碎屑岩地貌	邵阳市绥宁县	省级	黄桑省级地质公园	省级地质公园
八、花岗岩地貌					
HG01	隆回虎形山花岗岩地貌	隆回县虎形山瑶族乡	国家级	虎形山国家级风景名胜区	省级地质公园
HG02	城步南山花岗岩地貌	城步苗族自治县南山牧场	省级	城步南山国家公园	国家公园
HG03	东安舜皇山花岗岩地貌	东安县大庙口镇	国家级	舜皇山国家森林公园	国家地质公园
HG04	双牌阳明山花岗岩地貌	双牌县东北端	省级	阳明山国家森林公园	国家森林公园
HG05	宁远九嶷山花岗岩地貌	宁远县九嶷山瑶族乡	国家级	九嶷山国家森林公园、省级地质公园	国家地质公园
HG06	岳阳大云山花岗岩地貌	岳阳县云山乡	省级	大云山国家森林公园	国家森林公园
HG07	平江幕阜山花岗岩地貌	平江县虹桥镇	国家级	幕阜山国家森林公园	国家森林公园
HG08	平江连云山花岗岩地貌	平江县加义镇	省级	尚无保护措施	地质遗迹保护区
HG09	宁乡伪山花岗岩地貌	宁乡市沩山乡	省级	宁乡伪山省级风景名胜区	省级风景名胜区
HG10	宁乡东鹜山花岗岩地貌	宁乡市灰汤镇	省级	尚无保护措施	地质遗迹保护区
HG11	望城黑麋峰花岗岩地貌	望城县桥驿镇黑麋峰村	省级	黑麋峰国家森林公园	国家森林公园
HG12	浏阳大围山花岗岩地貌	浏阳市东北部大围山镇	国家级	大围山国家地质公园	国家地质公园
HG13	湘乡褒忠山花岗岩地貌	湘乡市月山镇紫竹村	省级	尚无保护措施	地质遗迹保护区
HG14	炎陵神龙谷花岗岩地貌	炎陵县十都镇	省级	神龙谷国家森林公园	省级地质公园
HG15	南岳衡山花岗岩地貌	衡阳市南岳区	国家级	衡山省级地质公园	国家地质公园
HG16	郴州北湖骑田岭花岗岩地貌	郴州市北湖区大塘瑶族乡	省级	尚无保护措施	地质遗迹保护区
HG17	宜章莽山花岗岩地貌	宜章县南端莽山瑶族乡	世界级	莽山国家森林公园、省级地质公园	国家地质公园
HG18	桂东齐云山花岗岩地貌	桂东县东南，湘赣交界	国家级	八面山省级地质公园	国家地质公园

续表

编号	名称	地理位置	评价级别	保护现状或已有保护区	规划目标
九、变质岩地貌					
BZ01	芷江明山变质岩地貌	芷江县城北郊10余千米处	省级	明山国家级森林公园	国家级森林公园
BZ02	洪江岩鹰岩大峡谷变质岩地貌	洪江市龙船塘瑶族乡	省级	尚无保护措施	地质遗迹保护区
BZ03	靖县九龙山变质岩地貌	怀化市靖州苗族侗族自治县坳上镇	省级	尚无保护措施	地质遗迹保护区
BZ04	安乡黄山头变质岩地貌	安乡县黄山头镇	省级	黄山头国家森林公园	国家森林公园
BZ05	桃源桃花源变质岩地貌	桃源县桃花源镇	省级	桃花源国家级风景名胜区	国家级风景名胜区
BZ06	常德花岩溪变质岩地貌	常德市鼎城区花岩溪	省级	花岩溪省级风景名胜区	省级风景名胜区
BZ07	益阳碧云峰变质岩地貌	益阳市赫山区沧水镇	省级	碧云峰森林公园	地质遗迹保护区
BZ08	新化大熊山变质岩地貌	新化县北端，与安化县接壤	省级	大熊山国家森林公园、省级地质公园	国家地质公园
BZ09	涟源龙山变质岩地貌	涟源市西南端，与新邵县接壤	省级	龙山国家森林公园	国家森林公园
BZ10	双峰九峰山变质岩地貌	双峰县东南端九峰山林场	省级	九峰山省级森林公园	省级森林公园
BZ11	武冈云山变质岩地貌	武冈县西南端，与城步苗族自治县接壤	省级	云山省级自然保护区、省级地质公园	省级地质公园
BZ12	衡阳岣嵝峰变质岩地貌	衡阳县岣嵝乡高峰福星村	省级	岣嵝峰省级森林公园	省级森林公园
BZ13	岳阳君山变质岩地貌	岳阳市西南15km的洞庭湖中	省级	洞庭湖国家级风景名胜区	国家级风景名胜区
BZ14	浏阳周洛大峡谷变质岩地貌	浏阳市社港镇周洛村	省级	尚无保护措施	地质遗迹保护区
BZ15	浏阳石柱峰变质岩地貌	浏阳市龙优镇石柱峰村	省级	尚无保护措施	地质遗迹保护区
十、构造地貌					
GM01	洪江雪峰山大峡谷构造地貌	洪江市熟坪乡大坳村水打坪组	省级	雪峰山国家森林公园	国家森林公园
GM02	靖县飞山寨构造地貌	靖县飞山管委会马王坪村飞山寨组	省级	尚无保护措施	地质遗迹保护区
GM03	通道龙底河峡谷构造地貌	通道县东北部	省级	省级自然保护区	地质遗迹保护区
GM04	通道坪阳峡谷构造地貌	通道县龙城镇、坪阳乡	省级	尚无保护措施	地质遗迹保护区
GM05	新邵白水洞峡谷构造地貌	新邵县严塘镇白水洞村	国家级	白水洞国家级风景名胜区、国家地质公园	国家地质公园
GM06	新邵资江“小三峡”构造地貌	新邵县大新乡	省级	白水洞国家地质公园	国家地质公园
GM07	洞口万丈岩峡谷构造地貌	洞口县那溪瑶族乡山头村	省级	那溪国家森林公园	国家森林公园
GM08	绥宁黄桑峡谷构造地貌	绥宁县黄桑坪瑶族乡	省级	黄桑国家级自然保护区、省级地质公园	省级地质公园

续表

编号	名称	地理位置	评价级别	保护现状或已有保护区	规划目标
十一、水体景观					
（一）风景河流、湖泊					
HH01	张家界茅岩河	张家界市永定区、桑植县，张家界国家地质公园九天洞-茅岩河景区	国家级	张家界国家地质公园	世界地质公园
HH02	张家界金鞭溪	张家界市武陵源区，张家界世界地质公园	国家级	张家界世界地质公园	世界地质公园
HH03	张家界宝峰湖	张家界市武陵源区，张家界世界地质公园	国家级	张家界世界地质公园	世界地质公园
HH04	永顺猛洞河	永顺县南部，猛洞河地质公园内	国家级	永顺猛洞河国家级风景名胜区、省级地质公园	世界地质公园
HH05	古丈沅江栖凤湖段	古丈县东北端，与永顺县交界处	国家级	古丈红石林国家地质公园	国家地质公园
HH06	凤凰大小坪岩溶湖	凤凰县两林乡桥交村大小坪	省级	尚无保护措施	国家地质公园
HH07	凤凰沱江	凤凰县沱江镇、都里乡	国家级	国家地质公园	国家地质公园
HH08	通道太平溪	通道侗族自治县临口镇，万佛山地质公园内	省级	通道万佛山国家地质公园	国家地质公园
HH09	通道临口河	通道侗族自治县临口镇，万佛山地质公园内	省级	通道万佛山国家地质公园	国家地质公园
HH10	常德明塘湖	安乡县黄山头（镇）大湖口村松滋河东	省级	尚无保护措施	地质遗迹保护区
HH11	常德珊珀湖	安乡县保和堤（镇）出口洲，松滋河东	省级	尚无保护措施	地质遗迹保护区
HH12	常德柳叶湖	常德市鼎城区柳叶湖度假村	省级	尚无保护措施	地质遗迹保护区
HH13	安化资水雪峰湖	安化雪峰湖地质公园内	国家级	安化雪峰湖国家地质公园	国家地质公园
HH14	安化张家仙湖	安化县乐安镇长乐村思游景区	省级	尚无保护措施	地质遗迹保护区
HH15	益阳梓山湖	益阳市赫山区朝阳开发区	省级	尚无保护措施	地质遗迹保护区
HH16	涟源湄江湄峰湖段	涟源湄江国家地质公园内	省级	湄江国家地质公园	国家地质公园
HH17	涟源湄江塞海	涟源湄江国家地质公园内	国家级	湄江国家地质公园	国家地质公园
HH18	新宁扶夷江	新宁县崀山国家地质公园内	国家级	崀山国家地质公园	世界地质公园
HH19	湘乡涟水水府庙段	湘乡市棋梓镇	国家级	水府庙国家湿地公园	国家湿地公园
HH20	攸县酒仙湖	攸县酒埠江国家地质公园酒仙湖景区	省级	酒埠江国家地质公园	国家地质公园

续表

编号	名称	地理位置	评价级别	保护现状或已有保护区	规划目标
HH21	常宁天塘湖	常宁市庙前地质公园天塘景区	省级	常宁庙前地质公园	省级地质公园
HH22	郴州东江湖	资兴市境内	国家级	郴州东江湖国家级风景名胜区	国家地质公园
HH23	郴州郴江	郴州飞天山国家地质公园内	国家级	郴州飞天山国家地质公园	国家地质公园
HH24	郴州仰天湖	郴州市北湖区永春乡才口水村	省级	尚无保护措施	地质遗迹保护区
HH25	宜章莽山青龙溪	宜章县莽山地质公园猴王寨景区	国家级	莽山国家森林公园、国家地质公园	国家地质公园
HH26	桂东齐云山天池	桂东八面山地质公园内	省级	桂东八面山地质公园	国家地质公园
（二）瀑布					
PB01	龙山屋檐洞瀑布	龙山县洛塔乡	省级	龙山乌龙山国家地质公园	世界地质公园
PB02	永顺王村瀑布	永顺县芙蓉镇	国家级	猛洞河省级地质公园	世界地质公园
PB03	花垣小龙洞瀑布	花垣县排碧乡排碧村	国家级	古苗河省级地质公园	世界地质公园
PB04	花垣大龙洞瀑布	花垣县补抽乡大龙洞村	国家级	古苗河省级地质公园	世界地质公园
PB05	花垣七梯岩瀑布	花垣县长乐乡黄连沟村古苗河峡谷内	省级	古苗河省级地质公园	省级地质公园
PB06	花垣燕子峡瀑布群	花垣县排碧乡排料村	国家级	德夯省级地质公园	世界地质公园
PB07	吉首德夯银链瀑布	吉首德夯地质公园内	省级	德夯省级地质公园	世界地质公园
PB08	吉首德夯流纱瀑布	吉首市矮寨镇德夯村地质公园内	国家级	德夯省级地质公园	世界地质公园
PB09	凤凰尖多朵瀑布	凤凰县柳薄乡禾排村	国家级	凤凰国家地质公园	世界地质公园
PB10	凤凰象鼻山瀑布	凤凰县禾库镇	国家级	凤凰国家地质公园	世界地质公园
PB11	凤凰茶龙瀑布	凤凰县山江镇	省级	尚无保护措施	地质遗迹保护点
PB12	凤凰古妖潭瀑布群	凤凰县落潮井镇沟良村	省级	尚无保护措施	地质遗迹保护区
PB13	凤凰飞水谷瀑布	凤凰县廖家桥镇飞水谷内	省级	尚无保护措施	地质遗迹保护点
PB14	通道穿岩洞峡谷瀑布	通道侗族自治县传素瑶族乡梨子界穿岩洞	省级	省级自然保护区	省级自然保护点
PB15	石门龙洞瀑布群、仙女瀑	石门县壶瓶山镇江坪河村龙洞峡谷内	省级	尚无保护措施	地质遗迹保护区
PB16	安化辰山瀑布	安化雪峰湖地质公园内	省级	安化雪峰湖国家地质公园	国家地质公园
PB17	桃江罗溪瀑布	桃江县高桥乡罗溪村	省级	尚无保护措施	地质遗迹保护点
PB18	桃江响涛园瀑布	桃江县松木塘镇桃江水库北岸公路北侧	省级	尚无保护措施	地质遗迹保护点

续表

编号	名称	地理位置	评价级别	保护现状或已有保护区	规划目标
PB19	新化桐子冲瀑布	新化县白溪镇大熊山春姬峡谷内	省级	大熊山国家森林公园、省级地质公园	国家地质公园
PB20	新化高峰瀑布	新化县大熊山森林公园高峰工区	省级	大熊山国家森林公园、省级地质公园	国家地质公园
PB21	冷水江大乘山瀑布群	冷水江市三尖镇粘禾村	省级	尚无保护措施	地质遗迹保护区
PB22	涟源腰盘岭瀑布	涟源市龙山国家森林公园	省级	尚无保护措施	地质遗迹保护点
PB23	涟源飞水洞瀑布	涟源市杨市镇白水村	省级	尚无保护措施	地质遗迹保护点
PB24	隆回旺溪瀑布群	隆回县小沙江镇旺溪村旺溪森林公园中	省级	尚无保护措施	地质遗迹保护点
PB25	新邵水帘洞瀑布	新邵县严塘镇白水洞村	省级	新邵白水洞国家级风景名胜区、国家地质公园	国家地质公园
PB26	绥宁六鹅洞瀑布	绥宁县黄桑坪苗族乡曲幽谷	国家级	黄桑国家级自然保护区、省级地质公园	省级地质公园
PB27	东安女英织绵瀑布	东安县西端，舜皇山国家森林公园内	省级	舜皇山国家森林公园	国家地质公园
PB28	东安宫鹅瀑布	东安县西端，舜皇山国家森林公园内	省级	舜皇山国家森林公园	国家地质公园
PB29	东安牛泄尿瀑布	东安县西端，舜皇山国家森林公园内	省级	舜皇山国家森林公园	国家地质公园
PB30	双牌小黄江源瀑布	双牌县东北端，阳明山国家森林公园内	省级	阳明山国家森林公园	国家森林公园
PB31	蓝山“白米下锅”瀑布	蓝山县紫良乡平原村	省级	尚无保护措施	地质遗迹保护点
PB32	江永大泊水瀑布	江永县千家峒瑶族乡刘家庄村	省级	江永千家峒国家森林公园	国家森林公园
PB33	平江幕阜山龙潭瀑布	平江县北部，幕阜山森林公园内	省级	平江幕阜山国家森林公园	国家森林公园
PB34	浏阳周洛瀑布群	浏阳市社港镇周洛村	省级	尚无保护措施	地质遗迹保护区
PB35	浏阳百丈落瀑布	浏阳市达浒镇金坑村	省级	尚无保护措施	地质遗迹保护点
PB36	攸县九叠泉瀑布	攸县东北部，酒埠江国家地质公园内	省级	酒埠江国家地质公园	国家地质公园
PB37	攸县百丈瀑布	攸县东北部，酒埠江国家地质公园内	省级	酒埠江国家地质公园	国家地质公园
PB38	茶陵福寿潭瀑布	茶陵县西部，云阳山地质公园内	省级	茶陵云阳山省级地质公园	省级地质公园
PB39	炎陵珠帘瀑布	炎陵县十都镇桃源洞村，神龙谷森林公园内	省级	神龙谷国家森林公园	省级地质公园
PB40	炎陵东坑瀑布	炎陵县十都镇桃源洞村，神龙谷森林公园内	国家级	神龙谷国家森林公园	省级地质公园

续表

编号	名称	地理位置	评价级别	保护现状或已有保护区	规划目标
PB41	炎陵铜锣瀑布	炎陵县龙渣瑶族乡龙渣村	省级	尚无保护措施	地质遗迹保护点
PB42	南岳水帘洞瀑布	衡阳市南岳衡山	省级	南岳衡山国家级风景名胜区、省级地质公园	国家地质公园
PB43	南岳卧虎潭瀑布	衡阳市南岳衡山	省级	南岳衡山国家级风景名胜区、省级地质公园	国家地质公园
PB44	宜章莽山九叠泉瀑布	宜章县南端，莽山地质公园内	省级	莽山国家森林公园、国家地质公园	国家地质公园
PB45	宜章莽山将军寨瀑布	宜章县南端，莽山地质公园内	省级	莽山国家森林公园、国家地质公园	国家地质公园
PB46	资兴蝴蝶谷瀑布	资兴市东江镇梧洞村	省级	东江湖国家风景名胜区	国家地质公园
PB47	资兴龙吟瀑布	资兴市东江镇梧洞村龙景峡谷内	省级	东江湖国家风景名胜区	国家地质公园
PB48	桂东龙溪瀑布	桂东县新坊乡龙溪村	省级	尚无保护措施	国家地质公园
（三）温泉、矿泉、奇泉、名井					
QJ01	永定温塘矿泉	张家界市永定区温塘镇温塘居委会小坑组	省级	尚无保护措施	地质遗迹保护点
QJ02	慈利江垭温泉	慈利县江垭镇临江村内	省级	尚无保护措施	地质遗迹保护点
QJ03	慈利业巧洞间歇泉	慈利县金坪乡伏龙村	省级	尚无保护措施	地质遗迹保护点
QJ04	永顺不二门温泉	永顺县城南 1.5km 的猛洞河畔	省级	永顺不二门国家森林公园、猛洞河省级地质公园	世界地质公园
QJ05	芷江雪峰山矿泉	芷江县城西湖米井公路边	省级	尚无保护措施	地质遗迹保护点
QJ06	新晃八江口温泉	新晃侗族自治县凉伞镇冲首村	省级	尚无保护措施	地质遗迹保护点
QJ07	新晃绍溪大井	新晃侗族自治县贡溪乡绍溪村	省级	尚无保护措施	地质遗迹保护点
QJ08	靖县玉华山矿泉	靖州县平茶镇玉华山村	省级	尚无保护措施	地质遗迹保护点
QJ09	石门热水溪温泉	石门县维新镇大兴场村	省级	尚无保护措施	地质遗迹保护点
QJ10	石门碧岩泉	石门县夹山国家森林内	省级	尚无保护措施	地质遗迹保护点
QJ11	石门蒙泉	石门县夏家巷镇	省级	尚无保护措施	地质遗迹保护点
QJ12	临澧白龙泉	临澧县烽火乡白龙井村	省级	尚无保护措施	地质遗迹保护点
QJ13	桃源热市温泉	桃源县热市镇温泉村	国家级	尚无保护措施	地质遗迹保护点
QJ14	益阳桃花液矿泉	益阳市赫山区	国家级	尚无保护措施	地质遗迹保护点
QJ15	涟源湄江莲花涌泉	涟源市湄江镇，湄江国家地质公园内	国家级	湄江国家地质公园	国家地质公园

续表

编号	名称	地理位置	评价级别	保护现状或已有保护区	规划目标
QJ16	隆回高洲温泉	隆回县金石桥镇热泉村四组热水井	省级	尚无保护措施	地质遗迹保护点
QJ17	隆回魏源温泉	隆回县司门前镇中山村	省级	尚无保护措施	地质遗迹保护点
QJ18	城步神泉矿泉	城步苗族自治县南山牧场大坪乡场神童山	省级	尚无保护措施	地质遗迹保护点
QJ19	平江福寿山矿泉	平江县思村乡北山村亭子坳南侧	国家级	尚无保护措施	地质遗迹保护点
QJ20	宁乡灰汤温泉	宁乡市灰汤镇灰汤村	国家级	尚无保护措施	地质遗迹保护点
QJ21	望城九峰矿泉	长沙市望城区茶亭镇九峰村	省级	尚无保护措施	地质遗迹保护点
QJ22	长沙白沙井	长沙市天心区白沙路旁	国家级	长沙市重点文物保护单位	重点文物保护单位
QJ23	湘乡大桥医用矿泉	湘乡市育土段乡大桥村大坝田组	省级	尚无保护措施	地质遗迹保护点
QJ24	湘乡芗泉井	湘乡市健康路芗泉佳园	省级	尚无保护措施	地质遗迹保护点
QJ25	湘乡东山矿泉	湘乡市东山办事处张江村	省级	尚无保护措施	地质遗迹保护点
QJ26	湘潭碧泉潭	湘潭县锦石乡碧泉村	省级	尚无保护措施	地质遗迹保护点
QJ27	湘潭青山桥矿泉	湘潭县青山桥镇三富村	省级	尚无保护措施	地质遗迹保护点
QJ28	衡南龙口矿泉	衡南县柞市镇阳兴村龙水组狗婆塘	省级	尚无保护措施	地质遗迹保护点
QJ29	耒阳大河滩喷泉	耒阳市黄市镇大河滩村	国家级	蔡伦竹海风景区	省级地质公园
QJ30	耒阳汤泉温泉	耒阳县东湖圩乡汤泉村二组三元寺	国家级	尚无保护措施	地质遗迹保护点
QJ31	桂阳潮泉	桂阳县荷叶镇谭溪村	省级	尚无保护措施	地质遗迹保护点
QJ32	嘉禾珠泉	嘉禾县珠泉镇珠泉亭社区内	省级	尚无保护措施	地质遗迹保护点
QJ33	郴州天堂温泉	郴州市北郊许家洞镇	省级	飞天山国家地质公园	国家地质公园
QJ34	郴州陷池塘(龙女温泉)	郴州市北湖区市郊乡铜坑湖村	省级	尚无保护措施	地质遗迹保护点
QJ35	宜章菖蒲塘温泉	宜章县五岭镇用口村菖蒲塘	省级	尚无保护措施	地质遗迹保护点
QJ36	宜章华都温泉	宜章县五岭镇用口村吊子岭	省级	尚无保护措施	地质遗迹保护点
QJ37	宜章玉溪温泉	宜章县玉溪镇西门村麦子桥	省级	尚无保护措施	地质遗迹保护点
QJ38	宜章汤湖里温泉	宜章县一六镇汤湖里村2组	省级	尚无保护措施	地质遗迹保护点
QJ39	宜章一六镇温泉	宜章县一六镇杉木山村16、17组	省级	尚无保护措施	地质遗迹保护点

续表

编号	名称	地理位置	评价级别	保护现状 或已有保护区	规划目标
QJ40	资兴汤市温泉	资兴市汤溪镇汤边村邝上组、黄家组	省级	尚无保护措施	地质遗迹保护点
QJ41	永兴悦来温泉	永兴县悦来镇玉泉村1组	省级	尚无保护措施	地质遗迹保护点
QJ42	汝城罗泉大汤温泉	汝城县暖水镇罗泉村	省级	尚无保护措施	地质遗迹保护点
QJ43	汝城热水温泉	汝城县热水镇热水村热水河	国家级	尚无保护措施	地质遗迹保护点
		十二、流水地貌			
LS01	龙山猛洞河壶穴群	龙山县新城乡	省级	尚无保护措施	地质遗迹保护区
LS02	泸溪五里洲	泸溪县武溪镇上堡村	省级	尚无保护措施	地质遗迹保护区
LS03	澧县艳洲	澧县澧南镇茶园村艳洲水电站大坝西侧	省级	尚无保护措施	地质遗迹保护区
LS04	桃源吴家洲	桃源县东湖垸乡交岩村沅水中央	省级	尚无保护措施	地质遗迹保护区
LS05	桃源铜船洲	桃源县东湖垸乡交岩村沅水中央	省级	尚无保护措施	地质遗迹保护区
LS06	桃源双洲	桃源县漳江镇梅溪桥社区城北沅水中央	省级	尚无保护措施	地质遗迹保护区
LS07	桃源白麟洲	桃源县桃花源管委会城南沅水中央	省级	尚无保护措施	地质遗迹保护区
LS08	益阳青龙洲	益阳市资阳区长春镇	省级	尚无保护措施	地质遗迹保护区
LS09	永州萍岛	永州市零陵区城北4km，潇水和湘江两水汇合处	省级	尚无保护措施	地质遗迹保护区
LS10	祁阳观音滩洲	祁阳县观音滩镇八尺村8、9、10组	省级	尚无保护措施	地质遗迹保护区
LS11	道县东洲	道县东门乡东洲山村	省级	尚无保护措施	地质遗迹保护区
LS12	道县两河口洲	道县祥霖铺镇分江头村	省级	尚无保护措施	地质遗迹保护区
LS13	平江盘石洲	平江县瓮江镇	省级	尚无保护措施	地质遗迹保护区
LS14	长沙月亮岛	长沙市望城区星城镇	省级	尚无保护措施	地质遗迹保护区
LS15	长沙橘子洲	长沙市岳麓区	国家级	岳麓山国家级风景名胜区	国家级风景名胜区
LS16	湘潭杨梅洲	湘潭市雨湖区	省级	尚无保护措施	地质遗迹保护区
LS17	株洲挽洲	株洲县王十万乡	省级	尚无保护措施	地质遗迹保护区
LS18	衡阳东洲	衡阳市雁峰区湘江乡东洲村	省级	尚无保护措施	地质遗迹保护区
LS19	衡南江口鸟岛	衡南县江口镇袁家村	省级	尚无保护措施	地质遗迹保护区
LS20	衡南大洲岛	衡南县松江镇大洲村	省级	已开发利用	地质遗迹保护区
LS21	常宁陈家洲	常宁市水口山街道办事处松阳村	省级	尚无保护措施	地质遗迹保护区

续表

编号	名称	地理位置	评价级别	保护现状或已有保护区	规划目标
十三、其他地貌					
BC01	浏阳大围山第四纪冰川遗迹	浏阳市大围山东南边缘之上洪乡文竹及杨梅岭一带	国家级	大围山国家森林公园、国家地质公园	国家地质公园
BC02	桂东普乐石臼群	桂东县普乐镇东水村	国家级	桂东八面山省级地质公园	国家地质公园
BC03	桂东牛郎溪石臼群	桂东县增口乡牛郎溪	国家级	桂东八面山省级地质公园	国家地质公园
BC04	汝城热水石臼群	汝城县热水圩以东黄石村、鱼王村等地	省级	尚无保护措施	地质遗迹保护区
十四、其他地质灾害遗迹					
DZ01	慈利高峰滑坡遗迹	慈利县高峰乡集镇博爱中学后山	省级	尚无保护措施	地质遗迹保护区
DZ02	永顺澧水西岸地裂缝及危岩遗迹	永顺县青坪镇南岩村	省级	尚无保护措施	地质遗迹保护区
DZ03	石门九斗峪泥石流遗迹	石门县磨市镇九斗峪	省级	尚无保护措施	地质遗迹保护区
DZ04	新邵白水洞山体崩塌遗迹	新邵县白水洞国家地质公园内	国家级	白水洞国家级风景名胜区、国家地质公园	国家地质公园
DZ05	澧县彭山滑坡遗迹	澧县县城西约 7.5km 处，停弦镇关山村	省级	澧县城头山省级地质公园	省级地质公园
DZ06	湘潭鹤岭清水塘采空塌陷遗迹	湘潭市雨湖区鹤岭镇湘潭锰矿	省级	湘潭锰矿国家矿山公园	国家矿山公园
DZ07	桂阳正和岩溶塌陷群遗迹	桂阳县正和镇阳山村	省级	尚无保护措施	地质遗迹保护区